U0169443

土木工程测量

主　编　刘秋美　曹文泽　王　曌

副主编　何　立

西南交通大学出版社

·成　都·

图书在版编目（CIP）数据

土木工程测量 / 刘秋美，曹文泽，王壘主编. -- 成都：西南交通大学出版社，2024.1
ISBN 978-7-5643-9751-7

Ⅰ. ①土… Ⅱ. ①刘… ②曹… ③王… Ⅲ. ①土木工程－工程测量－高等学校－教材 Ⅳ. ①TU198

中国国家版本馆 CIP 数据核字（2024）第 046095 号

Tumu Gongcheng Celiang
土木工程测量
主编 刘秋美 曹文泽 王 壘

责任编辑	杨 勇
封面设计	原谋书装
出版发行	西南交通大学出版社 （四川省成都市金牛区二环路北一段 111 号 西南交通大学创新大厦 21 楼）
营销部电话	028-87600564 028-87600533
邮政编码	610031
网 址	http://www.xnjdcbs.com
印 刷	四川森林印务有限责任公司
成品尺寸	185 mm × 260 mm
印 张	18.25
字 数	454 千
版 次	2024 年 1 月第 1 版
印 次	2024 年 1 月第 1 次
书 号	ISBN 978-7-5643-9751-7
定 价	39.80 元

课件咨询电话：028-81435775
图书如有印装质量问题 本社负责退换

前　言

　　本书是编者根据高等学校土木工程专业测量学教学大纲的要求，并结合在总结多年的教学经验的基础上，按照我国土木工程测量的基本情况和土木工程专业本科人才培养的特点编写的。

　　本书以习近平新时代中国特色社会主义思想和二十大精神为指导，以"思政元素融入进专业课"为突破点，注重知识教育与情感教育的有机统一，将知识传授、技能培养、价值引领和育人导向相结合，以专业技能传授为载体加强大学生思想政治教育，探索多样化课程组织形式，对学生进行精细化、针对性指导，把社会主义核心价值观教育全面落实到课堂教学、实践教学和第二课堂，提高思政教育精准度和实效性。始终围绕育人的主旨，把爱国主义、民族情怀贯穿渗透到《土木工程测量》教学中，在教育教学过程中奏响主旋律、发出中国声音、讲述中国故事、弘扬中国精神，以帮助学生树立起文化自觉和文化自信，形成社会主义和共产主义道德观和科学的世界观；培养学生的道德评价和自我教育的能力，帮助学生养成良好的道德行为习惯；培养学生的民族精神，形成正确的理想和信念。

　　内容上力求讲清基本概念，做到理论知识适度，突出理论的实际应用，详细介绍测绘仪器的操作技能和施工现场的应用方法，并注重运用图表说明内容和作业技巧，充分反映土木工程测量学科的全教和最新发展；论述清楚严谨，文字深入浅出，图表生动齐全，使读者易于理解、加深印象、便于应用；且每章后均附有结合实际的思考习题，便于学生巩固理论知识、培养生产实际应用的综合能力。为了让读者掌握先进的测量技术和方法，本书详细介绍了电子水准仪、电子经纬仪、光电测距仪、全站仪、卫星定位技术、三维扫描技术等最新测绘仪器和现代的数字化技术。

本书具有较宽的专业适应面，可作为高等学校土木工程、道路桥梁与渡河工程、水利工程、交通工程、工程管理、工程造价、城市规划等相关专业的教材，还可作为土木工程技术及其他相关专业的参考用书。

　　本书由贵州理工学院刘秋美、曹文泽、王壨主编，何立为副主编；本书第1、2、3章由刘秋美编写，第4、5、7、11章由曹文泽编写，第9、10、13章由王壨编写，第6、8、12章由何立编写。

　　因编者水平有限，本书难免存在缺点和不足之处，谨请使用本书的教师与读者批评、指正。

编　者

2023 年 7 月

目　录

第 1 章 绪 论

📖 内容提要

本章主要讲述土木工程测量学的任务，测量基准面，常用的大地坐标系、天文地理坐标系的区别，高斯平面直角坐标系和独立平面直角坐标系的建立方法以及与数学坐标系的区别，确定地面点位的原理、方法，以及测量工作的组织原则等内容。

🎯 课程思政目标

（1）了解我国测量技术发展史，讲解测量技术的发展对国家现代化建设的作用，提升文化自信。

（2）通过讲解珠峰测高的背景，激发学生的爱国主义情怀。

1.1 测量学概述

测量学是研究地球形状、大小及确定地球表面空间点位，以及对空间点位信息进行采集、处理、储存、管理的科学。按照研究的范围、对象及技术手段不同，又分为诸多学科。

普通测量学，是在不考虑地球曲率影响的情况下，研究地球自然表面局部区域的地形，确定地面点位的基础理论、基本技术方法与应用的学科，是测量学的基础部分。其内容是将地表的地物、地貌及人工建（构）筑物等测绘成地形图，为各建设部门直接提供数据和资料。

大地测量学，是研究地球的大小、形状、地球重力场以及建立国家大地控制网的学科。现代大地测量学已进入以空间大地测量为主的领域，可提供高精度、高分辨率，适时、动态地定量空间信息，是研究地壳运动与形变、地球动力学、海平面变化、地质灾害预测等的重要手段之一。

摄影测量学，是利用摄影或遥感技术获取被测物体的影像或数字信息，进行分析、处理后以确定物体的形状、大小和空间位置，并判断其性质的学科。按获取影像的方式不同，摄影测量学又分水下、地面、航空摄影测量学和航天遥感等。随着空间、数字和全息影像技术的发展，它可方便地为人们提供数字图件、建立各种数据库、虚拟现实，已成为测量学的关键技术。

海洋测量学，是以海洋和陆地水域为对象，研究港口、码头、航道、水下地形的测量以及海图绘制的理论、技术和方法的学科。

工程测量学，是研究工程建设中设计、施工和管理各阶段测量工作的理论、技术和方法。

它为工程建设提供精确的测量数据和大比例尺地图,保障工程选址合理,按设计施工和进行有效管理,并在工程运营阶段对工程进行形变观测和沉降监测,以保证工程正常运行。工程测量学按研究的对象可以分为:建筑工程测量、水利工程测量、矿山工程测量、铁路工程测量、公路工程测量、输电线路与输油管道测量、桥梁工程测量、隧道工程测量、军事工程测量等。

地图制图学,是研究各种地图的制作理论、原理、工艺技术和应用的学科。其主要内容包括地图的编制、投影、整饰和印刷等。自动化、电子化、系统化已成为其主要发展方向。

卫星大地测量,利用人造地球卫星进行地面点定位以及测定地球形状、大小和地球重力场的工作。卫星大地测量技术包括:全球定位系统、卫星激光测距、卫星测高、卫星重力梯度测量、双向无线电卫星定位等。与传统大地测量比较,其优点是:全球、全天候连续地实时定位;操作方便、观测时间短;提供三维坐标,定位精度高;各测站间不需通视,节省建立觇标经费。北斗卫星导航系统(英文名称 Beidou Navigation Satellite System,简称 BDS)是中国自行研制的全球卫星导航系统,与美国的 GPS、俄罗斯的格洛纳斯(GLONASS)、欧盟伽利略(GALILEO)并称全球四大卫星导航系统。北斗卫星导航系统由空间段、地面段和用户段三部分组成,可在全球范围内全天候、全天时为各类用户提供高精度、高可靠定位、导航、授时服务,并且具备短报文通信能力。

本书主要介绍普通测量学的基本理论、方法和土木工程测量学中有关施工测量的基本内容以及现代测绘技术的基本理论,因此可以称之为"土木工程测量"。

从本质上来讲,测量学的实质就是确定点的位置,并对点的位置信息进行处理、储存、管理。

测量学任务主要有两方面的内容:测定和测设。

测定——使用测量仪器和工具,通过测量和计算,得到一系列测量数据;或把地球表面的地形缩绘成地形图,供经济建设、规划设计、科学研究和国防建设使用。

测设——把图纸上规划设计好的建筑物、构筑物的位置在地面上标定出来,作为施工的依据。

测绘科学应用很广:在国民经济和社会发展规划中,测量信息是最重要的基础信息之一,各种规划及地籍管理,都需要有地形图和地籍图。另外,在各项工农业基本建设中,从勘测设计阶段到施工、竣工阶段,都需要进行大量的测绘工作。在国防建设中,军事测量和军用地图是现代大规模的诸兵种协同作战不可缺少的重要保障;至于远程导弹、空间武器、人造卫星或航天器的发射,要保证它们精确入轨、随时校正轨道和命中目标,除了应测算出发射点和目标点的精确坐标、方位、距离外,还必须掌握地球形状、大小的精确数据和相关地域的重力场资料。在科学实验方面,诸如空间科学技术的研究,地壳的变形、地震的预报等都要应用测绘资料。即使在国家的各级管理工作中,测量和地图资料也是不可缺少的重要工具。例如在勘测设计的各个阶段,要求有各种比例尺的地形图,供城镇规划、选择厂址、管道及交通线路选线以及总平面图设计和竖向设计之用。

在施工阶段,要将设计的建筑物、构筑物的平面位置和高程测设于实地,以便进行施工。施工结束后,还要进行竣工测量,绘制竣工图,供日后扩建和维修之用。即使是竣工以后,对某些大型及重要的建筑物和构筑物还要进行变形、沉降观测,以保证建筑物能安全使用。

土木工程测量学的主要任务:

(1)研究测绘地形图的理论和方法。

（2）研究在地形图上进行规划、设计的基本原理和方法。

（3）研究建（构）筑物施工放样、建筑质量检验的技术和方法。

（4）对大型建筑物的安全性进行位移和变形监测。

学习本课程之后，要求初学者：掌握普通测量学的基本知识和基础理论，能正确使用工程水准仪、全站仪等仪器和工具；了解大比例尺地形图的成图原理和方法，在工程设计和施工中，具有正确应用地形图和有关测量资料以及进行一般工程施工测设的能力，以便能灵活应用所学的测量知识为专业工作服务。

1.2　地面点位的确定

1.2.1　地球的形状和大小

测量工作是在地球表面进行的，而地球自然表面很不规则，有高山、丘陵、平原和海洋。其中，最高的珠穆朗玛峰高出海水面达 8 848.86 m，海底最深的海沟是太平洋西部的马里亚纳和菲律宾附近的海沟，低于海水面达 11 034 m。但是这样的高低起伏，相对于地球半径 6 371 km 来说，是可以忽略不计的。海洋面积约占整个地球表面的 71%，陆地面积占 29%，因此，人们把海水面所包围的地球形体看作地球的形状。由于地球的自转运动，地球上任一点都要受到离心力和地球引力的双重作用，这两个力的合力称为重力，重力的方向线称铅垂线。铅垂线是测量工作的基准线，如图 1.1 所示。

静止的水面称为水准面，与水准面相切的平面称为水平面。水面可高可低，因此符合上述特点的水准面有无数多个。其中，与平均海水面吻合并向大陆、岛屿内延伸而形成的闭合曲面，称为大地水准面，大地水准面是测量工作的基准面。由大地水准面所包围的地球形体，称为大地体。

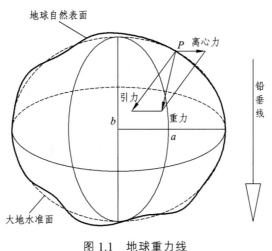

图 1.1　地球重力线

由于地球内部质量分布不均匀，重力也受其影响引起铅垂线方向的变动，致使达到水准面成为一个复杂的曲面。如果将地球表面上的图形投影到这个复杂的曲面上，在计算上是非常困难的。为了使用方便，通常用一个非常接近于大地水准面，并可用数学式表示的几何形体来代替地球的形状，作为测量计算工作的基准面，称参考椭球面，如图 1.2 所示。这个数学形体是由椭圆 PEP_1Q 绕其短轴 PP_1 旋转而成的旋转椭球体，又称地球椭球体。其旋转轴与地球自转轴重合，其表面称为旋转椭球面（参考椭球面）。

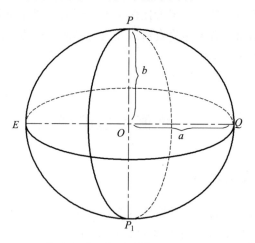

图 1.2　大地水准面与地球旋转椭球体面示意图

决定地球椭球体的大小和形状的参数为椭圆的长半径 a 和短半径 b，由此可以计算出另一个参数——扁率 f：

$$f = \frac{a-b}{a}$$

（1.1）

随着科学技术的进步，可以越来越精确地确定这些参数。到目前为止，已知其精确值为：

$$a = 6\ 378\ 137\ \text{m}$$
$$b = 6\ 356\ 752\ \text{m}$$
$$f = \frac{1}{298.257}$$

由于地球椭球体的扁率很小，当测区面积不大时，在某些测量工作的计算中，可以把地球当作圆球看待，其半径 R 按下式计算：

$$R = \frac{1}{3}(2a+b)$$

（1.2）

其近似值为 6 371 km。

1.2.2　确定地面点位的方法

由几何学原理可知，由点组成线，线组成面，面组成体。因此构成物体形状最基本元素是点。在测量上，把地面上的各种固定性物体称为地物，如房屋、道路、河流等；地面起伏变化的形态称为地貌，如高山、丘陵、平原等。地物和地貌总称为地形。以地形测绘为例，虽然地面上各种地物种类繁多，地势起伏千差万别，但它们的形状、大小及位置完全可以看成是由一系列连续不断的点所组成。就房屋而言，平面位置是由房屋轮廓线的交点（棱角点）决定的。道路、河流的边线虽然很不规则，但弯曲部分可看成是由一些转折点相连接而成。至于起伏变化的地势，是由方向变化线与坡度变化线的交点所决定的。因此，无论地物或地貌，在反映它们形状、大小以及地势形态的所有点中，只要把那些能够突出方向转折和坡度变化的特征点的位置测绘到图纸上，这些地物、地貌的形状、大小、位置就可以确定了。放样是在实地（施工现场）标定出设计建（构）筑物的平面位置和高程的测量工作，虽与测图相反，但实质也是确定点的位置。因此，点位关系是测量上要研究的基本关系。

确定地面点的位置，就是将地面点沿铅垂线（重力线）方向投影到一个代表地球表面形状的基准面上，地面点投影到基准面上后，要用坐标（平面位置）和高程来表示点位。测绘过程及测量计算的基准面，可以认为是平均海洋面延伸、穿过陆地和岛屿所形成的闭合曲面，这个闭合的曲面称为大地水准面。在大范围进行测量工作时，以大地水准面作为地面点投影的基准面；若在小范围内测量，可以把地球局部表面当作平面，用水平面作为地面点投影的基准面。

确定地面点的位置就是要确定它相对于地表面的关系。地球表面高低起伏，所以地面点是三维空间点，需要 3 个独立的量来确定。这 3 个量就是地面点在地球表面的投影位置和该点到地球表面的距离。而地球表面凹凸不平，其本身不规则，所以确定以上 3 个量，须首先明确以下几个概念。

1.2.2.1 地面点的高程

地面点到大地水准面的铅垂距离称为绝对高程（又称为海拔），用 H 表示。如图 1.3 所示，A、B 两点的绝对高程分别为 H_A、H_B。海水受潮汐和风浪的影响，海平面是个动态的曲面。我国在青岛设立验潮站，长期观察和记录黄海海水面的高低变化，取平均值作为大地水准面的位置（其高程为零），并在青岛建立水准原点。目前采用"1985 年高程基准"青岛水准原点高程为 72.260 m。为了统一全国各高程系统，测绘部门以青岛水准原点为起算点，通过精密水准测量方法，在全国设置了很多水准点，这些水准点是工程建设引测绝对高程的依据。

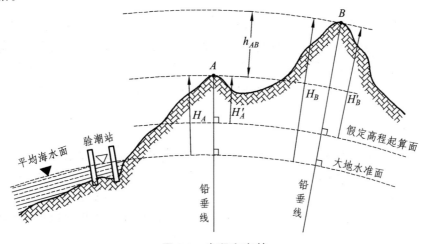

图 1.3 高程和高差

在局部地区,如果引测绝对高程有困难时,也可以假定一个水准面作为起算的基准面(指定该地区某一个固定点,并假定其高程为零),地面点到假定水准面的铅垂距离,称为该点的相对高程或假定高程。如图1.3所示,A、B两点的相对高程分别为H'_A、H'_B。建筑工程施工中经常遇到某部位的标高,即某部位的相对高程,它是建筑物的室内地坪高程定为零,记为±0.000,其余部位的高程均从±0.000起算。

两个地面点之间的高程之差,称为高差,用h表示。如图1.3所示,A、B两点之间的高差为:

$$h_{AB} = H_B - H_A = H'_B - H'_A \qquad\qquad (1.3)$$

式(1.3)表示B点相对于A点的高程之差。高差有方向和正负。

由此说明:高差的大小与高程起算面无关。

1.2.2.2 地面点的坐标

地面点的坐标常用地理坐标系统或空间直角坐标系统来表示。

1. 地理坐标系

地理坐标系按坐标所依据的基本线和基本面的不同以及求坐标方法的不同,可分为天文地理坐标和大地地理坐标两种。

1)天文地理坐标

天文地理坐标又称天文坐标,是表示地面点在大地水准面上的位置,并用天文经度λ和天文纬度φ表示。

如图1.4所示,PP_1为地球的自转轴(简称地轴),P为北极,P_1为南极。过地面上任意一点的铅垂线与地轴PP_1所组成的平面称为该点的子午面。子午面与球面的交线称为子午线(或称经线)。经度λ是过A点的子午面$PA\ P_1OP$与$PG\ P_1OP$(国际公认的通过英国格林尼治天文台的子午面为计算经度的起始面)所组成的夹角(两面角),自首子午线向东或向西计算,数值为$0° \sim 180°$。自首子午线以东为东经,以西为西经,同一子午线上各点的经度相同。

垂直于地轴的平面与地球表面的交线称为纬线。垂直于地轴的平面并通过球心O与地球表面的相交的纬线称为赤道。A点纬度φ,是过A点的铅垂线AO与赤道平面之间的夹角,自赤道平面起向南或向北计算,数值为$0° \sim 90°$。赤道以北为北纬,以南为南纬。

我国位于东半球和北半球,所以各地的地理坐标都是东经和北纬,如北京的地理坐标为东经$116°24'$和北纬$39°54'$。

2)大地地理坐标,又称为大地坐标

表示地面点在旋转椭球面上的位置,用大地经度L和大地纬度B表示。如A点的大地经度L,就是包含A点的子午面与首子午面所夹的两面角;A点的大地纬度B,就是过A点的法线(与旋转椭球面垂直的线)与赤道面的夹角。大地经度、纬度是根据一个起始的大地点(大地原点,该点的大地经纬度与天文经纬度一致)的大地坐标,再按大地测量所得的数据推算而得的。

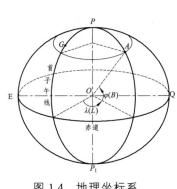

图 1.4　地理坐标系

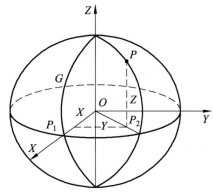

图 1.5　空间直角坐标系

2. 空间直角坐标系

空间直角坐标系根据所选取的坐标原点位置的不同，可分为地心空间直角坐标系和参心空间直角坐标系，前者的坐标原点和地球质心相重合，后者的坐标原点则偏离于地心，而重合于某个国家、地区所采用的参考椭球的中心。

空间大地直角坐标系原点 O 为椭球中心，如图 1.5 所示，Z 轴与椭球旋转轴一致，指向地球北极，X 轴与椭球赤道面和格林尼治平均子午面的交线重合，Y 轴与 XZ 平面正交，指向东方，X、Y、Z 构成右手坐标系，P 点的空间大地直角坐标用 (X, Y, Z) 表示。

参考椭球的中心一般不会与地球的质心相重合。这种原点位于地球质心附近的坐标系通常又称为地球参心坐标系，简称为参心坐标系，主要用于常规大地测量的成果处理。

1.2.2.3　我国目前常用坐标系

1. 1954 北京坐标系

我国新中国成立初期采用苏联克拉索夫斯基椭球建立的坐标系为参考坐标系。由于大地原点在苏联，利用我国东北边境呼玛、基拉林、东宁三个基线网与苏联大地网联测后的坐标作为我国天文大地网起算数据，然后通过天文大地网坐标计算，推算出北京名义上的原点坐标，故命名 1954 北京坐标系。但是这个坐标系存在一些问题：① 参考椭球长半轴偏大，比地球总椭球大了 100 多米；② 椭球基准轴定向不明确；③ 椭球面与我国境内大地水准面不吻合，东部高程异常可达+68 m，西部新疆地区高程小，有的地方为零；④点位精度不高。

2. 1980 西安坐标系

为了更好地适应经济建设、国防建设和地球科学研究的需要，克服 1954 北京坐标系的问题，充分发挥我国原有天文大地网的潜在精度，20 世纪 70 年代末，我国对原天文大地网重新进行平差。该坐标系选用 IUGG-75 地球椭球，大地原点选在陕西省泾阳县永乐镇，这一点上椭球面与我国境内大地水准面相切，大地水准面垂线和该点参考椭球面法线重合。平差后其各国大地水准面与椭球面差距在 ± 20 m 之内，边长精度为 1/5 000 000。

3. 新 1954 北京坐标系

由于 1954 北京坐标系与 1980 西安坐标系的椭球参数和定位均不相同，大地控制点在两个坐标系中坐标就存在较大差异，甚至达到百米以上。这将造成测量成果换算的不便和地形图图郭以及方格网线位置的变化。但是 1954 北京坐标系已使用多年，全国测量成果很多，换算工作量相当繁重，为了过渡，就建立了新 1954 北京坐标系。新 1954 北京坐标系通过将 1980 西安坐标系的 3 个定位参数平移至克拉索夫斯基椭球中心，长半径与扁率仍采用原来的克拉索夫斯基椭球的几何参数，而定位与 1980 西安坐标系相同（即大地原点相同），定向也与 1980 椭球相同。因此，新 1954 北京坐标系的精度与 1980 西安坐标系的精度相同，而坐标值与旧 1954 北京坐标系的坐标值接近。

4. WGS-84 坐标系（World Geodetic System-1984 Coordinate System）

在卫星大地测量中，需要建立一个以地球质心为坐标原点的大地坐标系，称为地心空间直角坐标系。

地心空间直角坐标系是大地体内建立的坐标系 $OXYZ$，它的原点与地球质心重合，Z 轴与地球自转轴重合，X 轴与地球赤道面和起始子午面的交线重合，Y 轴与 XZ 平面正交，指向东方，X、Y、Z 构成右手坐标系。地心坐标系是唯一的，因此，这一坐标系确定地面点的"绝对坐标"，它的卫星大地测量中获得广泛应用。

GPS 全球定位系统的 WGS-84 世界大地坐标系就是这种类型。该坐标系的几何定义为：坐标原点与地球质心重合，Z 轴指向国际时间局 BIH（1984.0）定义的协议地极（CIO）方向，X 轴指向 BIH 定义的零度子午面和 CTP 赤道的交点，Y 轴和 Z，X 轴构成右手坐标系，称为 1984 年世界大地坐标系统。

WGS-84 采用的椭球是国际大地测量与地球物理联合会（IUGG）1980 年第 17 届大会测量常数推荐值。GPS 广播星历是以 WGS-84 坐标系为根据的。

5. 2000 国家大地坐标系（写为 CGCS2000）

2000 国家大地坐标系，是我国当前最新的国家大地坐标系，英文名称为 China Geodetic Coordinate System 2000，英文缩写为 CGCS2000。原点为包括海洋和大气的整个地球的质量中心。2000 国家大地坐标系的 Z 轴由原点指向历元 2000.0 的地球参考极的方向，该历元的指向由国际时间局给定的历元为 1984.0 的初始指向推算，定向的时间演化保证相对于地壳不产生残余的全球旋转，Z 轴由原点指向格林尼治参考子午线与地球赤道面（历元 2000.0）的交点，Y 轴与 Z 轴、X 轴构成右手正交坐标系，采用广义相对论意义上的尺度。

2000 国家大地坐标系采用的地球椭球参数如下：

长半轴　a=6 378 137 m

扁率　　f=1/298.257 222 101

地心引力常数　G_M=3.986 004 418 × 10^{14} m^3/s^2

自转角速度　　ω=7.292 115 × 10^{-5} rad/s

CGCS 2000 是地心坐标系。我国北斗卫星导航定位系统采用的是 2000 国家大地坐标系统。

6. 平面直角坐标系

地理坐标是球面坐标，若直接用于工程建设规划、设计、施工，会带来很多计算和测量上的不便。为此，需将球面坐标按一定数学法则归算到一个平面上，但地球是一个不可展的曲面。把地球面上的点位换算到平面上，称为地图投影，我国采用高斯投影的方法。为了实用方便，测量工作中是采用平面直角坐标表示地面点的平面位置的，并可根据测量范围的大小选用不同的坐标系。

　　1）高斯平面直角坐标系

　　高斯投影是首先将地球按经线划分成带，称为投影带，如图 1.6 所示。投影带是从首子午线开始，自西向东将地球划分成经差为 6° 的 60 带（称为 6° 带），并从西向东进行编号，带号用阿拉伯数字表示为 1，2，…，60。位于各带中央的子午线称为该带的中央子午线（或称主子午线）。如第 1 带中央子午线的经度为 3°，第 2 带为 9°……用式（1.4）可算出各带的中央子午线的经度 λ_0，即：

$$\lambda_0 = 6N - 3 \tag{1.4}$$

式中，N 为带号。当要求投影变形更小时，还可按经差 3° 或 1.5° 划分投影带。

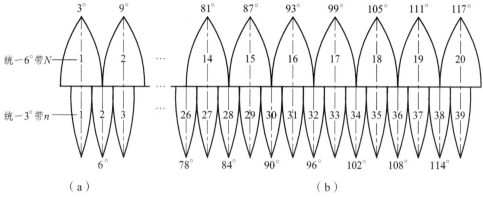

图 1.6　6° 带和 3° 带投影

　　为了便于说明，将地球看作圆球，设想把一个平面卷成圆柱套在该圆球的外面，使横圆柱的轴心通过圆球中心，并使圆球上某 6° 带中央子午线与横圆柱相切，见图 1.7（a）。中央子午线投影后是一条直线，长度不变；赤道投影后也是一条直线，且与中央子午线相垂直。中央两侧的子午线投影到圆柱面后，将圆柱面沿过南北两极的母线剪开并展平，即得高斯投影平面，如图 1.7（b）所示。在此投影面上，除中央子午线和赤道成为互相垂直的直线外，中央两侧的子午线均成为对称于中央子午线的曲线。取中央子午线为纵坐标轴，定为 X 轴，赤道为横坐标轴，定为 Y 轴，两轴的交点为坐标原点，即构成高斯平面直角坐标系。

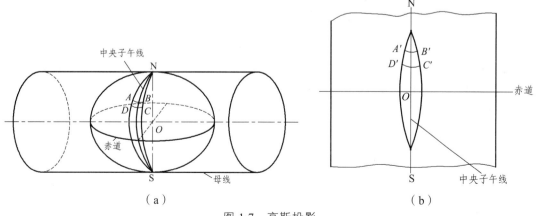

图 1.7　高斯投影

在高斯平面直角坐标系，纵坐标的正负方向以赤道为界，向北为正，向南为负；横坐标以中央子午线为界，向东为正，向西为负。我国位于北半球，所有纵坐标 x 均为正，而各带的横坐标 y 则有正有负。如图 1.8 所示，为了使用方便，避免坐标出现负值，将每带的坐标原点向西移 500 km，则每点的横坐标也均为正值。

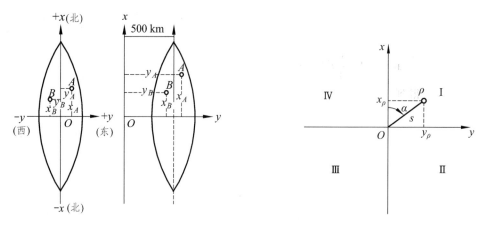

图 1.8 高斯平面直角坐标　　　　　　　图 1.9 小地区平面直角坐标

2）小地区平面直角坐标系

当测区的范围较小（测区半径小于 10 km）时，可以不考虑地球表面曲率对测量的影响，把该测区的地表一小块球面当作平面看待，直接将地面点沿铅垂线投影到水平面上，用平面直角坐标来表示。平面直角坐标原点一般选在测区西南方，以该测区子午线方向（真子午线或磁子午线）为 x 轴，向北为正，y 轴与 x 轴垂直，向东为正，如图 1.9 所示，地面上 P 点的坐标可用 x_P 和 y_P 来表示。

测量所用的平面直角坐标系和数学所采用的平面直角坐标系有些不同：数学中的平面直坐标的横轴为 x 轴、纵轴为 y 轴，象限按逆时针方向编号；而测量中则横轴为 y 轴，纵轴为 x 轴，象限按顺时针方向编号。其原因是，测量学中是以南北方向线为角度的起算方向，同时将象限按顺时针方向编号便于将数学中的公式直接应用到测量计算中去。

1.3 用水平面代替水准面和限度

水准面是一个曲面，曲面上的图形投影到平面上，总会产生一定的变形。用水平面代替水准面，其产生的变形不超过测量容许的误差，则是合理的。以下讨论以水平面代替水准面对距离和高程测量的影响，以便明确可以代替的范围以及在什么情况下需加以改正。

1.3.1 对水平距离的限定

如图 1.10 所示，设球面 P 与水平面 P' 在 A 点相切，A、B 两点在球上的弧长为 S，在水平面上的距离为 D，球的半径为 R，AB 所对球心角为 θ（弧度），则：

$$D = R \cdot \tan\theta$$
$$S = R \cdot \theta$$

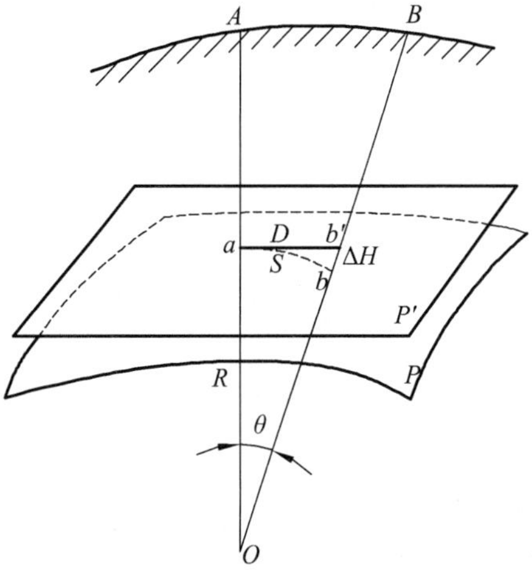

以水平长度 D 代替球面上弧长所产生的误差：

$$\Delta S = D - S = R\tan\theta - R\theta = R(\tan\theta - \theta)$$

将 $\tan\theta$ 按级数展开，并略去高次项，得：

$$\tan\theta = \theta + \frac{1}{3}\theta^3 + \cdots$$

因而，近似得到：

$$\Delta S = R\left[\left(\theta + \frac{1}{3}\theta^3 + \cdots\right) - \theta\right] = R \cdot \frac{\theta^3}{3}$$

以 $\theta = \dfrac{S}{R}$ 代入上式，得：

$$\Delta S = \frac{S^3}{3R^2} \tag{1.5}$$

或

$$\frac{\Delta S}{S} = \frac{1}{3}\left(\frac{S}{R}\right)^2 \tag{1.6}$$

图 1.10 水平面代替水准面

取 $R = 6\,371$ km，并以不同的 S 值代入式（1.6），则可以得出距离误差 ΔS 和相对误差 $\dfrac{\Delta S}{S}$，如表 1.1 所示。

由表 1.1 可知，当距离为 10 km 时，以平面代替曲面所产生的距离相对误差为 1：120 万，这样微小的误差，就是在地面上进行最精密的距离测量也是容许的。因此，在半径为 10 km 的范围内（即面积约 300 km^2 内），以水平面代替水准面的距离相对误差可以忽略不计。

表 1.1　用水平面代替水准面的距离误差 ΔS 和相对误差 $\dfrac{\Delta S}{S}$

距离 S/km	距离误差 ΔS/cm	相对误差 $\dfrac{\Delta S}{S}$
10	0.8	1：1 200 000
25	12.8	1：200 000
50	102.7	1：49 000
100	821.2	1：12 000

1.3.2　对高程测量的限定

在图 1.10 中，A、B 两点在同一水准面上，其高程应相等。B 点投影到水准面上得 b'，则 bb' 即以平面代替水准面所产生的高程误差。设 $bb' = \Delta H$，则：

$$(R + \Delta H)^2 = R^2 + D^2$$
$$2R\Delta H + \Delta H^2 = D^2$$

即
$$\Delta H = \frac{D^2}{2R + \Delta H}$$

上式中，用 S 代替 D，同时 ΔH 与 $2R$ 相比可以忽略不计，则：

$$\Delta H = \frac{S^2}{2R} \tag{1.7}$$

以不同的距离代入式（1.7），则可以得出相应高程误差值，如表 1.2 所示。

表 1.2　以平面代替水准面所产生的高程误差

S/km	0.1	0.2	0.3	0.4	0.5	1	2	5	10
ΔH/cm	0.08	0.3	0.7	1.3	2	8	31	196	785

由表 1.2 可知，以平面代替水准面，在 1 km 的距离上高程误差就有 8 cm。因此，当进行高程测量时，应考虑水准面曲率（又称地球曲率）的影响。

1.4　测量工作概述

1.4.1　测量工作基本内容

地面点的空间位置是以地面点在投影平面上的坐标（x，y）和高程（H）来确定，但在实际测量中，x、y 和 H 不能直接测定出来，而是通过测出它们的水平角 β、水平距离 D 及高差 H，再根据已知点的坐标、方向和高程，推算出其他点的坐标和高程，以确定它们的点位。如图 1.11 所示，设 A、B 点的坐标（x，y）和高程已知，C 点为待定点，投影到水平面 P 上的位置分别为 a、b、c。在 $\triangle abc$ 中，ab 边的长度是已知，只要测出一个未知边的边长和一个水平角（或两个水平角，或两个未知边的边长），就可以推算出 C 点的坐标。可见，测定地面点的坐标主要是测量用水平角和水平距离。

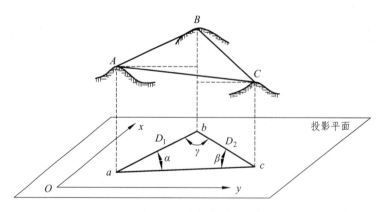

图 1.11　坐标与高程

欲求 C 点的高程，则先要测出高差 $h_{AC}(h_{BC})$，然后推算出 C 点的高程。所以，测定地面点的高程主要是测量高差。

因此，高程测量、水平角测量、水平距离测量是测量的 3 项基本工作。观测、计算和绘图是测量工作者的基本技能。

测量工作一般分外业和内业两种。外业工作的内容包括应用测量仪器和相关工具在测区内所进行的各种测定和测设工作。内业工作是将外业观测的结果加以整理、计算，并绘制成图以便使用。

1.4.2 测量工作的原则

测量过程当中产生误差是必然的，无论是测定或测设，若从一点开始逐点进行测量，前一点测量的误差会传递到下一点，依次积累，随着范围扩大，使点位误差超出所要求的限度。为了限制误差传递和误差积累，要求提高测量精度。

测量工作必须遵循两项原则：一是"由整体到局部、从高级到低级、先控制后碎部"；二是"步步要检核"。

测量工作的第一项原则是说，对任何测绘工作，均应先总体布置，而后分区分期实施，这就是"由整体到局部"；在施测步骤上，总是先布设首级平面和高程控制网，然后再逐级加密低级控制网，最后以此为基础进行测图或施工放样，这就是"先控制后碎部"；从测量精度来看，控制测量精度较高，测图精度相对于控制测量来说要低一些，这就是"从高级到低级"。总之，只有遵循这一原则，才能保证全国坐标系统的统一，才能控制测量误差的累积，保证成果的精度，使测绘成果全国共享。首先，在测区范围内全盘考虑，布设若干个有利于碎部测量的点；然后，再以这些点为依据进行碎部地区的测量工作，这样可以减小误差。

如图 1.12 所示，在测区范围内选择一些具有控制意义的点 A、B、C…，这些点称为控制点。由控制点构成的几何图形，称为控制网。以较高精度的测量方法测定控制点的平面位置和高程，称为控制测量；然后根据控制点再测定碎部点的位置，称碎部测量。例如，在控制点 1 测定其周围的碎部点，这样道路、房屋的位置就可以绘在图纸上。

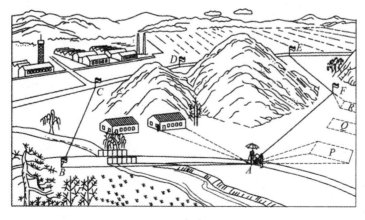

（a）

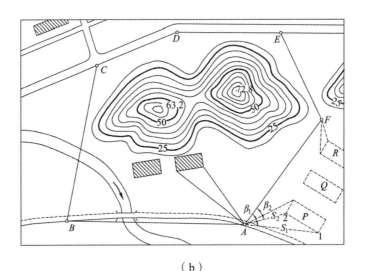

（b）

图 1.12　控制测量与碎部测量

第二项原则是说，测绘工作的每项成果必须检核保证无误后才能进行下一步工作，中间环节只要有一步出错，之后的工作就徒劳无益。坚持这项原则，就是保证测绘成果满足技术规范的要求。

测量工作有外业测量和内业计算之分。在野外用仪器测量水平距离、水平角和高差称为外业，而在室内进行整理计算、平差、绘图称为内业。测量工作无论是外业测量还是内业计算，都必须遵循边工作、边校核的原则，以防止错误的发生。

1.4.3　从事测量工作的要求

（1）测量成果质量的优劣，直接影响到工程质量，无论是测量误差超限或是产生错误，都会使工程质量降低或造成经济损失。因此，从事测量的工作人员，应具备扎实的测量技能和高度的责任心，对工作精益求精，严格按照设计和规范要求的精度、方法，进行测量工作。

（2）严格检核制度，无论是内业或外业，对测量成果都必须进行必要的检核，防止错误的发生。

（3）测量记录要清楚，注意保持原始记录和计算结果的原始性，实事求是，尊重事实，不合格时，应分析原因，进行重测。

（4）测量工作者要爱护测量仪器和工具，轻拿轻放，避免损坏仪器和工具，要掌握正确的操作方法。

1.4.4　测量常用单位

测量上采用的长度、面积、体积和角度的度量单位如下。

1. 长度单位

　　1 m（米）= 10 dm（分米）

　　1 dm（分米）= 10 cm（厘米）

1 cm（厘米）= 10 mm（毫米）

1 km（千米或公里）= 1 000 m（米）

在外文测量书籍及参考文献中，还会用到英、美制的长度计量单位，它与米制的换算关系如下。

1 in（英寸）= 2.54 cm（厘米）

1 ft（英尺）= 12 in（英寸）= 30.48 cm（厘米）

1 yd（码）= 3 ft（英尺）= 0.914 4 m（米）

1 mi（英里）= 1 760 yd（码）= 1.609 3 km（千米）

1 n mile（海里）= 1.852 km（千米）= 1 852 m（米）

1 里 = 500 米   1 丈 = 10 尺

1 尺 = 1/3 米   1 尺 = 10 寸

2. 面积单位

我国测量工作中法定的面积计量单位为平方米（m^2），大面积则用公顷（hm^2）或平方千米（km^2）；农业上则常用市亩（mu）为面积计量单位。其换算关系如下。

$1 m^2$（平方米）= $100 dm^2$（平方分米）= $10 000 cm^2$（平方厘米）

$= 1 000 000 mm^2$（平方毫米）

1 mu（市亩）= $666.666 7 m^2$

1 are（公亩）= $100 m^2$ = 0.15 mu

$1 hm^2$（公顷）= $10 000 m^2$ = 15 mu

$1 km^2$（平方千米或平方公里）= $1 000 000 m^2$（平方米）= $100 hm^2$ = 1 500 mu

米制与英、美制面积计量单位的换算关系如下。

$1 in^2$（平方英寸）= $6.451 6 cm^2$

$1 ft^2$（平方英尺）= $144 in^2$（平方英寸）= $0.092 9 m^2$

$1 yd^2$（平方码）= $9 ft^2$（平方英尺）= $0.836 1 m^2$

1 acre（英亩）= $4 840 yd^2$（平方码）= 40.468 6 are = $4 046.86 m^2$ = 6.07 mu

$1 mi^2$（平方英里）= 640 acre（英亩）= $2.59 km^2$

3. 体积单位

我国测量工作中法定的体积计量单位为立方米（m^3），在工程上有时习惯简称为"立方"或"方"。

4. 角度单位

测量工作中常用的角度单位有度分秒（DMS）制和弧度制。

1）度分秒制

1 圆周 = 360°（度），1° = 60′（分），1′ = 60″（秒）

此外，还有 100 等分的新度：

1 圆周 = 400^g（新度），1^g（新度）= 100^c（新分）= $10 000^{cc}$（新秒）

两者的换算公式是：

1 圆周 = 360°（度）= 400^g（新度）

故

$$1^g = 0.9° \qquad 1° = 1.111^g$$
$$1^c = 0.54' \qquad 1' = 1.852^c$$

2）弧度制

弧度指圆周上取等于半径的弧长所对应的角为一个单位，称 1 弧度，以 ρ 表示。因此，整个圆周为 2π 弧度。

弧度与角度的关系为 $2\pi\rho = 360°$，因此

$$\rho° = 180°/\pi = 57.3°,\ \rho' = 3\ 438',\ \rho'' = 206\ 265''$$

习　题

1.1　测量学的任务是什么？

1.2　如何表示地球的形状和大小？

1.3　什么是绝对高程（海拔）？什么是相对高程（假定高程）？什么是标高？

1.4　如何确定地面点位？

1.5　测量工作程序的基本原则是什么？测量工作有哪些基本观测量？

1.6　水准面曲率对观测量有何影响？

1.7　在半径 $R = 50$ m 的圆周上有一段 125 m 长的圆弧，其所对应的圆心角为多少弧度？用 360°的度分秒制表示时，应为多少？

1.8　有一小角度 $\alpha = 30''$，设半径 $R = 124$ m，其所对圆弧的弧长（精确至 mm）为多少？

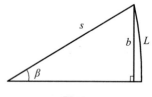

习题图 1.1

1.9　如习题图 1.1 中，当 β 越小时，直角边 b 与弧 L 越接近。现设 $s = 100$ m，要求 b 与 L 之差 $\leqslant 1$ mm，则角度 β 应不大于多少？

第2章　水准测量

📖 内容提要

本章主要讲述水准测量原理、光学水准仪的结构和使用、水准测量外业观测方法以及数据记录要求，水准测量成果计算处理方法、水准测量误差及其消减方法，三角高程测量原理及测量计算等知识。

🎯 课程思政目标

（1）了解中国古代水准测量仪器和方法，以及一系列工程的应用，提升文化自信，教育引导学生传承中华文脉。

（2）讲解水准测量对国家建设和社会发展的重要性，培养学生的爱国主义精神和社会责任感。

（3）讲解水准测量的基本理论和方法，培养学生的科学精神和创新意识。

测定地面点高程的工作称为高程测量（height measurement）。高程测量是测量的基本工作之一。高程测量按所使用的仪器和施测方法的不同，可以分为水准测量（leveling）、三角高程测量（trigonometric leveling）、GPS 高程测量（GPS leveling）和气压高程测量（air pressure leveling）。其中，水准测量是目前精度较高的一种高程测量方法。

2.1　水准测量原理

2.1.1　水准测量原理概述

水准测量是利用水准仪提供的水平视线，借助于带有分画的水准尺，直接测定地面上两点间的高差，然后根据已知点高程和测得的高差，推算出未知点高程。

如图 2.1 所示，A、B 两点间高差 h_{AB} 为：

$$h_{AB} = a - b \tag{2.1}$$

设水准测量是由 A 向 B 进行的，则 A 点为后视点，A 点尺上的读数 a 称为后视读数；B 点为前视点，B 点尺上的读数 b 称为前视读数。因此，高差等于后视读数减去前视读数。

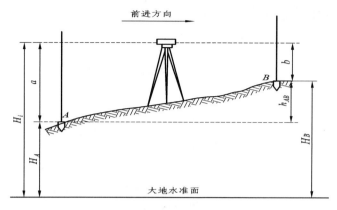

图 2.1 水准测量原理

2.1.2 计算未知点高程

1. 高差法

测得 A、B 两点间高差 h_{AB} 后，如果已知 A 点的高程 H_A，则 B 点的高程 H_B 为：

$$H_B = H_A + h_{AB} \tag{2.2}$$

这种直接利用高差计算未知点 B 高程的方法，称为高差法。

2. 视线高法

如图 2.1 所示，B 点高程也可以通过水准仪的视线高程 H_i 来计算，即：

$$H_i = H_A + a$$
$$H_B = H_i - b \tag{2.3}$$

这种利用仪器视线高程 H_i 计算未知点 B 点高程的方法，称为视线高法。在施工测量中，有时安置一次仪器，需测定多个地面点的高程，此时采用视线高法就比较方便。

2.2 水准测量的仪器和工具

水准测量所使用的仪器为水准仪，工具有水准尺和尺垫。

通过调整水准仪使管水准气泡居中以获得水平视线的水准仪称为微倾式水准仪（title level）；通过补偿器获得水平视线读数的水准仪称为自动安平水准仪（compensator level）。

国产水准仪按其精度分，有 DS$_{05}$、DS$_1$、DS$_3$ 及 DS$_{10}$ 等几种型号。其中：05、1、3 和 10 表示水准仪精度等级；字母 D、S 分别为"大地测量"和"水准仪"汉语拼音的第一个字母，字母后的数字表示以 mm 为单位的、仪器每千米往返测高差中数的中误差。DS$_{05}$、DS$_1$、DS$_3$、DS$_{10}$ 水准仪每千米往返测高差中数的中误差分别为 ±0.5 mm、±1 mm、±3 mm、±10 mm。

2.2.1 DS₃微倾式水准仪的构造

水准仪主要由望远镜、水准器及基座 3 部分组成。图 2.2 所示是我国生产的 DS₃ 微倾式水准仪。

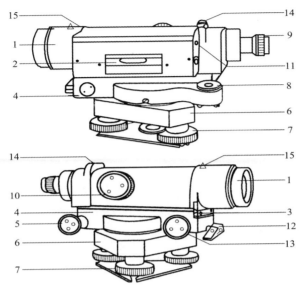

1—望远镜；2—水准管；3—钢片；4—支架；5—微倾螺旋；6—基座；7—脚螺旋；8—圆水准器；
9—目镜对光螺旋；10—物镜对光螺旋；11—气泡观察镜；12—制动扳手；
13—微动螺旋；14—缺口；15—准星。

图 2.2　DS₃ 微倾式水准仪

2.2.1.1 望远镜

望远镜是用来精确瞄准远处目标并对水准尺进行读数的仪器。它主要由物镜、目镜、对光透镜和十字丝分划板组成。

（1）十字丝分划板（图 2.3）。它是为了瞄准目标和读数用的。

（2）物镜和目镜。物镜和目镜多采用复合透镜组，目标 *AB* 经过物镜成像后形成一个倒立而缩小的实像 *ab*，移动对光透镜，可使不同距离的目标均能清晰地成像在十字丝平面上；再通过目镜的作用，便可看清同时放大了的十字丝和目标影像 *a′b′*。

（3）视准轴。十字丝交点与物镜光心的连线，称为视准轴 *CC*。视准轴的延长线即视线，水准测量就是在视准轴水平时，用十字丝的中丝在水准尺上截取读数。

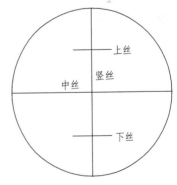

图 2.3　十字丝分划板

2.2.1.2 水准器

（1）管水准器。管水准器（亦称水准管）用于精确整平仪器。如图 2.4 所示，它是一玻璃管，其纵剖面方向的内壁研磨成一定半径的圆弧形，水准管上一般刻有间隔为 2 mm 的分划线，分划线的中点 O 称为水准管零点。通过零点与圆弧相切的纵向切线 LL_1 称为水准管轴，水准管轴平行于视准轴。

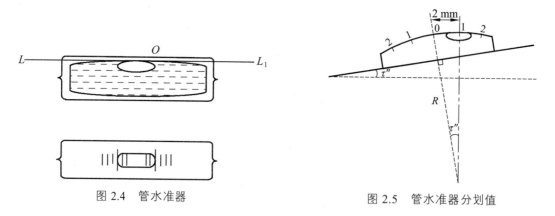

图 2.4　管水准器　　　　　　　　　　图 2.5　管水准器分划值

水准管上 2 mm 圆弧所对的圆心角 τ，称为水准管的分划值（图 2.5）。水准管分划越小，水准管灵敏度越高，用其整平仪器的精度也就越高。DS₃ 型水准仪的水准管分划值为 20″，记作 20″/2 mm。

为了提高水准管气泡居中的精度，需要采用符合水准器（图 2.6）。

（2）圆水准器。圆水准器装在水准仪基座上，用于粗略整平。圆水准器顶面的玻璃内表面研磨成球面，球面的正中刻有圆圈，其圆心称为圆水准器的零点。过零点的球面法线 $L'L_1'$，称为圆水准器轴（图 2.7）。圆水准器轴 $L'L_1'$ 平行于仪器竖轴 VV_1。

气泡中心偏离零点 2 mm 时竖轴所倾斜的角值，称为圆水准器的分划值，一般为 8′ ~ 10′，精度较低。

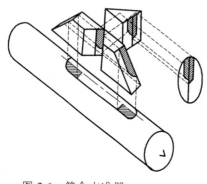

图 2.6　符合水准器

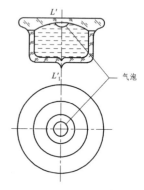

图 2.7　圆水准器

2.2.1.3　基　　座

基座的作用是支承仪器的上部，并通过连接螺旋与三脚架连接。它主要由轴座、脚螺旋、底板和三脚压板构成。转动脚螺旋，可使圆水准气泡居中。

2.2.2　自动安平水准仪

自动安平水准仪与微倾式水准仪的区别在于：自动安平水准仪没有水准管和微倾螺旋，

而是在望远镜的光学系统中装置了补偿器。

图 2.8 所示为 DSZ2 型自动安平水准仪（苏州第一光学仪器厂产品）。

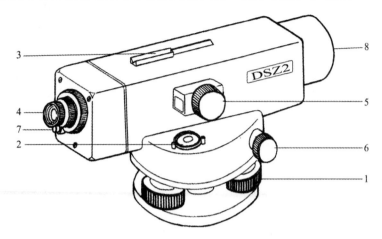

1—角螺旋；2—圆水准器；3—瞄准器；4—目镜调焦螺旋；5—物镜调焦螺旋；
6—微动螺旋；7—补偿器检查按钮；8—物镜。

图 2.8 DSZ2 型自动安平水准仪

如图 2.9 所示，当水准轴水平时，从水准尺 a_0 点通过物镜光心的水平光线将落在十字丝交点 A 处，从而得到正确读数。当圆水准器气泡居中后，视准轴仍存在一个微小倾角 α，十字丝交点从 A 移到 A'，从而产生偏距 AA'。为了补偿这段偏距，在望远镜的光路上安置一补偿器，使通过物镜光心的水平光线经过补偿器后偏转一个 β 角，但仍能通过十字丝交点。这样，十字丝交点上读出的水准尺读数，即视线水平时应该读出的水准尺读数，即：

$$f \cdot \alpha = s \cdot \beta \tag{2.4}$$

由于无需精平，这样不仅可以缩短水准测量的观测时间，而且对于施工场地地面的微小震动、松软土地的仪器下沉以及大风吹刮等原因引起的视线微小倾斜，均能迅速、自动安平仪器，从而提高水准测量的观测精度。

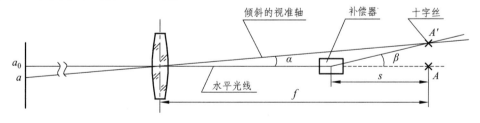

图 2.9 自动安平的原理

2.2.3 水准尺和尺垫

1. 水准尺

水准尺是进行水准测量时与水准仪配合使用的标尺。常用的水准尺有塔尺和双面尺两种。

（1）塔尺。它是一种逐节缩小的组合尺，其长度为 2～5 m，两节或三节连接在一起，尺的底部为零点，尺面上黑白格相间，每格宽度为 1 cm，有的为 0.5 cm，在 m 和 dm 处有数字注记，如图 2.10（a）所示。

（2）双面水准尺。尺长为 3 m，两根尺为一对。尺的双面均有刻划，一面为黑白相间，称为黑面尺（也称主尺）；另一面为红白相间，称为红面尺（也称辅尺）。两面的刻划均以 cm 为单位，在 dm 处注有数字。两根尺的黑面尺尺底均从零开始；而红面尺尺底，一根从 4.687 m 开始，另一根从 4.787 m 开始。在视线高度不变的情况下，同一根水准尺的红面和黑面读数之差应等于常数 4.687 m 或 4.787 m，这个常数称为尺常数，用 K 来表示，以此可以检核读数是否正确，如图 2.10（b）所示。

2. 尺　垫

尺垫是由生铁铸成，一般为三角形板座，其下方有 3 个脚，可以踏入土中。尺垫上方有一突起的半球体，水准尺立于半球顶面。尺垫用于转点处，如图 2.11 所示。

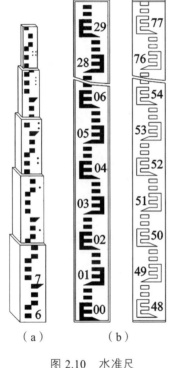

（a）　　（b）

图 2.10　水准尺

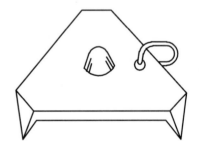

图 2.11　尺　垫

2.3　水准仪的使用

2.3.1　微倾式水准仪使用

微倾式水准仪的基本操作程序为：安置仪器、粗略整平、瞄准水准尺、精确整平和读数。

2.3.1.1 安置仪器

（1）在测站上松开三脚架架腿的固定螺旋，按需要的高度调整架腿长度，再拧紧固定螺旋，张开三脚架将架腿踩实，并使三脚架架头大致水平。

（2）从仪器箱中取出水准仪，用连接螺旋将水准仪固定在三脚架架头上。

2.3.1.2 粗略整平

通过调节脚螺旋使圆水准器气泡居中，具体操作步骤如下。

（1）如图2.12所示，用两手按箭头所指的相对方向转动脚螺旋1和2，使气泡沿着1、2连线方向由a移至b。

（2）用左手按箭头所指方向转动脚螺旋3，使气泡由b移至中心。

整平时，气泡移动的方向与左手大拇指旋转脚螺旋时的移动方向一致，与右手大拇指旋转脚螺旋时的移动方向相反。

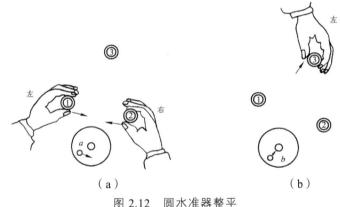

（a）　　　　　　　　（b）

图2.12　圆水准器整平

2.3.1.3 瞄准水准尺

（1）目镜调焦。松开制动螺旋，将望远镜转向明亮的背景，转动目镜对光螺旋，使十字丝的成像清晰。

（2）初步瞄准。通过望远镜筒上方的照门和准星瞄准水准尺，旋紧制动螺旋。

（3）物镜调焦。转动物镜对光螺旋，使水准尺的成像清晰。

（4）精确瞄准。转动微动螺旋，使十字丝的竖丝瞄准水准尺边缘或中央，如图2.13所示。

（5）消除视差。眼睛在目镜端上下移动，有时可看见十字丝的中丝与水准尺影像之间相对移动，这种现象叫视差。产生视差的原因是水准尺的尺像与十字丝平面不重合，如图2.14（a）所示。视差的存在将影响读数的正确性，应予消除。消除视差的方法是仔细地转动物镜对光螺旋，直至尺像与十字丝平面重合，如图2.14（b）所示。

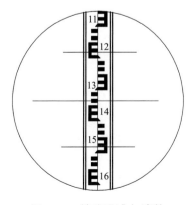

图2.13　精确瞄准与读数

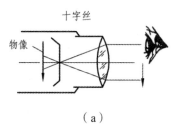

十字丝　　　　　　　　　　　　　　　　十字丝与物像重合

物像　　　　　　　　　　眼睛　　　　　　　　　　　　　眼睛

（a）　　　　　　　　　　　　　　　　　（b）

图 2.14　消除视差

2.3.1.4　精确整平

精确整平简称精平。眼睛观察水准气泡观察窗内的气泡影像，用右手缓慢地转动微倾螺旋，使气泡两端的影像严密吻合，此时视线方向即水平视线方向。微倾螺旋的转动方向与左侧半气泡影像的移动方向一致，如图 2.15 所示。

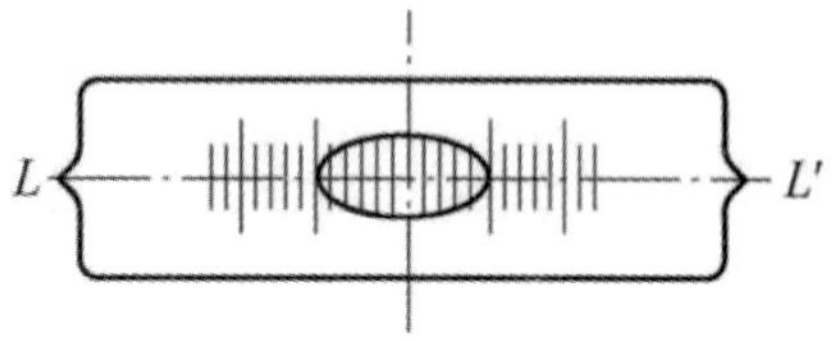

2.3.1.5　读　数

符合水准器气泡居中后，应立即用十字丝中丝在水准尺上读数。读数时应从小数向大数读，如果从望远镜中看到的水准尺影像是倒像，在尺上应从上到下读取。读数时直接读取米、分米和厘米，并估读至毫米，共 4 位数。如图 2.13 所示，其读数是 1.336 m。读数后，再检查符合水准器气泡是否居中；若不居中，应再次精平，重新读数。

图 2.15　精确整平

2.3.2　自动安平水准仪使用

使用自动安平水准仪时，首先将圆水准器气泡居中，然后瞄准水准尺，等待 2 ~ 4 s 后，即可进行读数。有的自动安平水准仪配有一个补偿器检查按钮，每次读数前按一下该按钮，以确认补偿器能正常作用后再读数。

2.4　水准测量的方法

2.4.1　水准点

用水准测量的方法测定的高程控制点，称为水准点，记为 BM（Bench Mark）。水准点有永久性水准点和临时性水准点两种。

1. 永久性水准点

国家等级永久性水准点，如图 2.16 所示。有些永久性水准点的金属标志也可镶嵌在稳定的墙角上，称为墙上水准点，如图 2.17 所示。建筑工地上的永久性水准点，其形式如图 2.18（a）所示。

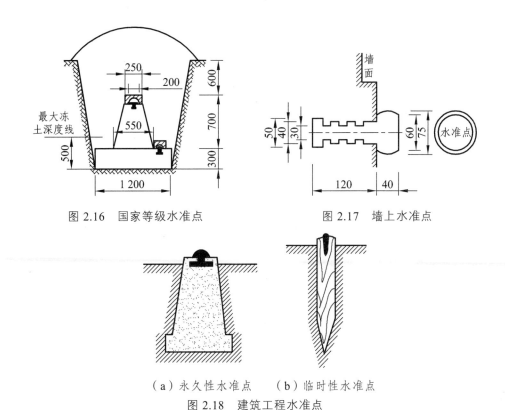

图 2.16　国家等级水准点　　　　　图 2.17　墙上水准点

（a）永久性水准点　　（b）临时性水准点

图 2.18　建筑工程水准点

2. 临时性水准点

临时性的水准点可用地面上突出的坚硬岩石或将大木桩打入地下，桩顶钉以半球状铁钉作为水准点的标志，如图 2.18（b）所示。

2.4.2　水准路线及成果检核

在水准点间进行水准测量所经过的路线，称为水准路线。相邻两水准点间的路线称为测段。在一般的工程测量中，水准路线布设形式主要有以下 3 种形式。

2.4.2.1　附合水准路线

（1）附合水准路线的布设方法。如图 2.19（a）所示，从已知高程的水准点 BM.5 出发，沿待定高程的水准点 1、2、3 进行水准测量，最后附合到另一已知高程的水准点 BM.7 所构成的水准路线，称为附合水准路线。

（2）成果检核。从理论上讲，附合水准路线各测段高差代数和应等于两个已知高程的水准点之间的高差，即：

$$\sum h_{理} = H_{终} - H_{始}$$

各测段高差代数和与其理论值的差值，称为高差闭合差 f_h，即：

$$f_h = \sum h_{测} - (H_{终} - H_{始}) \tag{2.5}$$

2.4.2.2　闭合水准路线

（1）闭合水准路线的布设方法。如图 2.19（b）所示，从已知高程的水准点 BM.8 出发，沿各待定高程的水准点 1、2、3、4 进行水准测量，最后又回到原出发点 BM.8 的环形路线，称为闭合水准路线。

（2）成果检核。从理论上讲，闭合水准路线各测段高差代数和应等于零，即：

$$\sum h_{理} = 0$$

如果不等于零，则高差闭合差为：

$$f_h = \sum h_{测} \tag{2.6}$$

2.4.2.3　支水准路线

（1）支水准路线的布设方法。如图 2.19（c）所示，从已知高程的水准点 BM.6 出发，沿待定高程的水准点 1、2 进行水准测量，这种既不闭合又不附合的水准路线，称为支水准路线。支水准路线要进行往返测量，以用于检核。

（2）成果检核。从理论上讲，支水准路线往测高差与返测高差的代数和应等于零。

$$\sum h_{往} + \sum h_{返} = 0$$

如果不等于零，则高差闭合差为：

$$f_h = \sum h_{往} + \sum h_{返} \tag{2.7}$$

各种路线形式的水准测量，其高差闭合差均不应超过容许值，否则即认为观测结果不符合要求。

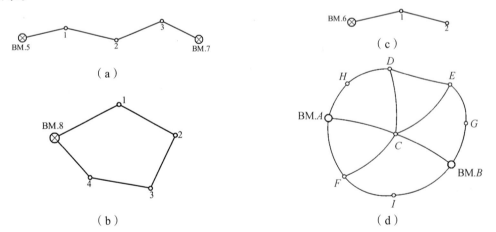

图 2.19　水准路线布设形式

2.4.2.4　水准网

如图 2.19（d）所示，由多条单一水准路线相互连接构成的网状图形称为水准网。其中 BM_A、BM_B 为已知水准点，C、D、E、F 等为结点。

2.4.3 水准测量的施测方法

作业前应选择适当的仪器、水准尺,并对其进行检验和校正。三、四等水准用 DS₃ 型仪器和双面尺,等外水准可配单面尺。一般性测量采用单程观测,作为首级控制或支水准路线必须往返观测。等级水准测量的各项技术指标必须符合规范要求。测量应尽可能采用中间法,即仪器安置在前、后视距大致相等的位置。转点用 TP(Turning Point)表示,在水准测量中它们起传递高程的作用。

如图 2.20 所示,已知水准点 BM.A 的高程为 H_A,现欲测定 B 点的高程 H_B。

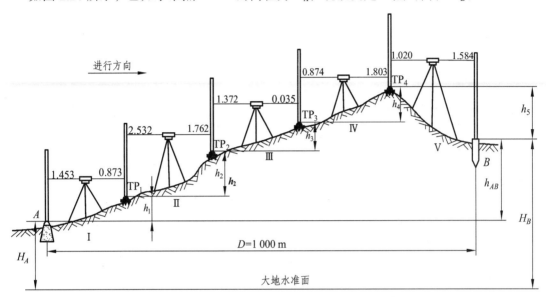

图 2.20 水准测量的施测

1. 观测与记录

观测与记录见表 2.1。

表 2.1 水准测量观测与记录表

测站	测点	水准尺读数		高差/m		高程/m	测点
		后视(a)	前视(b)	+	—		
I	A	1.453		0.580		132.815	A
	TP₁		0.873			133.395	TP₁
II	TP₁	2.532		0.770		134.165	TP₂
	TP₂		1.762				
III	TP₂	1.372		1.337		135.502	TP₃
	TP₃		0.035				
IV	TP₃	0.874			0.929	134.573	TP₄
	TP₄		1.803				
V	TP₄	1.020			0.564	134.009	B
	B		1.584				
计算校核		$\Sigma a=7.251$	$\Sigma b=6.057$	$\Sigma+h=2.687$	$\Sigma-h=1.493$	$H_B-H_A=1.194$	
		$\Sigma a-\Sigma b=1.194$		$\Sigma h=1.194$			

2. 计算与计算检核

（1）计算。每一测站都可测得前、后视两点的高差，即：

$$h_1 = a_1 - b_1$$
$$h_2 = a_2 - b_2$$
$$\vdots$$
$$h_5 = a_5 - b_5$$

将上述各式相加，得：

$$h_{AB} = \sum h = \sum a - \sum b$$

则 B 点高程为：

$$H_B = H_A + h_{AB} = H_A + \sum h$$

（2）计算检核。为了保证记录表中数据的正确性，应对后视读数总和减前视读数总和、高差总和、B 点高程与 A 点高程之差进行检核，理论上这 3 个数字应相等。

$$\sum a = \sum b = 7.251 - 6.057 = +1.194 \text{（m）}$$
$$\sum h = 2.687 - 1.493 = +1.194 \text{（m）}$$
$$H_B - H_A = 134.009 - 132.815 = +1.194 \text{（m）}$$

3. 水准测量的测站检核

（1）变动仪器高法。在同一个测站上根据两次不同的仪器高度测得的两次高差进行检核。要求：改变仪器高度应大于 10 cm，两次所测高差之差不超过容许值（如等外水准测量容许值为 ± 6 mm），取其平均值作为该测站最后结果；否则须重测。

（2）双面尺法。分别对双面水准尺的黑面和红面进行观测。利用前、后视的黑面和红面读数，分别算出两个高差。如果两高差差值不超过规定的限差（如四等水准测量容许值为 ± 5 mm），取其平均值作为该测站最后结果；否则须重测。

2.5 水准测量的成果计算

2.5.1 附合水准路线的计算

【例 2.1】 图 2.21 是一附合水准路线等外水准测量示意图，A、B 为已知高程的水准点，1、2、3 为待定高程的水准点，h_1、h_2、h_3 和 h_4 为各测段观测高差，n_1、n_2、n_3 和 n_4 为各测段测站数，L_1、L_2、L_3 和 L_4 为各测段长度。现已知 $H_A = 65.376$ m，$H_B = 68.623$ m，且各测段站数、长度及高差均已注于图 2.21 中。

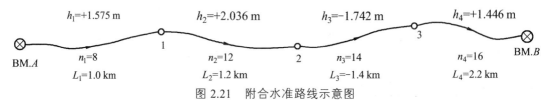

图 2.21 附合水准路线示意图

表 2.2　水准测量成果计算

点号	距离/km	测站数	实测高差/m	改正数/mm	改正后高差/m	高程/m	点号	备注
1	2	3	4	5	6	7	8	9
BM.A	1.0	8	＋1.575	－12	＋1.563	65.376	BM.A	
1						66.939	1	
2	1.2	12	＋2.036	－14	＋2.022	68.961	2	
3	1.4	14	－1.742	－16	－1.758	67.203	3	
BM.B	2.2	16	＋1.446	－26	＋1.420	68.623	BM.B	
$\sum$	5.8	50	＋3.315	－68	＋3.247			
辅助计算								

辅助计算：

$$f_h = \sum h_i - (H_B - H_A) = 3.315 - (68.623 - 65.376) = +68 \text{ (mm)}$$

$$f_{h容} = \pm 40\sqrt{L} = \pm 40\sqrt{5.8} = \pm 96 \text{ (mm)} \qquad f_h < f_{h容}$$

【解】　（1）填写观测数据和已知数据。

将点号、测段长度、测站数、观测高差及已知水准点 A、B 的高程填入附合水准路线成果计算表 2.2 中的相应栏内。

（2）计算高差闭合差。

水准路线中实测高差存在误差，不等于理论高差，两者的差值称为高差闭合差 f_h，高差闭合差是各种因素产生的测量误差，因此整个水准路线测量完成后，高差闭合差的数值应该在允许值范围内，否则应检查原因，重新测量。

$$f_h = \sum h_{测} - \sum h_{理} < f_{h容许} \qquad\qquad (2.8)$$

表示测量成果符合精度要求，可以应用。否则必须重测。式中 $f_{h容}$ 称为容许高差闭合差，国家标准《工程测量规范》规定：

三等水准测量：平地 $f_{h容} = \pm 12\sqrt{L}$；山地 $f_{h容} = \pm 4\sqrt{n}$。

四等水准测量：平地 $f_{h容} = \pm 20\sqrt{L}$；山地 $f_{h容} = \pm 6\sqrt{n}$。

图根水准测量：平地 $f_{h容} = \pm 40\sqrt{L}$；山地 $f_{h容} = \pm 12\sqrt{n}$。

式中　L——往返测段、附合或闭合水准线路长度，以 km 计；

　　　n——单程测站数；

　　　$f_{h容}$——容许高差闭合差，以 mm 计。

题中

$$f_h = \sum h_i - (H_B - H_A) = 3.315 - (68.623 - 65.376) = +68 \quad \text{(mm)}$$

根据附合水准路线的测站数及路线长度计算每千米测站数：

$$\frac{\sum n}{\sum L} = \frac{50}{5.8} = 8.6 < 16 \quad （站/km）$$

故高差闭合差容许值采用平地公式计算。等外水准测量高差闭合差容许值 $f_{h容}$ 的计算公式为：

$$f_{h容} = \pm 40\sqrt{L} = \pm 40\sqrt{5.8} = \pm 96 \quad (mm)$$

因 $f_h < f_{h容}$，说明观测成果精度符合要求，可对高差闭合差进行调整；如果 $f_h < f_{h容}$，说明观测成果不符合要求，必须重新测量。

（3）调整高差闭合差。

高差闭合差调整的原则和方法，是按与测站数或测段长度成正比例的原则，将高差闭合差反号分配到各相应测段的高差上，得改正后高差，即：

$$v_i = -\frac{f_h}{\sum n} n_i \quad 或 \quad v_i = -\frac{f_h}{\sum L} L_i \qquad （2.9）$$

式中　v_i——第 i 测段的高差改正数（mm）；

　　　$\sum n$ 或 $\sum L$——水准路线总测站数与总长度；

　　　n_i，L_i——第 i 测段的测站数与测段长度。

本例题中，各测段改正数为：

$$v_1 = -\frac{f_h}{\sum L} L_1 = -\frac{68}{5.8} \times 1.0 = -12 \quad (mm)$$

$$v_2 = -\frac{f_h}{\sum L} L_2 = -\frac{68}{5.8} \times 1.2 = -14 \quad (mm)$$

$$v_3 = -\frac{f_h}{\sum L} L_3 = -\frac{68}{5.8} \times 1.4 = -16 \quad (mm)$$

$$v_4 = -\frac{f_h}{\sum L} L_4 = -\frac{68}{5.8} \times 2.2 = -26 \quad (mm)$$

计算检核：　　　　　$\sum v_i = -f_h$

将各测段高差改正数填入表 2.2 中第 5 栏内。

（4）计算各测段改正后高差。

各测段改正后高差等于各测段观测高差加上相应的改正数，即：

$$h_i' = h_i + v_i \qquad （2.10）$$

式中　h_i'——第 i 段的改正后高差（m）。

本例题中，各测段改正后高差为：

$$h_1' = h_1 + v_1 = +1.575 + (-0.012) = +1.563 \quad (m)$$
$$h_2' = h_2 + v_2 = +2.036 + (-0.014) = +2.022 \quad (m)$$

$$h_3' = h_1 + v_3 = -1.742 + (-0.016) = -1.758 \quad (m)$$
$$h_4' = h_1 + v_4 = +1.446 + (-0.026) = +1.420 \quad (m)$$

计算检核： $$\sum h_i = H_B - H_A$$

将各测段改正后高差填入表 2.2 中第 6 栏内。

（5）计算待定点高程。

根据已知水准点 A 的高程和各测段改正后高差，即可依次推算出各待定点的高程，即：

$$H_1 = H_A + h_1' = 65.376 + 1.563 = 66.939 \quad (m)$$
$$H_2 = H_1 + h_2' = 66.939 + 2.022 = 68.961 \quad (m)$$
$$H_3 = H_2 + h_3' = 68.961 + (-1.758) = 67.203 \quad (m)$$

计算检核：

$$H_B = H_3 + H_4' = 67.203 + 1.420 = 68.623 \quad (m)$$

最后，推算出的 B 点高程应与 B 点的实际高程相等，以此作为计算检核。将推算出的各待定点的高程填入表 2.2 中第 7 栏内。

2.5.2　闭合水准路线成果计算

闭合水准路线成果计算的步骤与附合水准路线相同。

2.6　微倾式水准仪的检验与校正

2.6.1　水准仪应满足的几何条件

根据水准测量的原理，水准仪必须能提供一条水平的视线，它才能正确地测出两点间的高差。为此，水准仪在结构上应满足如图 2.22 所示的条件。

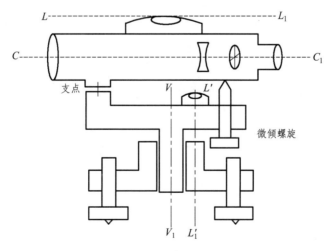

图 2.22　水准仪的轴线

（1）圆水准器轴 $L'L_1'$ 应平行于仪器的竖轴 VV_1。

（2）十字丝的中丝应垂直于仪器的竖轴 VV_1。

（3）水准管轴 LL_1 应平行于视准轴 CC_1。

水准仪除应满足上述各项条件外，在水准测量之前，还应对水准仪进行认真的检验与校正。

2.6.2 水准仪的检验与校正

1. 圆水准器轴 $L'L_1'$ 平行于仪器的竖轴 VV_1 的检验与校正

1）检验方法

旋转脚螺旋使圆水准器气泡居中，然后将仪器绕竖轴旋转180°，如果气泡仍居中，则表示该几何条件满足；如果气泡偏出分划圈外，则需要校正。

2）校正方法

校正时，先调整脚螺旋，使气泡向零点方向移动偏离值的一半，此时竖轴处于铅垂位置；然后，稍旋松圆水准器底部的固定螺钉，用校正针拨动三个校正螺钉，使气泡居中，这时圆水准器轴平行于仪器竖轴且处于铅垂位置。

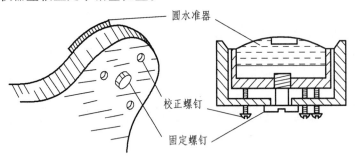

图 2.23　圆水准器校正螺钉

圆水准器校正螺钉的结构如图 2.23 所示。此项校正需反复进行，直至仪器旋转到任何位置圆水准器气泡皆居中为止。最后，旋紧固定螺钉。

2. 十字丝中丝垂直于仪器的竖轴的检验与校正

1）检验方法

安置水准仪，使圆水准器的气泡严格居中后，先用十字丝交点瞄准某一明显的点状目标 M，如图 2.24（a）所示，然后旋紧制动螺旋，转动微动螺旋，如果目标点 M 不偏离中丝，如图 2.24（b）所示，则表示中丝垂直于仪器的竖轴；如果目标点 M 离开中丝，如图 2.24（c）所示，则需要校正。

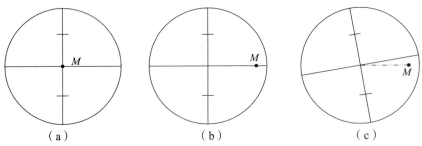

图 2.24　十字丝中丝垂直于仪器竖轴的检验

2）校正方法

松开十字丝分划板座的固定螺钉转动十字丝分划板座，使中丝一端对准目标点 M，再将固定螺钉拧紧。此项校正也需反复进行。

3. 水准管轴平行于视准轴的检验与校正

1）检验方法

如图 2.25 所示，在较平坦的地面上选择相距约 80 m 的 A、B 两点，打下木桩或放置尺垫。用皮尺丈量，定出 AB 的中间点 C。

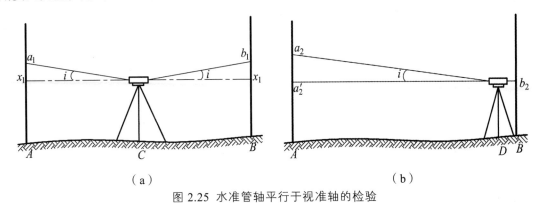

（a）   （b）

图 2.25 水准管轴平行于视准轴的检验

（1）在 C 点处安置水准仪，用变动仪器高法，连续两次测出 A、B 两点的高差，若两次测定的高差之差不超过 3 mm，则取两次高差的平均值 h_{AB} 作为最后结果。由于距离相等，视准轴与水准管轴不平行所产生的前、后视读数误差 x_1 相等，故高差 h_{AB} 不受视准轴误差的影响。

（2）在离 B 点 3 m 左右的 D 点处安置水准仪，精平后读得 B 点尺上的读数为 b_2。因水准仪离 B 点很近，两轴不平行引起的读数误差 x_2 可忽略不计。根据 b_2 和高差 h_{AB}，算出 A 点尺上视线水平时的应读读数为：

$$a_2' = b_2 + h_{AB}$$

然后，瞄准 A 点水准尺，读出中丝的读数 a_2，如果 a_2' 与 a_2 相等，表示两轴平行；否则存在 i 角，其角值为：

$$i = \frac{a_2' - a_2}{D_{AB}} \rho \qquad\qquad (2.11)$$

式中　D_{AB}——A、B 两点间的水平距离（m）；

　　　　i——视准轴与水准管轴的夹角（″）；

　　　　ρ——一弧度的秒值，$\rho = 206\ 265''$。

对于 DS$_3$ 型水准仪来说，i 角值不得大于 20″，如果超限，则需要校正。

2）校正方法

转动微倾螺旋，使十字丝的中丝对准 A 点尺上应读读数 a_2'，用校正针先拨松水准管一端左、右校正螺钉，如图 2.26 所示；再拨动上、下两个校正螺钉，使偏离的气泡重新居中；最后，将校正螺钉旋紧。此项校正工作需反复进行，直至达到要求为止。

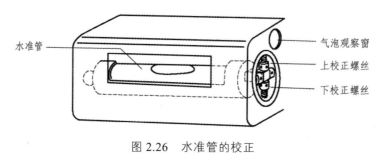

图 2.26　水准管的校正

2.7　水准测量误差与注意事项

2.7.1　仪器误差

1. 水准管轴与视准轴不平行误差

水准管轴与视准轴不平行，虽然经过校正，仍然可能存在少量的残余误差。这种误差的影响与距离成正比，只要观测时注意使前、后视距离相等，便可消除此项误差对测量结果的影响。

2. 水准尺误差

该项误差包括尺长误差、分划误差和零点误差，它直接影响读数和高差精度。经检定不符合尺长误差、分划误差规定的水准尺应禁止使用。尺长误差较大的尺，精度要求较高的水准测量时，应对读数进行尺长误差改正。零点误差是由于尺底不同程度磨损而造成的，成对使用的水准尺可在测段内设偶数站消除。这是因为水准尺前后视交替使用时，相邻两站高差的影响值大小相等、符号相反。

3. 望远镜调焦透镜运行的误差

物镜对光时，调焦镜应严格沿光轴前后移动。仪器受震或仪器陈旧等原因，使得调焦镜不沿光轴运动，造成目标影像偏移，产生读数误差。该项误差随调焦镜位置不同而变化，采用前、后视仅作一次对光，可削弱或消除误差影响。

2.7.2　观测误差

1. 水准管气泡的居中误差

气泡的居中存在误差，致使视线偏离水平位置，从而带来读数误差。为减小此误差的影响，每次读数时，都要使水准管气泡严格居中。

2. 估读水准尺的误差

水准尺估读毫米数的误差大小与望远镜的放大倍率以及视线长度有关。在测量作业中，应遵循不同等级的水准测量对望远镜放大倍率和最大视线长度的规定，以保证估读精度。

3. 视差的影响误差

当存在视差时，由于十字丝平面与水准尺影像不重合，若眼睛的位置不同，便会读出不同的读数，由此而产生读数误差。因此，观测时要仔细调焦，严格消除视差。

4. 水准尺倾斜的影响误差

水准尺倾斜，使尺上读数增大，从而带来误差。例如，水准尺倾斜 $3°30'$，在水准尺上 1 m 处读数时，将产生 2 mm 的误差。为了减少这种误差的影响，水准尺必须扶直。

2.7.3　外界条件的影响误差

1. 水准仪下沉误差

水准仪下沉，使视线降低，而引起高差误差。如采用"后、前、前、后"的观测程序，可减弱其影响。

2. 尺垫下沉误差

如果在转点发生尺垫下沉，将使下一站的后视读数增加，也将引起高差的误差。采用往返观测的方法，取结果的中数，可减弱其影响。

为了防止水准仪和尺垫下沉，测站和转点应选在土质实处，并踩实三脚架和尺垫，使其稳定。

3. 地球曲率及大气折光的影响

地球曲率和大气折光的影响，使得视线弯曲，可采用使前、后视距离相等的方法来消除。

4. 温度的影响误差

温度的变化不仅会引起大气折光的变化，而且当烈日照射水准管时，由于水准管本身和管内液体温度的升高，气泡向着温度高的方向移动，从而影响水准管轴的水平，产生气泡居中误差。所以，测量中应随时注意为仪器打伞遮阳。

2.8　电子水准仪

电子水准仪的光学系统采用了自动安平水准仪的基本形式，是一种集电子、光学、图像处理、计算机技术于一体的自动化智能水准仪。如图 2.27 所示，它由基座、水准器、望远镜、操作面板和数据处理系统组成。电子水准仪具有内藏应用软件和良好的操作界面，可以完成读数、数据储存和处理、数据采集自动化等工作，具有速度快、精度高、作业劳动强度小、实现内外业一体化等优点。若使用普通水准尺，也可当普通水准仪使用。

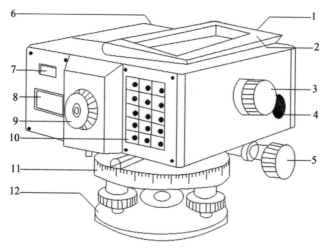

1—物镜；2—提环；3—物镜调焦螺旋；4—测量按钮；5—微动螺旋；6—RS 接口；7—圆水准器观察窗；
8—显示器；9—目镜；10—操作面板；11—带度盘的轴座；12—连接板。

图 2.27 数字水准仪

2.8.1 条码水准尺

条码水准尺是与数字水准仪配套使用的专用水准尺，如图 2.28（a）所示，它由玻璃纤维塑料制成，或用钢钢制成尺面镶嵌在尺基上形成，全长为 2~4.05 m。尺面上刻相互嵌套、宽度不同、黑白相间的码条（称为条码），该条码相当于普通水准尺上的分划和注记。精密水准尺上附有安平水准器和扶手，在尺的顶端留有撑杆固定螺孔，以便用撑杆固定条码尺使之长时间保持准确而竖直的状态。条码尺在望远镜视场中情形如图 2.28（b）所示。

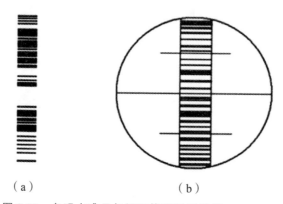

（a）   （b）

图 2.28 条码水准尺与望远镜视场示意图

2.8.2 电子水准仪测量原理

在仪器的中央处理器（数据处理系统）中建立了一个对单平面上所形成的图像信息自动编码程序，通过望远镜中的光电二极管阵列（相机）摄取水准尺（条码尺）上的图像信息，传输给数据处理系统，自动地进行编码、释译、对比、数字化等一系列数据处理，而后转换成水准尺读数和视距或其他所需要的数据,并自动记录储存在记录器中或显示在显示器上。

数字水准仪的操作步骤同自动安平水准仪一样,分为粗平、照准、读数三步。现以NA3000型为例介绍其操作方法。

(1)粗平:同普通水准仪一样,转动脚螺旋使圆水准器的气泡居中即可。气泡居中情况可在圆水准器观察窗中看到。而后打开仪器电源开关(开机),仪器进行自检。当仪器自检合格后显示器显示程序清单,此时即可进行测量工作。

(2)照准:先转动目镜调焦螺旋,看清十字丝;照准标尺,转动物镜调焦螺旋,消除视差,看清目标。按相应键选择测量模式和测量程序,如仅测量不记录、测量并记录测量数据等,而后用十字丝竖丝照准条码尺中央,并制动望远镜。

(3)读数:轻按一下测量按钮,显示器将显示水准尺读数;按测距键即可得到仪器至水准尺的距离,若按相应键即可得到所需要的相应数据。若在"测量并记录"模式,仪器将自动记录测量数据。

当高程测量时,后视观测完毕后,仪器自动显示提示符"FORE≡"提醒观测员观测前视;前视观测完毕后,仪器又自动显示提示符"BACK≡"提醒进行下一测站后视的观测;如此连续进行直至观测终点。仪器显示的待定点的高程是以前一站转点的高程推算的。一站观测完毕,按〔IN/SO〕键结束测量工作,关机、搬站。

数字水准仪是自动化程度较高的电子测量仪器,属高精度精密仪器,使用时除普通水准仪应注意的事项外,还应注意以下几点。

(1)避免强阳光下进行测量,以防损伤眼睛和光线折射导致条码尺图像不清晰产生错误;必要时,可采用仪器和条码尺撑伞遮阳。

(2)仪器照准时,尽量照准条码尺中部,避免照准条码尺的底部和顶部,以防仪器识别读数产生误差。

(3)一般来讲,物体在条码尺上的阴影不影响读数,但是当阴影形成与水准尺条码图形相似的图像化投影时,仪器将接收到错误编码信息,此时不能进行测量。

(4)使用条码尺时要防摔、防撞,保管时要保持清洁、干燥,以防变形,影响测量成果精度。有的条码尺可导电,应严防与带电电线(缆)接触,以免危及人身安全。

(5)在使用数字水准仪和条码尺前,必须认真阅读其附带的操作手册。

习 题

2.1 水准仪是根据什么原理来测定两点之间的高差的?

2.2 什么是视差?发生视差的原因是什么?如何消除视差?

2.3 水准仪有哪些轴线?它们之间应满足哪些条件?哪个是主要条件?为什么?

2.4 结合水准测量的主要误差来源,说明在观测过程中要注意哪些事项。

2.5 后视点 A 的高程为 55.318 m,读得其水准尺的读数为 2.212 m,在前视点 B 尺上读数为 2.522 m,问高差 h_{AB} 是多少?B 点比 A 点高,还是比 A 点低?B 点高程是多少?试绘图说明。

2.6 为了测得图根控制点 A、B 的高程，由四等水准点 BM.1（高程为 29.826 m）以附合水准路线测量至另一个四等水准点 BM.5（高程为 30.586 m），观测数据及部分成果如习题图 2.1 所示。试列表（按表 2.1）进行记录，并回答下列问题：

（1）将第一段观测数据填入记录手簿，求出该段高差 h_1。

（2）根据观测成果算出 A、B 点的高程。

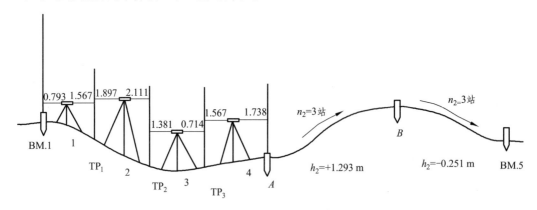

习题图 2.1 附合水准路线测量示意图

2.7 如习题图 2.2 所示，为一闭合水准路线等外水准测量示意图，水准点 BM.2 的高程为 45.515 m，1、2、3、4 点为待定高程点，各测段高差及测站数均标注在图中，试计算各待定点的高程。

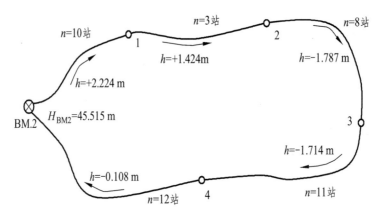

习题图 2.2 闭合水准路线示意图

2.8 已知 A、B 两水准点的高程分别为：$H_A = 44.286$ m，$H_B = 44.175$ m。水准仪安置在 A 点附近，测得 A 尺上读数 $a = 1.966$ m，B 尺上读数 $b = 1.845$ m。问这架仪器的水准管轴是否平行于视准轴？若不平行，当水准管的气泡居中时，视准轴是向上倾斜，还是向下倾斜？如何校正？

第3章 角度测量

内容提要

本章主要讲述角度测量原理、光学经纬仪的构造和使用及检验校正、水平角和竖直角观测方法、角度测量的误差来源。

课程思政目标

（1）通过对水平角、竖直角测量程序的讲解，升华学生对科学精神、工匠精神的理解。

（2）对比国内外仪器的差距，激发学生努力学习专业知识，报效祖国。

角度测量（angle measurement）是测量的三项基本工作之一。角度测量包括水平角测量和竖直角测量，测量水平角是为了确定地面点的平面位置，测量竖直角是为了间接测定地面点的高程。

3.1 水平角和竖直角测量原理

3.1.1 水平角测量原理

水平角就是空间两条相交直线在水平面上的垂直投影所夹的角度，或指分别过两条直线所作的竖直面间所夹的二面角，用 β 表示。

如图 3.1 所示，A、B、C 是空间任意高度的 3 点，$\angle bac$ 是这 3 个点在同一个水平面 P 上的垂直投影。ab、ac 是直线 AB、AC 在水平面上的垂直投影。从数学角度来讲 $\angle bac$ 就是通过 AB 和 AC 两个面所形成的二面角，也就是测量所需的水平角。

在图 3.1 中，为了获得水平角 β 的大小，假设在两铅垂面交线 Aa 铅垂线上的任意一点水平放置一个全圆顺时针刻划的度盘（称水平度盘），并使其中心落在角的顶点的铅垂线上，水平方向 ab 和 ac 在水平度盘上的读数为 n 和 m，则水平角为：

$$\beta = m - n \tag{3.1}$$

水平角角值范围 $0° \sim 360°$，均为正值。

由上述可知，用于测量水平角的仪器必须具备以下条件：

（1）能将刻度盘置于水平的水准器，其度盘中心安置在角顶点的铅垂线上的对中装置。

（2）应有能读取水平度盘读数的读数装置。

（3）能在铅垂面内转动，并能绕铅垂线水平转动的照准设备望远镜。

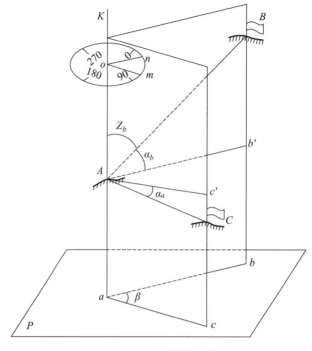

图 3.1　角度测量原理

3.1.2　竖直角测量原理

竖直角是指在同一竖直面内，某一直线与水平线所夹的角度，用 α 表示。

由图 3.1 可知，同一铅垂面上，空间方向线 AB 和水平线所夹的角 α_b 就是 AB 方向与水平线 Ab' 的竖直角；同理，α_c 就是 AC 方向与水平线 Ac' 的竖直角。若方向线在水平线之上，竖直角为仰角，用 "$+\alpha$" 表示，角值范围 $0° \sim 90°$；若方向线在水平线之下，竖直角为俯角，用 "$-\alpha$" 表示，角值范围 $-90° \sim 0°$。

在望远镜横轴的一端竖直设置一个刻度盘（竖直度盘），竖直度盘中心与望远镜横轴中心重合，度盘平面与横轴轴线垂直，视线水平时指标线为一固定读数。当望远镜瞄准目标时，竖盘随之转动，则望远镜照准目标的方向线读数与水平方向上的固定读数之差为竖直角。

根据上述测量水平角和竖直角的要求，而设计制造的测角仪器称为经纬仪。

3.2　光学经纬仪和角度测量工具

经纬仪按读数设备分，则分为光学经纬仪和电子经纬仪。光学经纬仪按其精度划分为 DJ_1、DJ_2、DJ_6 等，"D" 和 "J" 分别为 "大地测量仪器" 和 "经纬仪" 汉语拼音的第一个字母，1、2、6 分别为该经纬仪一测回方向观测中误差的秒数。

3.2.1 光学经纬仪

3.2.1.1 DJ$_6$型光学经纬仪的构造及作用

图 3.2 所示为 DJ$_6$型光学经纬仪,它主要由照准部、水平度盘和基座三部分组成。

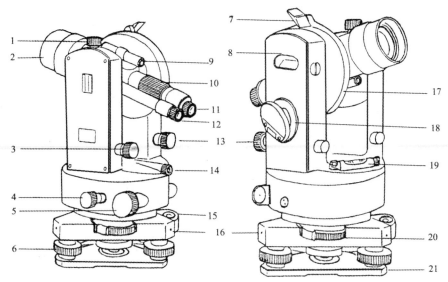

1—望远镜制动螺旋;2—望远镜物镜;3—望远镜微动螺旋;4—水平制动螺旋;5—水平微动螺旋;6—脚螺旋;
7—竖盘指标水准管反光镜;8—竖盘水准管;9—瞄准器;10—对光螺旋;11—望远镜目镜;12—读数显微镜;
13—竖盘水准管微动螺旋;14—光学对中器;15—圆水准器;16—基座;17—竖直度盘;18—反光镜;
19—照准部水准管;20—水平度盘位置变换轮;21—基座底板。

图 3.2　DJ$_6$型光学经纬仪外形

1. 照准部

照准部主要部件有望远镜、管水准器、竖直度盘、读数设备等。

1)望远镜

望远镜的结构:物镜、凹透镜、十字丝板、目镜和调焦透镜等组成。望远镜的主要作用是照准目标。望远镜与横轴固连在一起,由望远镜制动螺旋和微动螺旋控制其作上下转动。照准部可绕竖轴在水平方向转动,由照准部制动螺旋和微动螺旋控制其水平转动。望远镜的成像过程如图 3.3 所示。

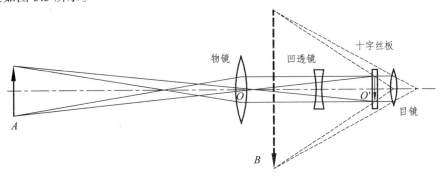

图 3.3　望远镜的成像过程

（1）物镜前的物像 A 经物镜成为缩小的倒立实像，并经凹透镜的调焦作用落在十字丝板的焦面上。

（2）目镜将倒实像和十字丝像一起放大成虚像 B。

2）管水准器

照准部水准管用于精确整平仪器，整平灵敏度较高。

$$\tau = \frac{2}{R}\rho \quad (\mathrm{mm}) \tag{3.2}$$

3）竖直度盘

竖直度盘是为了测竖直角设置的，可随望远镜一起转动，如图 3.2 所示的 17。其另设竖盘指标自动补偿器装置和开关，可借助自动补偿器使读数指标处于正确位置。

4）读数设备

读数设备通过一系列光学棱镜将水平度盘和竖直度盘及测微器的分划都显示在读数显微镜内，通过仪器反光镜将光线反射到仪器内部，以便读取度盘读数，如图 3.2 所示的 12。

2. 水平度盘

水平度盘是一个光学玻璃圆环，圆环上按顺时针刻划注记 0°～360°分划线，最小间隔有 1°、30′、20′两种，水平度盘顺时针注记。在水平角测角过程中，水平度盘固定不动，不随照准部转动。

3. 基　座

主要由基座、圆水准器、脚螺旋和连接板组成。基座是支承仪器的底座，照准部同水平度盘一起插入轴座，用固定螺丝固定。圆水准器用于粗略整平仪器，3 个脚螺旋用于整平仪器，从而使竖轴竖直、水平度盘水平。连接板用于将仪器稳固地连接在三脚架上。

3.2.1.2　DJ$_6$型经纬仪的读数装置和读数方法

分微尺测微器的结构简单、读数方便，具有一定的读数精度，广泛应用于 DJ$_6$ 型光学经纬仪。这类仪器的度盘分划度为 1°，按顺时针方向注记。

如图 3.4 所示，DJ$_6$ 型光学经纬仪一般采用分微尺读数。在读数显微镜内，可以同时看到水平度盘和竖直度盘的像。注有"H"字样的是水平度盘，注有"V"字样的是竖直度盘，在水平度盘和竖直度盘上，相邻两分划线间的弧长所对应的圆心角称为度盘的分划值。DJ$_6$ 经纬仪分划值为 1°，按顺时针方向每度注有度数，小于 1°的读数在分微尺上读取。读数窗内的分微尺有 60 小格，其长度等于度盘上间隔为 1°的两根分划线在读数窗中的影像长度。因此，测微尺上一小格的分划值为 1′，可估读到 0.1′的分微尺上的零分划线为读数指标线。

读数方法：瞄准目标后，将反光镜掀开，使读数显微

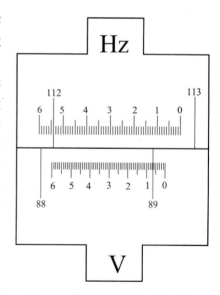

图 3.4　读数显微镜内度盘成像

镜内光线适中；然后，转动、调节读数窗口的目镜调焦螺旋，使分划线清晰，并消除视差，直接读取度盘分划线注记读数及分微尺上零指标线到度盘分划线的读数，两数相加，即得该目标方向的度盘读数。采用分微尺读数方法简单、直观。如图 3.4 所示，水平盘读数为 112°54.0′（即 112°54′00″），竖盘读数为 89°06.5′（即 89°06′30″）。

3.2.2　电子经纬仪

图 3.5 所示为电子经纬仪。电子经纬仪采用光栅度盘测角系统，使用微型计算机技术进行测量、计算、显示、存储等多项功能，可同时显示水平、竖直角测量结果，可以进行角度、坡度等多种模式的测量数据采集。电子经纬仪不同于光学经纬仪的性能如下所述。

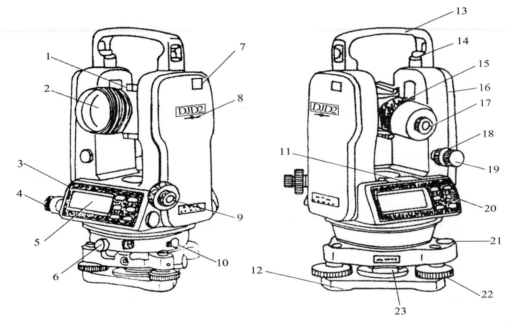

1—瞄准器；2—望远镜物镜；3—水平制动手轮；4—水平微动手轮；5—液晶显示屏；6—下水平制动手轮；
7—通信接口（与红外测距仪连接）；8—仪器中心标志；9—光学对中器望远镜；10—RS-232C 通信接口；
11—管水准器；12—基座底板；13—手提柄；14—提柄固定螺旋；15—望远镜调焦手轮；
16—电池；17—望远镜目镜；18—垂直制动手轮；19—垂直微动手轮；
20—操作按钮；21—圆水准器；22—脚螺旋；23—基座固定扳手。

图 3.5　DJD$_2$ 电子经纬仪

1. 操作面板和显示屏

经纬仪照准部的操作面板和显示屏有双面的，便于盘左、盘右观测时进行仪器操作和度盘读数。显示屏位于面板上部，可同时显示水平度盘读数和垂直度盘读数。面板下部有一排操作按钮，包括电源开关。

2. 度盘读数显示

显示屏同时显示水平度盘读数和垂直度盘读数，"Vz"为垂直度盘读数，"Hr"为水平度盘读数，最小读数可以选择为 1″或 5″；其右下角有电池的容量显示。

3．度盘读数设置

在瞄准某一方向的目标后，可以将水平度盘读数设置为 0°00′00″，称为"置零"；也可以设置为某一角值，称为"水平度盘定向"。垂直度盘读数可以设置为：垂直角（V）、天顶仪（Z）或坡度（%为高差与平距的百分比）。

4．与测距仪的配置

在经纬仪的上部，卸去提柄后，可以配置电子测距仪；通过连接电缆，能与测距仪进行数据通信。

5．观测数据的存储与传输

可以将观测数据存储于仪器中，并通过数据接口将储存数据传输至电子记录手簿或微机。

3.2.3 测钎、标杆和觇板

测钎、标杆和觇板均为经纬仪瞄准目标时所使用的照准工具，如图 3.6 所示。

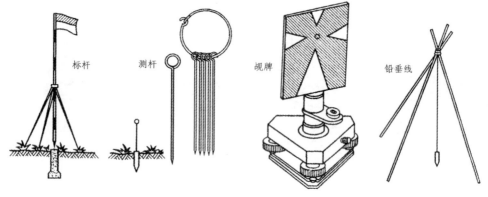

图 3.6　照准工具

通常，我们将测钎、标杆的尖端对准目标点的标志，并竖直立好作为瞄准的依据。测钎适于距测站较近的目标，标杆适于距测站较远的目标。觇板（或称为觇牌）一般连接在基座上并通过连接螺旋固定在三脚架上使用，远近皆适用。觇牌一般为红白或黑白相间且常与棱镜结合用于电子经纬仪或全站仪，有时也可悬挂锤球线作为瞄准标志。

3.3 经纬仪的使用

经纬仪最基本的功能是测量水平角和竖直角，为此，必须首先将经纬仪安置在测站上，然后瞄准目标进行读数，经过计算而获得角度值。因此，经纬仪的使用主要包括：经纬仪的安置、对中、整平、瞄准目标和读数五项操作步骤，具体操作方法如下。

3.3.1 经纬仪的安置

仪器的安置是要把仪器安置到三角架上，具体做法是：按观测者的身高调整好三脚架腿的长度，张开三脚架，使 3 个脚尖的着地点大致与测站点等距离，使三脚架头大致水平。从箱中取出经纬仪，放到三脚架头上。一手握住经纬仪支架，一手将三脚架上的连接螺旋旋入基座底板，如图 3.7（a）、（b）所示。

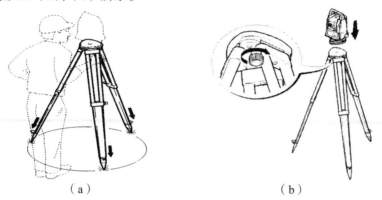

（a） （b）

图 3.7　仪器的安置

3.3.2 对　中

对中的目的是使水平度盘的中心与测站点中心位于同一铅垂线上。

对中时，可以使用垂球、光学对点器或激光对中。

1. 用垂球对中

把垂球挂在连接螺旋中心的挂钩上，调整垂球线长度，使垂球尖离地面点的高差 1 ~ 2 mm。如果偏差较大，可平移三脚架，使垂球尖大约对准地面点，将三脚架的脚尖踩入土中（在硬性地面，则用力踩），使三脚架稳定。当垂球尖与地面点偏差不大时，可稍旋松连接螺旋，在三脚架头上移动仪器，使垂球尖准确对准测站点，再将连接螺旋转紧。用垂球对中的误差一般应小于 2 mm，如图 3.8（a）所示。

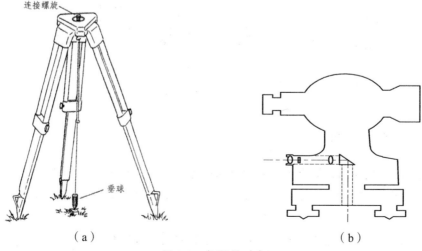

（a） （b）

图 3.8　仪器的对中

2. 用光学对中器对中（光学对中）

光学对中器是装在照准部的一个小望远镜，光路中装有直角棱镜，使通过仪器纵轴中心的光轴由铅垂方向折成水平方向，便于观察对中情况，如图3.8（b）所示。

3. 用激光对中

打开激光下对点，转动脚螺旋，微松三角架中心固定螺丝并平稳移动仪器，使激光点对准测站点，然后拧紧三角架中心固定螺丝。

3.3.3 整 平

整平的目的是使仪器的竖轴处于铅垂位置、水平度盘处于水平状态，经纬仪的整平是通过调节脚螺旋，以照准部水准管为标准来进行的。其对中和整平是互相影响的，应交替进行的，直至对中、整平均满足要求为止。伸缩三脚架的相应架腿，使圆水准器气泡居中，再旋转脚螺旋，使照准部水准管在相互垂直的两个方向气泡都居中。其具体做法如下：

（1）先松开水平制动螺旋。转动仪器照准部，使水准管平行于任意两个脚螺旋的连线方向，如图3.9（a）所示，两手同时向内或向外旋转这两个脚螺旋，使气泡居中。操作中保持气泡移动方向与左手大拇指转动方向一致。

（2）将照准部旋转90°，调节第3个脚螺旋，使气泡居中，如图3.9（b）所示。如此反复进行，直至照准部水准管在任意位置气泡均居中为止。

检查测站点是否位于圆圈中心，若相差很小，可轻轻平移基座，使其精确对中（注意仪器不可在基座面上转动）。如此反复操作，直到仪器对中和整平均满足要求为止。

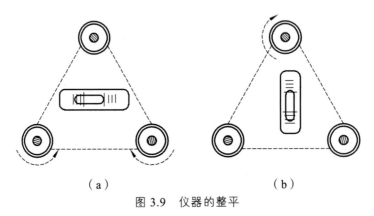

（a）   （b）

图3.9 仪器的整平

3.3.4 调焦与瞄准

角度测量时，地面的目标点上必须设立照准标志才能进行瞄准。测角度时，照准标志一般是竖立在地面点上的标杆、测钎或架设于三脚架上的觇牌，如图3.6所示。

用望远镜瞄准目标的方法和步骤如下：

（1）目镜调焦：将望远镜对向明亮背景，进行目镜对光，使十字丝最清晰。

（2）粗瞄目标：松开望远镜制动螺旋和水平制动螺旋，通过望远镜上的光学瞄准器，旋转望远镜，对准目标，然后旋紧制动螺旋。

（3）物镜调焦：转动物镜调焦环，使成像清晰，再旋转望远镜制动螺旋和水平制动螺旋，使目标像靠近十字丝。

（4）消除视差：左、右或上、下微移眼睛，观察目标像与十字丝之间是否有相对移动，如果存在视差，则需要重新进行物镜调焦，直至消除视差为止。

（5）准确瞄准：转动水平和竖直微动螺旋，精确瞄准目标。测量水平角时，用十字丝的竖丝平分或夹准目标，且尽量对准目标底部，如图 3.10（a）所示；测量竖直角时，用十字丝的横丝对准目标，如图 3.10（b）所示。

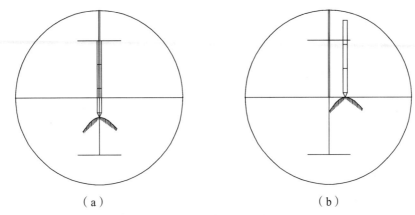

（a）　　　　　　　　　　　　（b）

图 3.10　瞄准目标示意图

3.3.5　读　数

照准目标后，打开反光镜，使读数窗进光均匀；然后进行读数显微镜调焦，使读数窗内分划清晰，并注意消除视差；之后操作按 3.2 所述方法读数。

3.4　水平角的观测

水平角的测量方法根据测量工作的精度要求、观测目标的多少及所用的仪器而定，一般有测回法和方向观测法两种。

3.4.1　测回法

测回法适用于一个测站有两个观测方向的水平角观测，如图 3.11 所示。设要观测的水平角为 $\angle ABC$，先在目标点 A、C 设置观测标志，在测站点 B 安置经纬仪，然后分别瞄准 A、C 两目标点进行读数，水平度盘两个读数之差即要测的水平角。

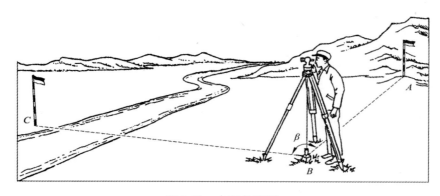

图 3.11　水平角观测

为了消除水平角观测中的某些误差，通常对同一角度要进行盘左、盘右两个盘位观测（观测者对着望远镜目镜时，竖盘位于望远镜左侧，称盘左又称正镜；当竖盘位于望远镜右侧时，称盘右又称倒镜）。盘左位置观测，称为上半测回；盘右位置观测，称为下半测回。上下两个半测回合称为一个测回。

其具体步骤：

（1）安置仪器于测站点 B 上，对中、整平。

（2）盘左位置瞄准 C 目标，置零，读取水平度盘读数为 $c_左$ 为 0°00′01″，记入记录手簿表 3.1 盘左 C 目标水平读数一栏。

（3）松开制动螺旋，顺时针方向转动照准部，瞄准 A 点，读取水平度盘读数 $a_左$ 为 125°47′58″，记入记录手簿表 3.1 盘左 A 目标水平读数一栏。此时，便完成了上半个测回的观测，即：

$$\beta_左 = a_左 - c_左 = 125°47'58'' - 0°00'01'' = 125°47'57'' \tag{3.3}$$

（4）松开制动螺旋，倒转望远镜成盘右位置，瞄准 A 点，读取水平度盘的读数 $a_右$，假设为 305 49 06，记入记录手簿表 3.1 盘右 A 目标水平读数一栏。

（5）松开制动螺旋，沿逆时针方向转动照准部，瞄准 C 点，读取水平度盘读数 $c_左$，假设为 180 00 36，记入记录手簿表 3.1 盘右 C 目标水平读数一栏。此时便完成了下半个测回观测，即：

$$\beta_右 = a_右 - c_右 = 305°49'06'' - 180°00'36'' = 125°48'30'' \tag{3.4}$$

上、下半测回合称为一个测回。如果 $\beta_左$ 与 $\beta_右$ 的差数不大于 40″（J_6），则取盘左、盘右所得角值的算术平均值作为该角的一测回角值，即：

$$\beta = \frac{\beta_左 + \beta_右}{2} = \frac{1}{2}(125°47'57'' + 125°48'30'') = 125°48'14'' \tag{3.5}$$

计算时，若右目标读数小于左目标读数，应加 360°。

当要求提高测角精度时，往往要观测 n 个测回，每个测回可按变动值概略公式 180°/n 的差数改变度盘起始读数，其中 n 为测回数。例如，测回数 n = 4，则各测回的起始方向读数应等于或略大于 0、45、90、135，这样做的主要目的是减弱度盘刻划不均匀造成的误差。

表 3.1　水平角观测记录（测回法）

测站	竖盘位置	目标	水平度盘读数/（° ′ ″）	半测回角值/（° ′ ″）	一测回角值/（° ′ ″）	各测回角值/（° ′ ″）	备 注
B（第一测回）	左	C	00　00　01	125　47　57	125　48　14	125　48　31	
		A	125　47　58				
	右	C	180　00　36	125　48　30			
		A	305　49　06				
B（第二测回）	左	C	90　00　12	125　48　54	125　48　48		
		A	215　49　06				
	右	C	270　00　30	125　48　42			
		A	35　49　12				

3.4.2　方向观测法

在三角测量或导线测量中进行水平角观测时，一个测站上往往需要两个或两个以上的角度，此时，可采用方向观测法观测水平方向值，两个相邻方向的方向值之差即该两个方向间的水平角值。

当方向多于 3 个时，每半测回都从一个选定的起始方向（零方向）开始观测，在依次观测所需的各个目标之后，应再次观测起始方向（称为归零）。这种观测方法称为全圆方向法。

如图 3.12 所示，首先在测站 O 上安置好仪器，观测 ABCD 四个目标的水平方向值。用全圆方向法观测水平方向的步骤和方法如下：

（1）盘左瞄准 A 目标，读记水平读数 $a_左$。

（2）顺时针转动照准部瞄准 B 目标并读数 $b_左$。

（3）同理，依次瞄准 C、D 目标并读数 $c_左$、$d_左$。

（4）顺时针转瞄 A 目标并读数 $a'_左$（称半测回归零，半测回归零差 = $a'_左 - a_左$）。

以上为盘左半测回，若半测回归零差 ≤18″ 为合格（J_6），否则重测半测回。盘右半测回观测方法一样，但顺序相反，为 A—D—C—B—A。

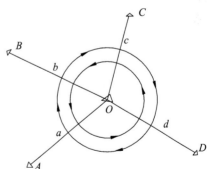

图 3.12　方向观测法

以上即完成全圆方向法一个测回的观测，其观测记录如表 3.2 所示。如需观测多个测回，各测回仍按 180°/n 变换水平度盘位置。

（5）方向观测法的计算。

表 3.2　全圆方向法观测记录

测站	测回数	目标	水平度盘读数		2C=左－(右±180°)/(″)	平均读数=1/2[左+(右±180°)]/(°　′　″)	归零后方向值/(°　′　″)	各测回归零后方向值平均值/(°　′　″)
			盘左/(°　′　″)	盘右/(°　′　″)				
O	1	A	0　01　12	180　01　00	＋12	（0　01　03） 0　01　06	0　00　00	
		B	41　18　18	221　18　00	＋18	41　18　09	41　17　06	
		C	124　27　36	304　27　30	＋6	124　27　33	124　26　30	
		D	160　25　18	340　25　00	＋18	160　25　09	160　24　06	0　00　00 41　17　02 124　26　34 160　24　06
		A	0　01　06	180　00　54	＋12	0　01　00		
	2	A	90　03　18	270　03　12	＋6	（90　03　09） 90　03　15	0　00　00	
		B	131　20　12	311　20　00	＋12	131　20　06	41　16　57	
		C	214　29　54	34　29　42	＋12	214　29　48	124　26　39	
		D	250　27　24	70　27　06	＋18	250　27　15	160　24　06	
		A	90　03　06	270　03　00	＋6	90　03　03		

① 计算两倍照准误差 2C。

$$2C = 盘左读数 – （盘右读数 ± 180°） \qquad (3.6)$$

在同一个测回中，同一方向的盘左、盘右水平度盘读数之差称为 2C 值。2C 为一个常数，故各个方向 2C 值的变化是方向观测中偶然误差的反映。将各方向的 2C 值填入表 3.2 的第 6 栏。各方向的 2C 值互差不得大于表 3.3 中的规定。

② 计算各方向的平均读数。

$$平均读数 = \frac{1}{2}[盘左读数 + (盘右读数 ± 180°)] \qquad (3.7)$$

由于存在归零读数，所以起始方向 A 有两个平均值，将这两个平均值再取平均值作为起始方向的方向值，记入表 3.2 的第 7 栏。

③ 计算归零后方向值。

将各方向的平均读数减去括号内的起始方向平均值，即得各方向归零后方向值，记入第 8 栏。

④ 计算各测回归零后方向值的平均值。

将各测回同一方向归零后方向值取平均值，作为各方向的最好结果，记入表第 9 栏。同一方向各测回互差应满足表 3.3 中的规定。

表 3.3　全圆方向法水平方向的各项限差

经纬仪型号	半测回归零差/(″)	测回内 2C 互差/(″)	同一方向值各测回互差/(″)
DJ$_2$	12	18	12
DJ$_6$	18	—	24

3.5 竖直角测量

3.5.1 竖直角测量的用途

1. 斜距化为平距

如图 3.13 所示，测得 A、B 两点间的斜距 S 及竖直角 α，将斜距化为水平距离 D，则计算式为：

$$D = S \cdot \cos\alpha \qquad (3.8)$$

2. 三角高程测量

如图 3.14 所示，已知 A、B 两点间的斜距（或水平距离）D。如需测定 A、B 两点间的 h_{AB}，若用水准测量的方法有困难时，则可在 A 点安置经纬仪，在 B 点竖立标杆，

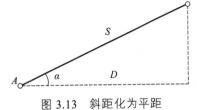

图 3.13 斜距化为平距

观测至标杆顶的竖直角 α，用钢尺量出仪器高 i 和目标高 l，并按下式计算 A、B 两点间的 h_{AB}。

$$h_{AB} = S \cdot \sin\alpha + i - l \qquad (3.9)$$
$$h_{AB} = D \cdot \tan\alpha + i - l \qquad (3.10)$$

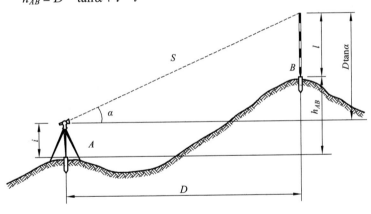

图 3.14 三角高程测量

如果已知 A 点的高程，则可按下式计算 B 点的高程：

$$H_A = H_B + h_{AB} \qquad (3.11)$$

上述测量高差和高程的方法称为三角高程测量。

3.5.2 竖直度盘的构造

竖直度盘是固定安装在望远镜旋转轴（横轴）的一端，其刻划中心与横轴的旋转中心重合，所以在望远镜作竖直方向旋转时，度盘也随之转动。分微尺的零分划线作为读数指标线相对于转动的竖盘是固定不动的，如图 3.15 所示。根据竖直角的测量原理，竖直角 α 是视线读数与水平线的读数之差，水平方向线的读数是固定数值，所以当竖盘转动在不同位置时，用读数指标读取视线读数就可以计算出竖直角。

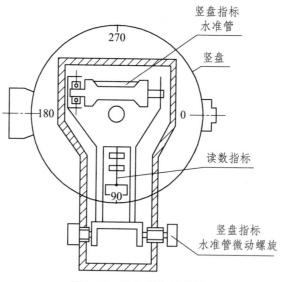

图 3.15　竖直度盘的构造

竖直度盘的刻划有全圆顺时针和全圆逆时针两种，如图 3.16 所示盘左位置，（a）图为全圆逆时针方向注记，（b）图为全圆顺时针方向注记。当视线水平时指标线所指的盘左读数为 90°，盘右为 270°。

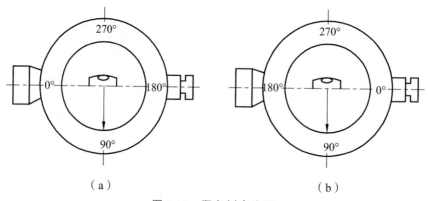

（a）　　　　　　　　　　　　　　（b）

图 3.16　竖盘刻度注记

3.5.3　竖直角观测和计算

竖直角也要采用盘左、盘右观测。竖直角是指某一方向与其在同一铅垂面内的水平线所夹的角度，则视线方向读数与水平线读数之差即竖直角值。其水平线读数为一固定值，故实际只需观测目标方向的竖盘读数。度盘的刻划注记形式不同，需用不同盘位进行观测，得到的视线水平时读数也不相同，故计算竖直角要根据竖盘的注记形式确定具体的计算方法。其观测步骤和计算方法如下：

（1）如图 3.17 所示，安置仪器于测站点 A，对中、整平。

（2）盘左位置瞄准 B 点，用十字丝横丝照准或相切目标顶端。转动指标水准管微动螺旋，使竖直指标水准管气泡居中，读取竖直度盘的读数 L，假设为 $76°45'12''$，记入观测记录手簿

表 3.4，这样就完成了上半个测回的观测。

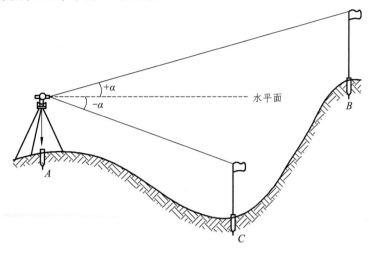

图 3.17　竖直角测量

（3）将望远镜倒镜变成盘右，瞄准 B 点读取竖直度盘的读数 R，假设为 283°14′36″，记入观测手簿表 3.4，这样就完成了下半个测回的观测。上、下半测回合称为一个测回，根据需要可进行多个测回的观测。

（4）计算竖直角。

计算时，首先应判断竖盘注记方向来确定计算公式。具体方法是，盘左望远镜大致水平，竖盘读数应为 90°左右，上仰望远镜，若读数减小，为顺时针方向注记，则盘左竖直角为：

$$\alpha_L = 90° - L \tag{3.12}$$

而盘右竖直角为：

$$\alpha_R = R - 270° \tag{3.13}$$

表 3.4　竖直角观测记录

测站	目标	竖盘位置	竖盘读数/ （° ′ ″）			半测回竖直角值/ （° ′ ″）			指标差/ （″）	一测回竖直角值/ （° ′ ″）			备注
A	B	左	76	45	12	+ 13	14	48	− 06	+ 13	14	42	竖直度盘为顺时针方向注记
		右	283	14	36	+ 13	14	36					
	C	左	122	03	36	− 32	03	36	+ 12	− 32	03	24	
		右	237	56	48	− 32	03	12					

若读数增加，则为逆时针方向

$$\alpha_L = L - 90° \tag{3.14}$$

$$\alpha_R = 270° - R \tag{3.15}$$

式中　L——盘左竖盘读数；

R——盘右竖盘读数。

为了提高竖直角精度，取盘左、盘右的平均值作为最后结果。

$$\alpha = \frac{\alpha_L + \alpha_R}{2} \qquad\qquad (3.16)$$

3.5.4 竖盘指标差

上述竖直角计算公式是依据竖盘的构造和注记特点，在竖盘指标水准管气泡居中、望远镜的视线水平时，竖盘指标应指在正确的读数 90°或 270°上，但因仪器在使用过程中受到震动或者制造上不严格，使指标位置偏移，导致视线水平时的读数与正确读数有一差值，此差值称为竖盘指标差，用 x 表示，如图 3.18 所示。由于指标差的存在，盘左读数和盘右读数都差了一个 x 值，正确的竖直角应对竖盘读数进行指标差改正。

由图 3.18 可知，竖直角计算公式为式（3.12）和式（3.13）。

盘左竖直角值：
$$\alpha = 90° - (L - x) = \alpha_L + x \qquad\qquad (3.17)$$

盘右竖直角值：
$$\alpha = (R - x) - 270° = \alpha_R - x \qquad\qquad (3.18)$$

将式（3.17）与式（3.18）相加并除以 2 得：
$$\alpha = \frac{\alpha_L + \alpha_R}{2} = \frac{R - L - 180°}{2} \qquad\qquad (3.19)$$

再用盘左、盘右测得竖直角取平均值，即可消除指标差的影响。

将式（3.17）与式（3.18）相减得指标差计算公式：
$$x = \frac{\alpha_R - \alpha_L}{2} = \frac{1}{2}(L + R - 360°) \qquad\qquad (3.20)$$

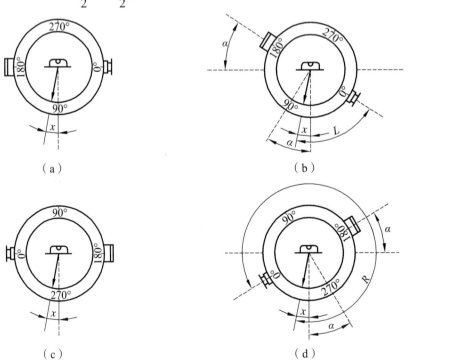

（a）　　　　　　　　　　　（b）

（c）　　　　　　　　　　　（d）

图 3.18　竖盘指标差

在竖直角测量中，常以指标差检验观测成果的质量，即在观测不同的测回中或不同的目标时，指标差的互差不应超过规定的限值，如用 DJ$_6$ 型经纬仪做一般工作时指标差互差不超过 $25''$。

【例 3.1】 用 DJ$_6$ 型经纬仪观测一点 B，盘左、盘右测得的竖盘读数如表 3.4 竖盘读数一栏所示，计算观测点 A 的竖直角和竖盘指标差。

解 由式（3.12）和式（3.13）得半测回角值：

$$\alpha_L = 90° - L = 90° - 76°45'12'' = +13°14'48''$$
$$\alpha_R = R - 270° = 283°14'36'' - 270° = +13°14'36''$$

由式（3.16）得一测回角值：

$$\alpha = \frac{\alpha_L + \alpha_R}{2} = \frac{1}{2}(13°14'48'' + 13°14'36'') = 13°14'42''$$

由式（3.20）得竖盘指标差：

$$\text{X} = \frac{\alpha_R - \alpha_L}{2} = \frac{1}{2}(13°14'36'' - 13°14'48'') = -6''$$

3.6 经纬仪的检验

如图 3.19（a）所示，经纬仪的主要轴线有：照准部旋转轴（即竖轴）VV、照准部水准管轴 LL、望远镜的旋转轴（即横轴）HH 及视准轴 CC。经纬仪各轴线间应满足的几何条件有：

（1）照准部水准管轴应垂直于仪器竖轴，即 $LL \perp VV$。

（2）望远镜十字丝[图 3.19（b）]竖丝应垂直于仪器横轴 HH。

（3）视准轴应垂直于仪器横轴，即 $CC \perp HH$。

（4）仪器横轴应垂直于仪器竖轴，即 $HH \perp VV$。

（5）竖盘指标应处于正确位置。

（6）光学对中器视准轴应该与竖轴中心线重合。

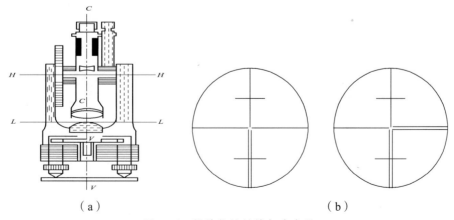

（a）　　　　　　　　（b）

图 3.19 经纬仪的轴线与十字丝

3.6.1　照准部水准管轴的检验

目的：使水准管轴垂直于竖轴（$LL_1 \perp VV_1$）。

（1）调节脚螺旋，使水准管气泡居中。

（2）将照准部旋转180°看气泡是否居中，如果仍然居中，说明满足条件，无须校正；否则，需要进行校正。

若水准管轴不垂直于竖轴，如图3.20（a）所示，当水准管轴水平时，竖轴倾斜，且与铅垂线偏离了α角。当仪器绕竖轴旋转180°后，竖轴不垂直于水准管轴，偏角为2α，如图3.20（b）所示，偏角2α的大小可由气泡偏离的格数来度量。

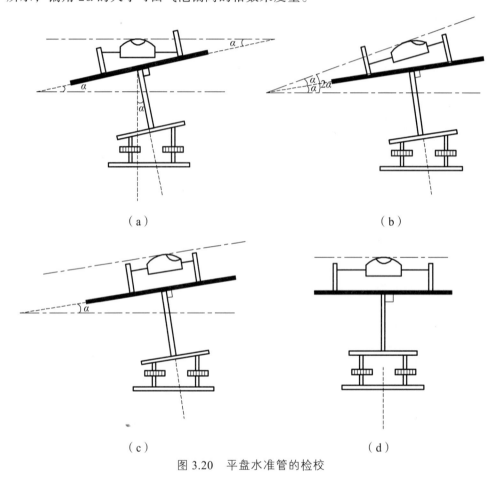

（a）　　　　　　　　　　　　　（b）

（c）　　　　　　　　　　　　　（d）

图3.20　平盘水准管的检校

3.6.2　十字丝的检验

目的：使十字丝的竖丝垂直于横轴。

（1）精确整平仪器，用竖丝的一端瞄准一个固定点P，旋紧水平制动螺旋和望远镜制动螺旋。

（2）转动望远镜微动螺旋，观察"P"点是否始终在竖丝上移动，若始终在竖丝上移动，如图3.21（a）所示，说明满足条件；否则，需要进行校正，如图3.21（b）所示。

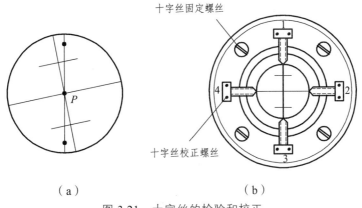

十字丝固定螺丝

十字丝校正螺丝

（a）　　　　　　　　　　（b）

图 3.21　十字丝的检验和校正

3.6.3　视准轴的检验

目的：使视准轴垂直于仪器横轴 $CC \perp HH$，若视准轴不垂直于横轴，则偏差角 c 称为视准轴误差。视准轴误差的检验与校正方法，通常有度盘读数法和标尺法两种。

如图 3.22 所示，选择长度约为 100 m 且较平坦的场地，安置仪器于中点 O，在 A 点与仪器同高处设置标志，在 B 点同高处横放一根水准尺，使其垂直于 OB 视线。

（1）盘左位置瞄准 A 点，旋紧水平制动螺旋，倒转望远镜成盘右位置，在尺上读数为 B_1。

（2）盘右位置瞄准 A 点，旋紧水平制动螺旋，倒转望远镜成盘左位置，在尺上读数为 B_2。

若 $B_1 = B_2$ 即两读数相等，则说明满足条件无须校正，否则需要进行校正。

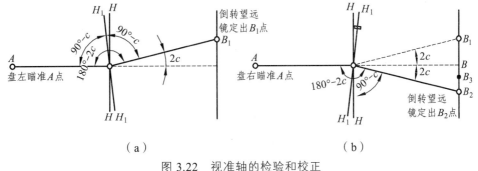

（a）　　　　　　　　　　　（b）

图 3.22　视准轴的检验和校正

3.6.4　横轴的检验

目的：使横轴垂直于竖轴 $HH_1 \perp VV_1$。

（1）如图 3.23 所示，在离墙 30 m 处安置经纬仪，以盘左瞄准墙面高处的一点 P（其仰角大于 30°），固定照准部，调整竖盘指标水准管气泡居中后，读取竖盘读数 L，然后放平望远镜，在墙面上定出十字丝交点所对位置 P_1。

（2）盘右同样瞄准 P 点，读取竖盘读数 R，放平望远镜后，在墙面上定出十字丝交点 P_2，如果 P_1 点和 P_2 点重合，说明满足条件无须校正，否则需要进行校正。

光学经纬仪的横轴大都是密封的，只需对其进行检验；若需要校正，须由专门检定机构进行。

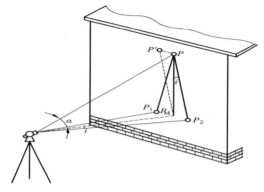

图 3.23　横轴的检验和校正

3.6.5　竖盘指标差的检验

目的：使竖盘指标处于正确位置。

检验方法：

（1）仪器整平后，盘左瞄准 P 目标，读取竖盘读数 L，并计算竖直角 α_L。

（2）盘右瞄准 P 目标，读取竖盘读数 R，并计算竖直角 α_R。

如果 $\alpha_L = \alpha_R$ 不须校正，否则需要进行校正。由于现在的经纬仪都具有自动归零补偿器，故此项的校正工作应由仪器检修人员进行。

3.7　角度测量的误差来源及注意事项

角度测量的精度受各方面的影响，误差主要来源于 3 个方面：仪器误差、观测误差及外界环境产生的误差。

3.7.1　仪器误差

仪器本身制造不精密，结构不完善及检校后的残余误差（如照准部的旋转中心与水平度盘中心不重合而产生的误差），视准轴不垂直于横轴的误差，横轴不垂直于竖轴的误差。此 3 项误差都可以采用盘左、盘右两个位置取平均数来减弱。度盘刻划不均匀的误差可以采用变换度盘位置的方法来进行消除。竖轴倾斜误差对水平角观测的影响不能采用盘左、盘右取平均数来减弱，观测目标越高，影响越大，因此在山地测量中更应严格整平仪器。

3.7.2　观测误差

1. 对中误差

安置经纬仪没有严格对中，使仪器中心与测站中心不在同一铅垂线上引起的角度误差，称对中误差。如图 3.24 所示，设 O 为测站点，A、B 为两目标点。由于仪器存在对中误差，仪器中心偏至 O'，偏离量 OO' 为 e，β 为无对中误差时的正确角度，β' 为有对中误差时的实测角度。设 $\angle AO'O$ 为 θ，测站 O 至 A、B 的距离为 D_1、D_2。由对中误差所引起的角度偏差为：

$$\Delta\beta = \beta - \beta' = \varepsilon_1 + \varepsilon_2 \tag{3.21}$$

$$\varepsilon_1 \approx \frac{\rho}{D_1} e \sin\theta, \quad \varepsilon_2 \approx \frac{\rho}{D_2} e \sin(\beta' - \theta)$$

$$\Delta\beta = \varepsilon_1 + \varepsilon_2 = \rho e \left[\frac{\sin\theta}{D_1} + \frac{\sin(\beta' - \theta)}{D_2} \right]$$

式中，ρ 以秒计。

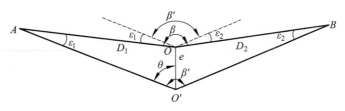

图 3.24　对中误差

从上式可知：对中误差的影响与偏心距 e 成正比，e 越大，$\Delta\beta$ 越大；与距离成反比，距离越短，误差越大；与水平角的大小有关，当观测方向与偏心方向越接近 $90°$，距离越短，偏心距 e 越大，对水平角的影响越大。为了减少此项误差的影响，在测角时，应提高对中精度。

2. 目标偏心误差

在测量时，照准目标时往往不是直接瞄准地面点上的标志点，而是瞄准标志点上的目标。故要求照准点的目标应严格位于点的铅垂线上，若安置目标偏离地面点中心或目标倾斜，照准目标的部位偏离照准点中心的大小称为目标偏心误差。

如图 3.25 所示，O 为测站点，A、B 为两目标点。若立在 A 点的标杆是倾斜的，在水平角观测中，因瞄准目标是标杆的顶部，则投影位置由 A 偏离至 A'，产生偏心距，所引起的角度误差为：

$$\Delta\beta = \beta - \beta' = \frac{\rho e}{s} \sin\theta \tag{3.22}$$

由式（3.22）可知，$\Delta\beta$ 与偏心距 e 成正比，偏心距方向直接影响 $\Delta\beta$ 的大小；当 $\theta = 90°$ 时，$\Delta\beta$ 最大。

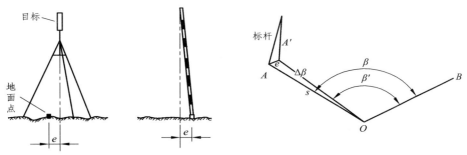

图 3.25　目标偏心误差

由以上可知，当目标较近时，目标偏心误差对水平角影响较大。因此，照准花杆时，应尽可能照准花杆底部；当测角边长较短时，应当用线锤对点。

3. 照准误差和读数误差

照准误差与望远镜放大率、人眼分辨率、目标形状、光亮程度、对光时是否消除视差等因素有关。测量时选择的观测目标要清晰且仔细操作以消除视差。读数误差与读数设备、照明及观测者判断准确性有关。读数时，要仔细调节读数显微镜，调节读数窗的光亮至适中。掌握估读小数的方法。

3.7.3 外界环境

外界条件影响因素很多，也很复杂，一般难以由人力来控制。例如：大风、烈日曝晒、松软的土质可影响仪器和标杆的稳定性；雾气会使目标成像模糊；温度变化会引起视准轴位置变化；大气折光变化致使视线产生偏折等。这些因素均会对角度观测产生影响，为了减少误差的影响，应选择有利的观测时间，避开不利因素，如在晴天观测时应撑伞遮阳，以防止仪器曝晒，且中午最好不要观测。

习 题

3.1 什么是水平角和竖直角？简述它们的观测原理。

3.2 光学经纬仪的构造有哪些？常用的读数装置有哪些类型？

3.3 分述测回法和方向观测法观测水平角的操作步骤。

3.4 光学经纬仪的各主要轴线应满足的条件有哪些？

3.5 采用盘左、盘右观测取平均值的方法可以消除哪些仪器误差？

3.6 常见的角度观测误差的原因有哪些？

3.7 整理测回法观测水平角的手簿（习题表 3.1）。

3.8 整理用方向观测法观测水平角的手簿（习题表 3.2）。

习题表 3.1 水平角观测手簿（测回法）

测站	测回	竖盘位置	目标	水平度盘读数/ (° ′ ″)	半测回角值/ (° ′ ″)	一测回角值/ (° ′ ″)	各测绘平均角值/ (° ′ ″)	备注
O	1	左	A	0 00 06				
			B	78 48 54				
		右	A	180 00 36				
			B	258 49 06				
	2	左	A	90 00 12				
			B	168 49 06				
		右	A	270 00 30				
			B	348 49 12				

习题表 3.2　水平角观测手簿（方向观测法）

测站	测回	目标	水平度盘读数 盘左/ (° ′ ″)	水平度盘读数 盘右/ (° ′ ″)	2c/ (″)	盘左、盘右平均读数/ (° ′ ″)	一测回归零方向值/ (° ′ ″)	各测回平均方向值/ (° ′ ″)	角值/ (° ′ ″)
O	1	A	0 02 36	180 02 36					
		B	91 23 36	271 23 42					
		C	228 19 24	48 19 30					
		D	254 17 54	74 17 54					
		A	0 02 30	180 02 36					
	2	A	90 03 12	270 03 12					
		B	181 24 06	1 23 54					
		C	318 20 00	138 19 54					
		D	344 18 30	164 18 24					
		A	90 03 18	270 03 12					

3.9 整理习题表 3.3 竖直角观测手簿。

习题表 3.3　竖直角观测手簿

测站	目标	测回	竖盘位置	竖盘读数/ (° ′ ″)	半测回竖直角/ (° ′ ″)	指标差/ (″)	一测回竖直角/ (° ′ ″)	各测回竖直角/ (° ′ ″)	备注
O	A	1	左	71 38 00					竖盘为顺时针注记
			右	288 21 54					
	A	2	左	71 38 06					
			右	288 22 06					
	B	1	左	86 10 30					
			右	273 50 06					
	B	2	左	86 10 36					
			右	273 50 18					

第4章 距离测量与直线定向

📖 **内容提要**

本章主要讲述钢尺一般量距方法与精密方法、视距测量原理及方法、电磁波测距原理。

🎯 **课程思政目标**

（1）通过指南针对世界的贡献及国产测距仪的讲解提升文化自信。

（2）讲解距离测量误差处理，培养学生严谨的工匠精神。

距离测量（distance measurement）是确定地面点位的基本测量工作之一。距离测量的方法有钢尺量距、视距测量、电磁波测距等。

4.1 钢尺量距

4.1.1 量距的工具

1. 钢 尺

钢尺是用薄钢片制成的带状尺，可卷入金属圆盒内，故又称钢卷尺。尺宽 10 ~ 15 mm，长度有 20 m、30 m 和 50 m 等几种（图 4.1）。根据尺的零点位置不同，有端点尺和刻线尺之分（图 4.2）。

图 4.1 钢卷尺

2. 其他工具

丈量距离的工具，除钢尺外，还有测杆、测钎和锤球，如图 4.3 所示。测杆多用木料或铝合金制成，直经约 3 cm，全长有 2 m、2.5 m 及 3 m 等几种规格。杆上油漆成红、白相间的 20 cm 色段，非常醒目。测杆下端装有尖头铁脚，便于插入地面，便于作为照准标志。测钎通常 6 根或 11 根系成一组。锤球用来投点。弹簧秤和温度计用来控制拉力和测定温度。

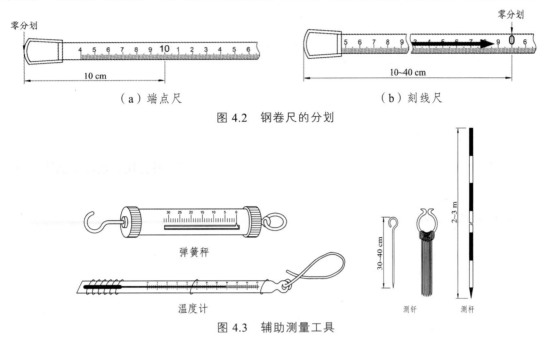

（a）端点尺　　　　　　　　　　　　　　　（b）刻线尺

图 4.2　钢卷尺的分划

弹簧秤

温度计

测钎　　　测杆

图 4.3　辅助测量工具

4.1.2　钢尺量距的一般方法

水平距离测量时，当地面上两点间的距离超过一整尺长或地势起伏较大、一尺段无法完成丈量工作时，需要在两点的连线上标定出若干个点，这项工作称为直线定线。直线定线有目估定线（如图 4.4 所示）和经纬仪定线（如图 4.5 所示）。

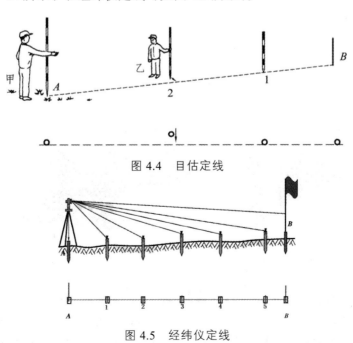

图 4.4　目估定线

图 4.5　经纬仪定线

4.1.2.1 平坦地面上的量距方法

丈量前，先将待测距离的两个端点用木桩（桩顶钉一小钉）标志出来，清除直线上的障碍物后，一般由两人在两点间边定线、边丈量。其具体作法如下：

（1）如图 4.6 所示，量距时，先在 A、B 两点上竖立测杆（或测钎），标定直线方向；然后，后尺手持钢尺的零端位于 A 点，前尺手持尺的末端并携带一束测钎，沿 AB 方向前进，至一尺段长处停下，两人都蹲下。

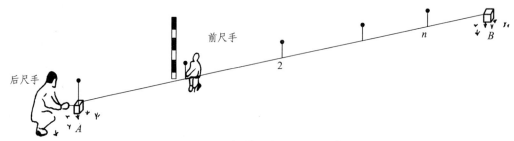

图 4.6　平坦地面上的量距方法

（2）后尺手以手势指挥前尺手将钢尺拉在 AB 直线方向上，后尺手以尺的零点对准 A 点，两人同时将钢尺拉紧、拉平、拉稳后，前尺手喊"预备"，后尺手将钢尺零点准确对准 A 点，并喊"好"，前尺手随即将测钎对准钢尺末端刻划竖直插入地面（在坚硬地面处，可用铅笔在地面画线作标记），得点 1。这样便完成了第一尺段 $A1$ 的丈量工作。

（3）接着，后尺手与前尺手共同举尺前进，后尺手走到点 1 时，即喊"停"。同法丈量第二尺段，然后后尺手拔起点 1 上的测钎。如此继续丈量下去，直至最后量出不足一整尺的余长 q。则 A、B 两点间的水平距离为：

$$D_{AB} = nl + q \tag{4.1}$$

式中　n——整尺段数（即在 A、B 两点之间所拔测钎数）；

　　　l——钢尺长度（m）；

　　　q——不足一整尺的余长（m）。

为了防止丈量错误和提高精度，一般还应由 B 点至 A 点进行返测，返测时应重新进行定线。取往、返测距离的平均值作为直线 AB 最终的水平距离。

$$D_{平均} = \frac{1}{2}(D_{往} + D_{返}) \tag{4.2}$$

式中　$D_{平均}$——往、返测距离的平均值（m）；

　　　$D_{往}$——往测的距离（m）；

　　　$D_{返}$——返测的距离（m）。

量距精度通常用相对误差 K 来衡量，相对误差 K 化为分子为 1 的分数形式。即：

$$K = \frac{\left| D_{往} - D_{返} \right|}{D_{平均}} = \frac{1}{D_{平均} / \left| D_{往} - D_{返} \right|} \tag{4.3}$$

【例 4.1】　用 30 m 长的钢尺往返丈量 A、B 两点间的水平距离，丈量结果分别为：往测

4 个整尺段，余长为 9.98 m；返测 4 个整尺段，余长为 10.02 m。计算 A、B 两点间的水平距离 D_{AB} 及其相对误差 K。

解

$$D_{AB} = nl + q = 4 \times 30 + 9.98 = 129.98 \quad (\text{m})$$
$$D_{BA} = nl + q = 4 \times 30 + 10.02 = 130.02 \quad (\text{m})$$
$$D_{平均} = \frac{1}{2}(D_{AB} + D_{BA}) = \frac{1}{2}(129.98 + 130.02) = 130.00 \quad (\text{m})$$
$$K = \frac{\left| D_{往} - D_{返} \right|}{D_{平均}} = \frac{\left| 129.98 - 130.02 \right|}{130.00} = \frac{0.04}{130.00} = \frac{1}{3\,250}$$

相对误差分母越大，则 K 值越小，精度越高；反之，精度越低。在平坦地区，钢尺量距一般方法的相对误差一般不应大于 1/3 000；在量距较困难的地区，其相对误差也不应大于 1/1 000。

4.1.2.2 倾斜地面上的量距方法

1. 平量法

在倾斜地面上量距时，如果地面起伏不大，可将钢尺拉平进行丈量。如图 4.7 所示，欲丈量 AB 的距离，丈量时，后尺手以尺的零点对准地面 A 点，并指挥前尺手将钢尺拉在 AB 直线方向上；同时，前尺手抬高尺子的一端，并目估使尺水平，将锤球绳紧靠钢尺上某一分划，用锤球尖投影于地面上，再插以插钎，得点 1。

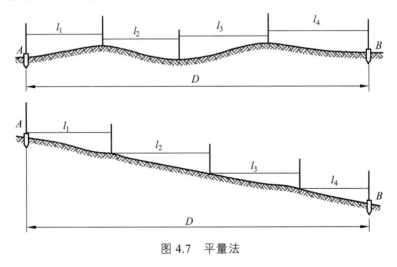

图 4.7　平量法

此时钢尺上分划读数即 A、1 两点间的水平距离。同法继续丈量其余各尺段，当丈量至 B 点时，应注意锤球尖必须对准 B 点。各测段丈量结果的总和就是 A、B 两点间的往测水平距离。为了方便起见，返测也应由高向低丈量。若精度符合要求，则取往返测的平均值作为最后结果。

2. 斜量法

当倾斜地面的坡度比较均匀时，如图 4.8 所示，可以沿倾斜地面丈量出 A、B 两点间的斜

距 L。用经纬仪测出直线 AB 的倾斜角 α，或测量出 A、B 两点的高差 h_{AB}，然后计算 AB 的水平距离 D_{AB}，即：

$$D_{AB} = L_{AB} \cos \alpha \tag{4.4}$$

或
$$D_{AB} = \sqrt{L_{AB}^2 - h_{AB}^2} \tag{4.5}$$

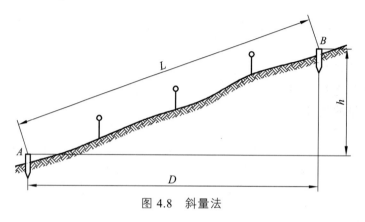

图 4.8　斜量法

4.1.3　钢尺量距的精密方法

前面介绍的钢尺量距的一般方法精度不高，相对误差一般只能达到 1/2 000 ~ 1/5 000。但在实际测量工作中，有时量距精度要求很高，如有时量距精度要求在 1/10 000 以上。这时应采用钢尺量距的精密方法。

4.1.3.1　钢尺检定

钢尺由于材料原因、刻划误差、长期使用的变形以及丈量时温度和拉力不同的影响，其实际长度往往不等于尺上所标注的长度即名义长度，因此，量距前应对钢尺进行检定。

1. 尺长方程式

经过检定的钢尺，其长度可用尺长方程式表示。即：

$$l_t = l_0 + \Delta l + \alpha(t - t_0)l_0 \tag{4.6}$$

式中　l_t——钢尺在温度 t 时的实际长度（m）；

　　　l_0——钢尺的名义长度（m）；

　　　Δl——尺长改正数，即钢尺在温度 t_0 时的改正数（m）；

　　　α——钢尺的膨胀系数，一般取 $\alpha = 1.25 \times 10^{-5}$ m/℃；

　　　t_0——钢尺检定时的温度（℃）；

　　　t——钢尺使用时的温度（℃）。

式（4.6）所表示的含义是：钢尺在施加标准拉力下，其实际长度等于名义长度与尺长改正数和温度改正数之和。对于 30 m 和 50 m 的钢尺，其标准拉力为 100 N 和 150 N。

2. 钢尺的检定方法

可将被检定钢尺与已有尺长方程式的标准钢尺相比较。将两根钢尺并排放在平坦地面上，均施加标准拉力，并将两根钢尺的末端刻划对齐，在零分划附近读出两尺的差数，这样就能够根据标准尺的尺长方程式计算出被检定钢尺的尺长方程式。检测中近似认为两根钢尺的膨胀系数相同。检定宜选在阴天或背阴的地方进行，使气温与钢尺温度基本一致。

4.1.3.2　钢尺量距的精密方法

（1）定线。清理场地障碍物，如图 4.5 所示，安置经纬仪于 A 点，照准 B 点，用经纬仪进行定线。

（2）测桩顶间高差。利用水准仪，用双面尺法或往、返测法测出各相邻桩顶间高差。所测相邻桩顶间高差之差，一般不超过 ± 10 mm，在限差内取其平均值作为相邻桩顶间的高差，以便将沿桩顶丈量的倾斜距离改算成水平距离。

（3）量距。用检定过的钢尺丈量相邻两木桩之间的距离。丈量组一般由 5 人组成，两人拉尺，两人读数，一人测温度兼记录。如图 4.5 所示，从 A 点测到 B 点为往测，完成往测后，应立即进行返测。每条直线所需丈量的次数视量边的精度要求而定。

（4）成果计算。将每一尺段丈量结果经过尺长改正、温度改正和倾斜改正改算成水平距离，并求总和，得到直线往测、返测的全长。往、返测较差符合精度要求后，取往、返测结果的平均值作为最后成果。

尺段长度计算。根据尺长、温度改正和倾斜改正，计算尺段改正后的水平距离。

尺长改正：$\Delta l_d = l \dfrac{\Delta l}{l_0}$ 　　　　　　　　　　　　　　　（4.7）

温度改正：$\Delta l_t = \alpha(t - t_0) l$ 　　　　　　　　　　　　　（4.8）

倾斜改正：$\Delta l_h = -\dfrac{h^2}{2l}$ 　　　　　　　　　　　　（4.9）

尺段改正后的水平距离：$D = l + \Delta l_d + \Delta l_t + \Delta l_h$ 　　　（4.10）

相对误差如果在限差以内，则取其平均值作为最后成果；若相对误差超限，应返工重测。

4.1.4　钢尺量距的误差及注意事项

1. 尺长误差

钢尺的名义长度和实际长度不符，产生尺长误差。尺长误差具有积累性，它与所量距离成正比。

2. 定线误差

丈量时钢尺偏离定线方向，将使测线成为一折线，导致丈量结果偏大，这种误差称为定线误差。

3. 拉力误差

钢尺有弹性，受拉会伸长。钢尺在丈量时所受拉力应与检定时拉力相同。如果拉力变化 ± 2.6 kg，尺长将改变 ± 1 mm。一般量距时，只要保持拉力均匀即可；精密量距时，则必须使用弹簧秤。

4. 钢尺垂曲误差

钢尺悬空丈量时中间下垂，称为垂曲，由此产生的误差为钢尺垂曲误差。垂曲误差会使量得的长度大于实际长度，故在钢尺检定时，应按悬空情况检定，得出相应的尺长方程式。在成果整理时，按此尺长方程式进行尺长改正。

5. 钢尺不水平的误差

用平量法丈量时，钢尺不水平，会使所量距离增大。对于 30 m 的钢尺，如果目估尺子水平误差为 0.5 m（倾角约 1°），由此产生的量距误差为 4 mm。因此，用平量法丈量时应尽可能使钢尺水平。

精密量距时，测出尺段两端点的高差，进行倾斜改正，可消除钢尺不水平的影响。

6. 丈量误差

钢尺端点对不准、测钎插不准、尺子读数不准等引起的误差都属于丈量误差。这种误差对丈量结果的影响可正可负，大小不定。在量距时应尽量认真操作，以减小丈量误差。

7. 温度改正

钢尺的长度随温度变化，故丈量时的温度与检定钢尺时的温度不一致，或测定的空气温度与钢尺温度相差较大，都会产生温度误差。所以，精度要求较高的丈量，应进行温度改正，并尽可能用点温计测定尺温，或尽可能在阴天进行，以减小空气温度与钢尺温度的差值。

4.2 视距测量

视距测量是利用望远镜内十字丝分划板上的视距丝装置，根据光学原理同时测定两点间的水平距离和高差。视距测量的相对误差一般为 1/200 ~ 1/300，低于钢尺量距；测定高差的精度低于水准测量和三角高程测量；视距测量广泛用于地形测量的碎部测量中。

4.2.1 视准轴水平时的视距计算公式

如图 4.9 所示，AB 为待测距离，在 A 点安置经纬仪，B 点立视距尺，设望远镜视线水平，瞄准 B 点的视距尺，则此时视线与视距尺垂直。

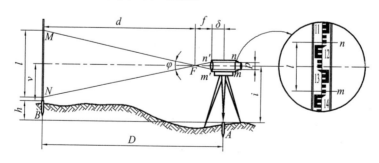

图 4.9 视线水平时的视距测量

AB 水平距离为：$D = Kl + C$

上式中，K、C 为视距乘常数与视距加常数，通常使 $K = 100$，C 接近于 0。因此，视准轴水平时的视距计算公式为：

$$D = Kl = 100l \qquad\qquad (4.11)$$

如果在望远镜中读取的中丝读数为 v，用钢尺量得仪器高度 i，则 A、B 两点的高差为：

$$h = i - v \qquad\qquad (4.12)$$

式中　i——仪器高（m）；
　　　v——十字丝中丝在视距尺上的读数，即中丝读数（m）。

4.2.2　视准轴倾斜时的视距计算公式

如图 4.10 所示，当视准轴倾斜时，由于视线不垂直于视距尺，故不能直接用式（4.11）计算视距。但只要将视距尺绕与望远镜视线的交点 O 旋转 α 角后就与视线垂直，并有：

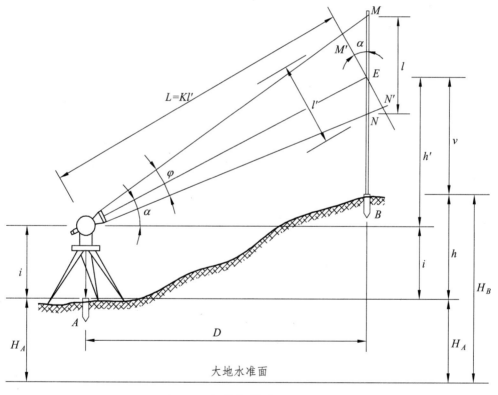

图 4.10　视线倾斜时的视距测量

A、B 的水平距离为：

$$D = Kl \cos^2 \alpha \qquad\qquad (4.13)$$

设 A、B 的高差为 h，则可得出下列方程：

$$h = D\tan\alpha + i - v$$
$$= kl\cos\alpha\sin\alpha + i - v$$
$$= \frac{1}{2}kl\sin^2\alpha + i - v \tag{4.14}$$

式（4.13）和式（4.14）是视距测量的基本公式。

4.2.3　视距测量的观测和计算

（1）在 A 点安置经纬仪，量取仪器高，并在 B 点竖立视距尺。

（2）盘左位置，转动照准部瞄准 B 点视距尺，分别读取上、下、中三丝读数，并算出尺间隔 l。

（3）转动竖盘指标水准管微动螺旋，使竖盘指标水准管气泡居中，读取竖盘读数，并计算垂直角 α。

（4）根据相关公式计算出水平距离和高差。

4.3　光电测距

钢尺量距是一项十分繁重的工作，劳动强度大、工作效率低，尤其在山区或沼泽地区，钢尺量距较为困难。

红外光电测距仪具有精度高、灵活机动、作业迅速及受地形影响小的特点。光电距测仪、电子经纬仪与计算机结合，组成电子速测仪。它在一个测站上能同时测设水平距离、水平角和竖直角，从而求设待定点的高差和坐标增量，并由电子数据记录，这样自动完成一个测站的全部测量工作，使测量工作大大简化，所以在小面积控制测量、地形测量及工程测量中得到广泛应用。

4.3.1　测距原理

如图 4.11 所示，欲测定 A、B 两点间的距离 D，可在 A 点安置能发射和接收光波的光电测距仪，在 B 点设置反射棱镜，光电测距仪发出的光束经棱镜反射后，又返回到测距仪。通过测定光波在 AB 之间传播的时间 t，再结合光波在大气中的传播速度 c，按下式计算距离 D：

$$D = \frac{1}{2}ct \tag{4.15}$$

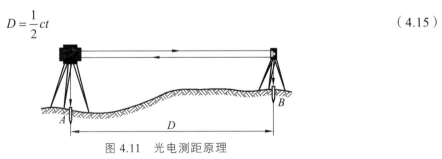

图 4.11　光电测距原理

根据测定时间方式的不同，光电测距仪又分为脉冲式测距仪和相位式测距仪。脉冲式测距仪是直接测定光波传播的时间，受脉冲宽度和电子计时器分辨率限制，测距精度相对较低。相位式测距仪则是利用测量相位的方法间接测定时间，测距精度高。高精度的测距仪，一般采用相位测距法。

4.3.2　注意事项

（1）气象条件对光电测距影响较大，微风的阴天是观测的良好时机，测量时输入温度、气压和棱镜常数自动对结果进行改正。

（2）测线应尽量离开地面障碍物 1.3 m 以上，避免通过发热体和较宽水面的上空。

（3）测线应避开强电磁场干扰的地方，例如测线不宜接近变压器、高压线等。

（4）镜站的后面不应有反光镜和其他强光源等背景的干扰。

（5）要严防阳光及其他强光直射接收物镜，避免光线经镜头聚焦进入机内，将部分元件烧坏，阳光下作业应撑伞保护仪器。

4.4　直线定向

确定地面上两点之间的相对位置，除了需要测定两点之间的水平距离外，还需确定两点所连直线的方向。该直线的方向，是根据某一标准方向来确定的。确定直线与标准方向之间的关系，称为直线定向。

4.4.1　标准方向

1. 真子午线方向

通过地球表面某点的真子午线的切线方向，称为该点的真子午线方向。真子午线方向可用天文测量方法测定，如图 4.12 所示。

2. 磁子午线方向

磁子午线方向是在地球磁场作用下，磁针在某点自由静止时其轴线所指的方向。磁子午线方向可用罗盘仪测定。

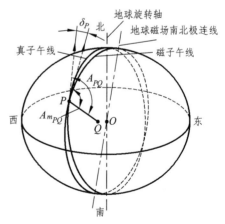

图 4.12　标准方向

3. 坐标纵轴方向

在高斯平面直角坐标系中，坐标纵轴线方向就是地面点所在投影带的中央子午线方向。在同一投影带内，各点的坐标纵轴线方向是彼此平行的。

4.4.2　方位角

测量工作中，常采用方位角表示直线的方向。从直线起点的标准方向北端起，顺时针方

71

向量至该直线的水平夹角，称为该直线的方位角。方位角取值范围是 0° ~ 360°。因标准方向有真子午线方向、磁子午线方向和坐标纵轴方向之分，故对应的方位角分别称为真方位角（用 A 表示）、磁方位角（用 A_m 表示）和坐标方位角（用 α 表示）。

4.4.3 三种方位角之间的关系

因标准方向选择的不同，使得一条直线有不同的方位角，如图 4.13 所示。过 1 点的真北方向与磁北方向之间的夹角称为磁偏角，用 δ 表示。过 1 点的真北方向与坐标纵轴北方向之间的夹角称为子午线收敛角，用 γ 表示。

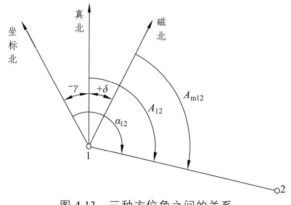

图 4.13　三种方位角之间的关系

δ 和 γ 的符号规定相同：当磁北方向或坐标纵轴北方向在真北方向东侧时，δ 和 γ 的符号为"＋"；当磁北方向或坐标纵轴北方向在真北方向西侧时，δ 和 γ 的符号为"－"。同一直线的 3 种方位角之间的关系为：

$$A = A_m + \delta \tag{4.16}$$
$$A = \alpha + \gamma \tag{4.17}$$
$$\alpha = A_m + \delta - \gamma \tag{4.18}$$

4.4.4 坐标方位角的推算

1. 正、反坐标方位角

如图 4.14 所示，以 A 为起点、B 为终点的直线 AB 的坐标方位角 α_{AB}，称为直线 AB 的坐标方位角；而直线 BA 的坐标方位角 α_{BA}，称为直线 AB 的反坐标方位角。由图 4.14 中可以看出正、反坐标方位角间的关系为：

$$\alpha_{AB} = \alpha_{BA} \pm 180° \tag{4.19}$$

2. 坐标方位角的推算

在实际工作中并不需要测定每条直线的坐标方位角，而是通过与已知坐标方位角的直线连测后，推算出

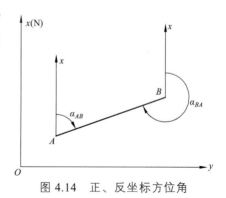

图 4.14　正、反坐标方位角

各直线的坐标方位角。如图 4.15 所示，已知直线 12 的坐标方位角 α_{12}，且已观测了水平角 β_2 和 β_3，要求推算直线 23 和直线 34 的坐标方位角。

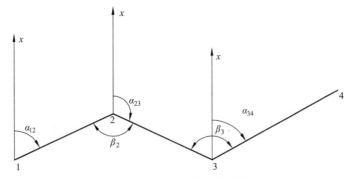

图 4.15　坐标方位角的推算

由图 4.15 可以看出：

$$\alpha_{23} = \alpha_{21} - \beta_2 = \alpha_{12} + 180° - \beta_2$$
$$\alpha_{34} = \alpha_{32} - \beta_3 = \alpha_{23} - 180° + \beta_3$$

因 β_2 在推算路线前进方向的右侧，该转折角称为右角；β_3 在左侧，称为左角。从而可归纳出推算坐标方位角的一般公式为：

$$\alpha_{前} = \alpha_{后} + 180° - \beta_{右} \tag{4.20}$$
$$\alpha_{前} = \alpha_{后} - 180° + \beta_{左} \tag{4.21}$$

计算中，如果 $\alpha_{前} > 360°$，应自动减去 360°；如果 $\alpha_{前} < 0°$，则自动加上 360°。

4.4.5　象限角

1. 象限角

由坐标纵轴的北端或南端起，沿顺时针或逆时针方向量至直线的锐角，称为该直线的象限角，用 R 表示，其角值范围为 0°～90°。如图 4.16 所示，直线 $O1$、$O2$、$O3$ 和 $O4$ 的象限角分别为北东 R_{O1}、南东 R_{O2}、南西 R_{O3} 和北西 R_{O4}。

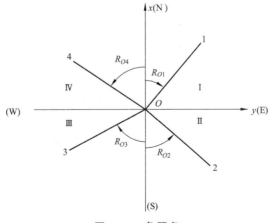

图 4.16　象限角

2. 坐标方位角与象限角的换算关系

由图 4.16 可以看出坐标方位角与象限角的换算关系：

第 I 象限：$R = \alpha$　　　　　　　第 II 象限：$R = 180° - \alpha$

第 III 象限：$R = \alpha - 180°$　　　　第 IV 象限：$R = 360° - \alpha$

习　题

4.1　距离测量有哪几种方法？光电测距仪的测距原理是什么？

4.2　丈量 A、B 两点水平距离，用 30 m 长的钢尺，丈量结果为：往测 4 尺段，余长为 10.250 m；返测 4 尺段，余长为 10.210 m。试进行精度校核，若精度合格，求出水平距离。（精度要求 $K_P = 1/2\ 000$）

4.3　某钢尺的尺长方程为 $l_t = 30\ \text{m} + 0.006\ \text{m} + 1.2 \times 10^{-5} \times 30\ \text{m} \times (t - 20\ ℃)$，使用该钢尺丈量 AB 之间的长度为 29.935 8 m，丈量时的温度 $t = 12\ ℃$，使用拉力与检定时相同，AB 两点间高差 $h_{AB} = 0.78\ \text{m}$，试计算 AB 之间的实际水平距离。

4.4　在某点视距测量中，已知仪器高 1.505 m，上丝读数 1.756 m，下丝读数 0.888 m，中丝读数 1.320 m，竖直角为 $4°23'$，求测站至该点的水平距离和高差。

4.5　设已知各直线的坐标方位角分别为 $47°27'$、$177°37'$、$226°48'$、$337°18'$，试分别求出它们的象限角和反坐标方位角。

4.6　如习题图 4.1 所示，已知 $\alpha_{AB} = 55°20'$，$\beta_B = 126°24'$，$\beta_C = 134°06'$，求其余各边的坐标方位角。

4.7　已知某直线的象限角为南西 $45°18'$，求它的坐标方位角。

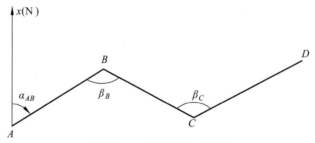

习题图 4.1　推导坐标方位角

第 5 章　全站仪及其应用

内容提要

本章主要讲述全站仪的构造与基本功能，全站仪的操作方法，全站仪坐标测量和放样原理及方法。

课程思政目标

（1）对比经纬仪和全站仪的差异，激发学生对先进科学技术的探索精神。

（2）讲解全站仪推动测量技术的进步，使学生认识到科学技术对国家建设和社会发展的重要性。

5.1　全站仪的构造

全站仪是目前各工程单位进行工程测量的主要仪器，它的应用使测量技术人员从繁重的测量工作中解脱出来。电子全站仪是由光电测距仪、电子经纬仪和数据处理系统组合而成的测量仪器，能够在一个测站上采集水平角、垂直角和倾斜距离三种基本数据，并通过仪器内部的中央处理单元（CPU），计算出平距、高差及坐标等数据。由于只要一次安置仪器，便可以完成在该测站上所有的测量工作，故被称为全站型电子测速仪，简称"全站仪"。

各部分的作用分述如下：

（1）测角部分相当于电子经纬仪，可以测定水平角、竖直角和设置方位角。

（2）测距部分相当于光电测距仪，一般采用红外光源，测定仪器至目标点（设置反光棱镜或反光片）的斜距，并可归算为平距及高差。

（3）中央处理单元接受输入指令，分配各种观测作业，进行测量数据的运算，如多测回取平均值、观测值的各种改正，极坐标法或交会法的坐标计算及运算功能更为完备的各种事件，在全站式的数字计算机中还提供有程序存储器。

（4）输入、输出部分包括键盘、显示屏和接口。从键盘可以输入操作指令、数据和设置参数，显示屏可以显示出仪器当前的工作方式（Mode）、状态、观测数据和运算结果；接口使全站仪能与磁卡、磁盘、微机交互通信，传输数据。

（5）电源部分有可充电式电池，供给其他各部分电源，包括望远镜十字丝和显示屏的照明。

随着微电子技术、光电测距技术、微型计算机技术的发展，全站仪的功能得到不断的完善，实现了电子改正（自动补偿）、电子记录、电子计算，甚至将各种测量程序装载到仪器中，使其能够完成特殊的测量和放样工作，出现了带内存、防水型、防爆型、电脑型等的全站仪。马达驱动、自动目标识别与照准的高精度智能测量机器人，可实现测量的高效率和自动化。

5.1.1　全站仪的外部构造

图 5.1 为 TKS-300R 系列全站仪的外部构造。全站仪的结构与经纬仪相似，区别主要是全站仪上有一个可供进行各项操作的键盘。

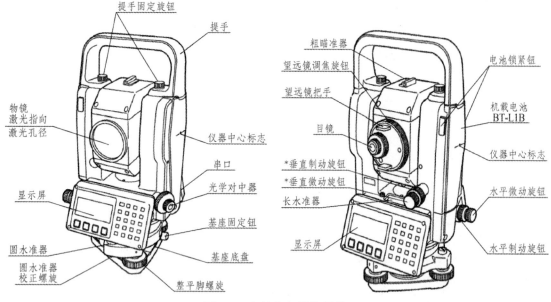

图 5.1　全站仪各结构部件

5.1.2　显示屏

显示屏采用点阵式液晶显示（LCD），可显示 4 行，每行 20 个字符，通常前三行显示测量数据，最后一行显示随测量模式变化的软键功能。测量内容对应的显示符号如表 5.1 所示。

表 5.1　测量内容对应的显示符号

显示符号	内　　容
V	垂直角
HR	水平角（右角）
HL	水平角（左角）
HD	水平距离
VD	相对高程

显示符号	内　　容
SD	倾斜距离
N	N 坐标
E	E 坐标
Z	Z 坐标
*	EMD（电子测距）正在工作
m	单位为米
f	单位为英尺/英尺和英寸
N_P	棱镜模式/无棱镜模式切换
✸	激光正在发送标志

5.1.3　键盘功能

图 5.2 是 TKS-300R 电子全站仪的键盘，位于显示窗口底部的 F1 ~ F4 四个键，称为软键，软键是指可以改变功能的键，其功能以不同的设置而定。

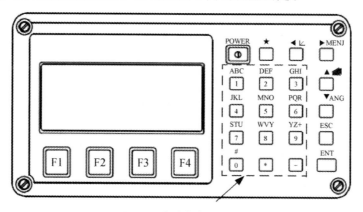

图 5.2　全站仪操作键盘

全站仪主要功能见表 5.2。

表 5.2　全站仪按键主要功能

按　　键	按键名称	功　　能
★	星键	星键模式用于如下项目的设置或显示： 1—显示屏对比度；2—背景光；3—棱镜模式/无棱镜模式切换；4—激光指向器；5—倾斜改正；6—设置音响模式
∠	坐标测量键	坐标测量模式
◢	距离测量键	距离测量模式
ANG	角度测量键	角度测量模式

77

按　键	按键名称	功　能
MENU	菜单键	进入菜单模式。在菜单模式下可设置应用测量和调整
ESC	退出键	从模式设置返回测量模式或上一层模式。 从正常测量模式直接进入数据采集模式或放样模式。 也可用作正常测量模式下的记录键
ENT	回车键	在输入值之后按此键
POWER	电源键	仪器的电源开关
F1～F4	软键（功能键）	执行对应的显示功能

5.1.4　其他部件及其功能

1. 三同轴望远镜

全站仪的望远镜实现了视准轴、测距光波的发射、接收光轴同轴化，如图 5.3 所示。测量时只要用望远镜照准目标棱镜中心，就能同时测定水平角、竖直角和斜距。

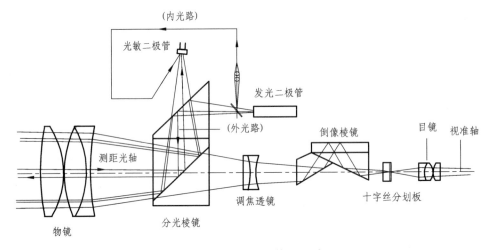

图 5.3　全站仪望远镜的光路

2. 双轴自动补偿

作业时，若全站仪纵轴倾斜，会引起角度观测的误差，盘左、盘右观测值取中也不能使之抵消。而全站仪特有的双轴（或单轴）倾斜自动补偿系统，可对纵轴的倾斜进行监测，并在度盘读数中对因纵轴倾斜造成的测角误差自动加以改正（某些全站仪纵轴最大倾斜可允许至 ±6′），也可通过将因竖轴倾斜引起的角度误差，由微处理器自动按竖轴倾斜改正计算式计算，并加入度盘读数中加以改正，使度盘显示读数为正确值，即所谓的纵轴倾斜自动补偿。

3. 存储器

全站仪存储器的作用是将实时采集的测量数据存储起来，再根据需要传送到其他设备如计算机等中，供进一步的处理或利用。全站仪的存储器有机内存储器和存储卡两种。

1）机内存储器

机内存储器相当于计算机的内存（RAM），可利用它来暂时存储或读出（存/取）测量数据，其容量的大小随仪器的类型而异。现场测量所必需的已知数据可以放入内存。经过接口线将内存数据传输到计算机以后，可以将其清除。

2）存储卡

存储卡是一种外存储媒体，又称 PC 卡，其作用相当于计算机的磁盘，用作全站仪的数据存储装置。卡内有集成电路，是能进行大容量存储的元件和运算处理的微处理器。一台全站仪可以使用多张存储卡。将测量数据存储在卡上后，把卡送往办公室处理测量数据。同样，在室内将坐标数据等存储在卡上后，送到野外测量现场，就能使用卡中的数据。

4. 通信接口

全站仪可以通过通信接口和通信电缆将内存中存储的数据输入计算机，也可以接收由计算机传输来的测量数据及其他信息，称为数据通信。通过接口和通信电缆，在全站仪的键盘上所进行的操作，也同样可以在计算机中的键盘上操作，便于用户应用开发，即具有双向通信功能。

5. 棱 镜

有棱镜全站仪通常可以测量较远距离的目标物体，使用棱镜作为反射器，有助于增加测距的范围和准确性。图 5.4 为常见的三种测距棱镜。

（a）单棱镜　　　　　（b）三棱镜　　　　　（c）对中杆棱镜

图 5.4　全站仪棱镜

5.2　全站仪的基本测量方法

5.2.1　角度测量

1. 基本操作方法

（1）选择水平角显示方式。水平角显示具有左角 HL（逆时针角）和右角 HR（顺时针角）两种形式可供选择，进行测量前，应首先确定显示方式。

（2）水平方向置零。测定两条直线间的夹角，先将其中任一点作为起始方向，并通过键盘置零操作，将望远镜照准该方向时水平度盘的读数设置为 0°00′00″，简称为水平方向置零。

（3）方位角设置(水平度盘定向)。当在已知点上设站，照准另一已知点时，则该方向的坐标方位角是已知的，此时可设置水平度盘的读数为已知的坐标方位角值，称为水平度盘定向。此后，照准其他方向时，水平度盘显示的读数即为该方向的坐标方位角值。

2. 水平角测量

用全站仪测水平角时，选好水平角显示方式后，精确照准后视点并置零（水平度盘的读数设置为 0°00′00″），再旋转望远镜精确照准前视点，此时显示屏幕上的读数，便是要测的水平角值，记入测量手簿即可。

3. 竖直角测量

在角度测量模式下，照准目标，记录显示屏幕上 V 所对应的角度值，即竖盘读数，然后按照竖直角计算方法计算竖直角。

5.2.2 距离测量

距离测量应选用与全站仪配套的反光镜。由于电子测距为仪器中心到棱镜中心的倾斜距离，因此仪器和棱镜均需精确对中整平。在距离测量前需要进行气象改正、棱镜类型，棱镜常数改正，测距模式的设置和测距回光信号的检查，然后才能进行距离测量。仪器的各项改正是按照设置的仪器参数，经微处理器对原始观测数据计算并改正。

1. 参数设置

（1）棱镜常数。由于光在玻璃中的折射率为 1.5 ~ 1.6，而光在空气中的折射率近似等于1，也就是说光在玻璃中的传播要比空气中慢，因此光在反射棱镜中传播所用的超量时间会使所测距离增大某一数值，通常称作棱镜常数。通常棱镜常数在厂家所附的说明书或在棱镜上标出，一般为 – 30 mm。在精密测量中，为减少误差，应使用仪器检定时使用的棱镜类型。测距前根据使用棱镜型号将棱镜常数输入仪器后，仪器会自动对所测距离进行改正。

（2）大气改正。由于仪器作业时的大气条件一般与仪器选定的基准大气条件(通常称为气象参考点)不同，光尺长度会发生变化，使测距产生误差，因此必须进行气象改正（或称大气改正）。大气改正可直接设置改正值，也可以输入温度和气压值，全站仪会自动计算大气改正值，并对测距结果进行改正。

（3)仪器加常数。仪器加常数是由于仪器和棱镜的机械中心与光电中心不重合引起的，出厂时已调试为零。可根据检测结果加入棱镜常数一起改正。

2. 返回信号检测

当精确瞄准目标点上的棱镜后，即可检查返回信号的强度。在基本模式或角度测量模式的情况下进行距离切换（如果仪器参数"返回信号音响"设在开启上，则同时发出音响）。如返回信号无音响，则表明信号弱，先检查棱镜是否瞄准，如果已精确瞄准，应考虑增加棱镜数。这对长距离测量尤为重要。

3. 距离测量

（1）测距模式的选择。全站仪距离测量有精测、速测（或称粗测）和跟踪测等模式可供选择，故应根据测距的要求通过键盘预先设定。

（2）开始测距。精确照准棱镜中心，按距离测量键，开始距离测量，短暂时间后，仪器发出一短声响，提示测量完成，屏幕上显示出有关距离值（斜距 S，平距 H，高差 V）。

5.2.3　坐标测量

全站仪可进行三维坐标测量，在输入测站点坐标、仪器高、目标高和后视方向坐标方位角（或后视点坐标）后，用其坐标测量功能可以测定目标点的三维坐标。

如图 5.5 所示，O 为测站点，A 为后视点，1 点为待定点（目标点）。已知 A 点的坐标为 N_A、E_A、Z_A，O 点的坐标为 N_O、E_O、Z_O，并设 1 点的坐标为 N_1、E_1、Z_1。据此，可由坐标反算公式

$$\alpha_{OA} = \arctan \frac{E_A - E_O}{N_A - N_O}$$

计算 OA 边的坐标方位角 α_{OA}（称后视方位角）。

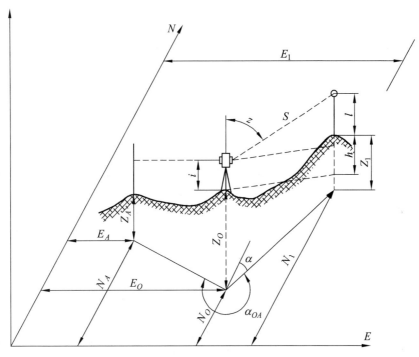

图 5.5　坐标测量计算原理图

由图 5.5 可以计算出待定点（目标点）1 的三维坐标为：

$$\left.\begin{aligned}
N_1 &= N_O + S \cdot \sin z \cdot \cos \alpha \\
E_1 &= E_O + S \cdot \sin z \cdot \sin \alpha \\
Z_1 &= Z_O + S \cdot \cos \alpha + i - l
\end{aligned}\right\} \tag{5.1}$$

式中　N_1, E_1, Z_1 ——待测点坐标；

N_O, E_O, Z_O ——测站点坐标；

N_A, E_A, Z_A ——后视点坐标；

S ——测站点至待测点的斜距；

z ——棱镜中心的天顶距；

α ——测站点至待测点方向的坐标方位角；

i ——仪器高；

l ——目标高（棱镜中心高）。

对于全站仪，上述的计算通过操作键盘输入已知数据后，可由仪器内的计算系统自动完成，测量者通过操作键盘即可直接得到待测点的坐标。

坐标测量可按以下程序进行：

（1）坐标测量前的准备工作：使仪器正确地安置在测点上，电池电量充足，仪器参数已按期测条件设置好，度盘定标已完成，测距模式已准确设置，返回信号检验已完成，并适宜测量。

（2）输入仪器高：仪器高是指仪器的横轴中心（一般仪器上设有标志标明位置）至测站点的垂直高度。一般用 2 m 钢卷尺量出，在测前通过操作键盘输入。

（3）输入棱镜高：棱镜高是指棱镜中心至测站点的垂直高度。测前通过操作键盘输入。

（4）输入测站点数据：在进行坐标测量前，需将测站点坐标 N、E、Z 通过操作键盘依次输入。

（5）输入后视点坐标：在进行坐标测量前，需将后视点坐标 N、E、Z 通过操作键盘依次输入。

（6）设置气象改正数：在进行坐标测量前，应输入当时的大气温度和气压。

（7）设置后视方向坐标方位角：照准后视点，输入测站点和后视点坐标后，通过键盘操作确定后，水平度盘读数所显示的数值，就是后视方向坐标方位角。如果后视方向坐标方位角已知（可以通过测站点坐标和后视点坐标反算得到），此时仪器可先照准后视点，然后直接输入后视方向坐标方位角数值。在此情况下，就无须输入后视点坐标。

（8）三维坐标测量：精确照准立于待测点的棱镜中心，按坐标测量键，短暂时间后，坐标测量完成，屏幕显示出待测点（目标点）的坐标值，测量完成。

5.2.4 放样测量

放样测量用于实地上测设出所要求的点。在放样过程中，通过照准点角度、距离或者坐标的测量，仪器将显示出预先输入的放样数据与实测值之差以指导放样进行。显示的差值由下列公式计算：

水平角差值=水平角实测值−水平角放样值

斜距差值=斜距实测值−斜距放样值

平距差值=平距实测值−平距放样值

高差差值=高差实测值−高差放样值

全站仪均有按角度和距离放样及按坐标放样的功能。下面做简要介绍。

5.2.4.1 按角度和距离放样测量（又称为极坐标放样测量）

角度和距离放样是根据相对于某参考方向转过的角度和至测站点的距离测设出所需的点位，如图 5.6 所示。

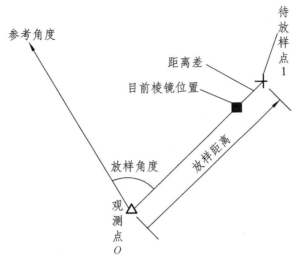

图 5.6 角度和距离放样测量

其放样步骤如下：

（1）全站仪安置于测站点，精确照准选定的参考方向；并将水平度盘读数设置为 0°00′00″。

（2）选择放样模式，依次输入距离和水平角的放样数值。

（3）进行水平角放样：在水平角放样模式下，转动照准部，当转过的角度值与放样角度值的差值显示为零时，固定照准部。此时仪器的视线方向即角度放样值的方向。

（4）进行距离放样：在望远镜的视线方向上安置棱镜，并移动棱镜被望远镜照准，选取距离放样测量模式，按照屏幕显示的距离放样引导，朝向或背离仪器方向移动棱镜，直至距离实测值与放样值的差值为零时，定出待放样的点位。

一般全站仪距离放样测量模式有：SDIST（斜距放样测量）、HDIST（平距放样测量）、VDIST（高差放样测量）。

5.2.4.2 坐标放样测量

如图 5.6 所示，O 为测站点，坐标 (N_O, E_O, Z_O) 为已知，1 点为放样点，坐标 (N_1, E_1, Z_1) 也已给定。根据坐标反公式计算出 O_1 直线的坐标方位角和 O、1 两点的水平距离：

$$\alpha_{O1} = \arctan \frac{E_1 - E_O}{N_1 - N_O} \tag{5.2}$$

$$D_{O1} = \sqrt{(N_1 - N_O)^2 + (E_1 - E_O)^2}$$

$$= \frac{N_1 - N_O}{\cos \alpha_{O1}}$$

$$= \frac{E_1 - E_O}{\cos \alpha_{O1}} \tag{5.3}$$

α_{O1} 和 D_{O1} 计算出后,即可定出放样点 l 的位置。实际上上述的计算是通过仪器内软件完成的,无须测量者计算。

按坐标进行放样测量的步骤可归纳为:

(1)按坐标测量程序中的"(1)~(7)"步进行操作。

(2)输入放样点坐标:将放样点坐标(N_1,E_1,Z_1)通过操作键盘依次输入。

(3)参照按水平角和距离进行放样的步骤,将放样点 1 的平面位置定出。

(4)高程放样,将棱镜置于放样点 1 上,在坐标放样模式下,测量 1 点的坐标 Z,根据其与已知 Z_1 的差值,上、下移动棱镜,直至差值显示为零时,放样点 1 的位置即确定。

另外,全站仪除了能进行上述测量外,一般还设置有更多的测量功能。例如:后方交会测量、对边测量、偏心测量、悬高测量和面积测量等,由于这些操作在公路工程中应用较少,因此在此不再进行介绍。

5.3 仪器操作和使用

5.3.1 操作要领

1. 仪器安置

仪器安置包括对中与整平,其方法与光学仪器相同。有光学对中器,一些还有激光对中器,使用十分方便。仪器内置有双轴补偿器,整平后水准管气泡略有偏离,对观测并无影响。采用电子气泡整平更方便和精确。

2. 开机和设置

开机后仪器进行自检,自检通过后,显示主菜单。测量工作中进行的一系列相关设置,除了厂家的固定设置外,主要包括以下内容:

(1)各种观测量单位与小数点位数的设置,包括距离单位、角度单位及气象参数单位等。

(2)指标差与照准差的存储。

(3)测距仪常数的设置,包括加常数、乘常数以及棱镜常数设置。

(4)标题信息、测站标题信息、观测信息。根据实际测量作业的需要,如导线测量、交点放线、中线测量、断面测量、地形测量等不同作业建立相应的电子记录文件。主要包括建立标题信息、测站标题信息、观测信息等。标题信息内容包括测量信息、操作员、技术员、操作日期、仪器型号等。仪器安置好后,应在气压或温度输入模式下设置当时的气压和温度。在输入测站点号后,可直接用数字键输入测站点的坐标,或者从存储卡中的数据文件直接调用。按相关键可对全站仪的水平角置零或输入一个已知值。观测信息内容包括附注、点号、反射镜高、水平角、竖直角、平距、高差等。

3. 角度距离坐标测量

在标准测量状态下,角度测量模式、斜距测量模式、平距测量模式、坐标测量模式之间可互相切换，全站仪精确照准目标后，通过不同测量模式之间的切换，可得到所需要的观测值。

5.3.2　使用注意事项

（1）使用全站仪前，应认真阅读仪器使用说明书。先对仪器有全面的了解，然后着重学习一些基本操作，如测角、测距、测坐标、数据存储、系统设置等。在此基础上再掌握其他如导线测量、放样等测量方法。然后可进一步学习掌握存储卡的使用。

（2）电池充电时间不能超过专用充电器规定的充电时间，否则有可能将电池烧坏或者缩短电池的使用寿命。电池如果长期不用，则 1 个月之内应充电 1 次。存放温度以 0 ~ 40 ℃为宜。

（3）电子手簿（或存储卡）应定期进行检定或检测，并进行日常维护。

（4）严禁在开机状态下插拔电缆，电缆、插头应保持清洁、干燥，插头如有污物，需进行清理。

（5）凡迁站都应先关闭电源并将仪器取下装箱搬运。

（6）望远镜不能直接照准太阳，以免损坏测距部的发光二极管。

（7）在阳光下或阴雨天气进行作业时，应打伞遮阳、遮雨。

（8）仪器安置在三脚架上之前，应检查三脚架的三个伸缩螺旋是否已旋紧。在用连接螺旋将仪器固定在三脚架上之后才能放开仪器。在整个操作过程中，观测者决不能离开仪器，以避免发生意外事故。

（9）仪器应保持清洁、干燥，遇雨后应将仪器擦干，放在通风处，待仪器完全晾干后才能装箱。由于仪器箱密封程度很好，因而箱内潮湿会损坏仪器。

（10）全站仪长途运输或长久使用以及温度变化较大时，宜重新测定并存储视准轴误差及竖盘指标差。

5.3.3　仪器检定

全站仪作为一种现代化的计量工具，必须依法对其进行计量检定，以保证量度的统一性、标准性、合格性。检定周期最多不能超过 1 年。对全站仪的检定分为 3 个方面：数据记录与数据通信和数据处理功能的检测，测角性能的检测和测距性能的检测。

数据采集与通信系统的检测包括：检查内存中的文件状态，检查储存数据的个数和剩余空间；查阅记录的数据；对文件进行编辑，输入和删除功能的检查：数据通信接口、数据通信专用电缆的检查等。

电子测角系统的检测主要项目包括：光学对中器和水准管的检校，照准部旋转时仪器基座方位稳定性检查，测距轴与视准轴重合性检查，仪器轴系误差（视准轴误差、横轴误差、竖盘指标差）的检定，倾斜补偿器的补偿范围与补偿准确度的检定，一测回水平方向指标差的测定和一测回竖直角标准偏差测定。

光电测距部分性能检测按国家技术监督局《光电测距检定规程》进行,其主要项目包括：外观与功能，三轴（发射、接收、照准）关系的正确性，调制光相位均匀性，周期误差，测尺频率，加、乘常数标准差及测距综合标准差。必要时，还可以在较长的基线上进行测距的外符合检查。

习　题

5.1　全站仪的基本构造是什么？

5.2　简述全站仪的组成及其功能。

5.3　简述全站仪测量坐标的原理。

5.4　结合所使用的全站仪，分别简述水平角、距离、坐标测量的操作步骤。

第6章　全球卫星导航定位系统测量

内容提要

本章介绍全球卫星导航定位系统（GNSS）的基本原理、系统组成，以及 GPS、GLONASS、Galileo 和 BDS 四大系统的发展历程及性能指标。重点介绍了（GNSS）的定位基本原理、GNSS 接收机与数据处理方法，并以 GPS 系统为例介绍了静态定位、动态定位、实时差分定位和伪距差分定位等技术。

课程思政目标

（1）通过学习全球卫星导航定位系统，了解世界各国在导航定位领域的发展历程和现状，培养国际视野和对外开放的合作精神。

（2）通过介绍中国北斗卫星导航系统的发展及其在全球卫星导航定位领域的地位，增强学生的国家自豪感和使命感，激发学生为国家科技进步贡献自己的力量。

（3）探讨全球卫星导航定位系统的发展趋势和新兴技术应用，激发学生对新技术的研究兴趣，培养学生创新思维和实践能力。

6.1　全球卫星导航定位系统

6.1.1　GNSS 概述

全球导航卫星系统（Global Navigation Satellite System，GNSS）是所有卫星导航定位系统的统称。它是泛指所有的卫星导航系统，包括全球的、区域的和增强的，如美国的 GPS、俄罗斯的 Glonass、欧洲的 Galileo、中国的北斗卫星导航系统（BeiDou Navigation Satellite System，BDS），以及相关的增强系统，如美国的 WAAS（广域增强系统）、欧洲的 EGNOS（欧洲静地导航重叠系统）和日本的 MSAS（多功能运输卫星增强系统）等，还涵盖在建和以后要建设的其他卫星导航系统。国际 GNSS 系统是个多系统、多层面、多模式的复杂组合系统。

1. GPS 全球定位系统

全球定位系统（Global Positioning System，简称 GPS）是以人造卫星组网为基础的无线电导航定位系统。系统于 1978 年开始研制并于 1994 年全面建成，由美国国防部研制与维护。

当前，系统空间部分由分布 6 个轨道面的 30 多颗中距离轨道（Middle Earth Orbit，MEO）导航卫星组成。

2. GLONASS 全球卫星导航系统

GLONASS 是 Global Navigation Satellite System 的缩写。系统于 1976 年开始研制，1996 年初完成 24 颗卫星的星座部署，但由于经济原因维护不力，系统在 2001 年只剩 6 颗卫星正常运行，随着经济的复苏，2001 年起，俄罗斯开始重振 GLONASS，到 2011 年 10 月，重新完成了 24 颗卫星的部署。当前，系统空间部分由分布在 3 个轨道面的 24 颗 MEO 导航卫星组成。该系统由俄罗斯政府进行管理和维护。

3. 北斗卫星导航系统

北斗卫星导航定位系统（BeiDou Navigation Satellite System，BDS）简称北斗系统（BeiDou System，BDS）。1994 年，中国开始研发北斗一号导航试验系统，到 2000 年，北斗导航试验系统初步建成，使我国成为继美、俄之后的世界上第三个拥有自主卫星导航系统的国家；2020 年 6 月 23 日完成所有 55 颗卫星组网发射，实现全球服务能力。该系统由中国卫星导航系统管理办公室维护。

4. Galileo 系统

Galileo 系统是由欧盟和欧洲空间局建立的全球导航定位系统，系统以意大利天文学家伽利略命名。2003 年，欧盟和欧空局开始 Galileo 系统的第一阶段研发工作，目前，已经有 4 颗工作卫星和 2 颗实验卫星在轨工作，由于卫星太少，它还不具备服务能力。在 2019 年 7 月 14 日，伽利略系统技术故障导致部分导航服务中断。2019 年 8 月 18 日，伽利略卫星定位系统恢复正常。欧盟计划 2024 年发射新一代欧洲伽利略卫星，将 30 颗 MEO 卫星（其中 27 颗工作卫星，3 颗备用卫星）部署到 3 个轨道面上。Galileo 系统由欧洲空间局维护。

5. 其他定位系统

其他的定位系统还包括日本的准天顶卫星系统（Quasi-Zenith Satellite System，QZSS）和印度区域导航卫星系统（Indian Regional Navigation Satellite System，IRNSS）。其中，QZSS 于 2009 年完成了 3 颗卫星的部署，这 3 颗卫星是倾斜椭圆高轨（Highly Inclined Elliptical Orbits，HIEO）卫星，分布在 3 个轨道面上；QZSS 和 IRNSS 都是区域导航定位系统。

CNSS 利用卫星发射的无线电测距信号及卫星位置信息进行定位、导航和授时。与传统的测量技术相比，GNSS 具备以下特点：测站之间无需通视、操作简便、快速、全球性全天候、高精度三维测量。近年来，GNSS 技术已广泛应用于大地测量、工程测量、航空摄影测量运载工具导航和管制、工程变形监测、资源勘察、地壳运动监测、地球动力学等多学科领域，给测绘学科带来了一场深刻的技术变革。

6.1.2　时空参考系

GNSS 观测方程可以简化为 $c\Delta t = \| X^s - Xr \|$，其中，$c$ 是电磁波传播速度，Δt 是测量的信号传播时间，$\| \cdot \|$ 表示求空间距离，X^s、X_r 分别是信号发射时卫星位置矢量和信号接收时的接收机位置矢量。该方程隐含接收机和卫星的时空坐标系是一致的，即卫星时间系统（钟）

和接收机时间系统（钟）是保持一致的，且 X^s 和 X_r 是在同一个空间坐标系下的位置矢量。因为只有时间系统（钟）保持一致，信号的传播时间 Δt 才能测量准确，同时只有 X^s 和 X_r 在同一个坐标系下，上述观测方程才成立。因此，GNSS 时空坐标系是 GNSS 测量技术的基础。

坐标系统方面，在 GNSS 定位过程中，用户需要导航星历来确定信号发射时刻的卫星位置。导航星历是系统的维护机构通过卫星定轨技术发布的官方产品。在卫星定轨理论中，经常使用协议天球坐标系，其坐标原点为地球质心，x 轴指向一组遥远的恒星（春分点），z 轴指向北极，xyz 轴成右手系。由于其坐标轴指向保持稳定，也称为惯性坐标系或天球坐标系。在定位理论中，接收机在接收时的位置矢量 X_r 和卫星信号发射时的卫星位置矢量 X^s 应该基于地球固联的坐标系，常用的是协议地球坐标系，其坐标原点为地球质心，x 轴指向格林尼治子午线，z 轴指向北极，xyz 轴成右手系；由于其坐标轴与地球保持固联，坐标系随着地球一起自转，所以也称为地心地固坐标系或地球坐标系。GPS 采用的 WGS-84（World Geodetic System 1984）坐标系和北斗系统采用的 CGCS2000（China Geodetic Coordinate System 2000）坐标系都属于地心地固坐标系。任意位置的天球坐标系坐标和地球坐标系坐标都可以通过一系列旋转矩阵互相转换。

时间系统方面，有史以来，人们使用最广泛的是世界时（Universal Time，UT），即以地球自转为周期过程的时间系统。但地球自转速度在不断变慢，导致其秒长不断缓慢变化，为了克服这种情况，人们发现原子震荡周期过程非常稳定，由该物理过程定义的秒长可以长期保持稳定，因此，建立了原子时（International Atomic Time，TAI）。但原子时和世界时系统偏差会越来越大，为了保持与世界时的一致，同时又使用原子时的秒长，产生了一个折中的时间系统——协调世界时（Coordinated Universal Time，UTC）。当世界时与原子时偏差接近 1 秒时，在年中或年末协调世界时就使用加减 1 秒的方式与世界时保持一致。因此，协调世界时是不连续的。协调世界时与原子时之差称为闰秒，闰秒都是整数，其大小是随时间变化的。目前协调世界时已经成为国际标准时间，人们日常使用的北京时间就属于协调世界时系统[1]。在 CNSS 中，GPS 时、北斗时和 Galileo 时都属于原子时，GLONASS 时属于协调世界时。于某个时刻，其各个时间系统之间的转换关系为：

$$\begin{cases} T_{GPS} - T_{BDS} = 14 \text{ s} \\ T_{GPS} - T_{GAL} = -19 \text{ s} \\ T_{GPS} - T_{TAI} = -19 \text{ s} \\ T_{TAI} - T_{UTC} = LS \end{cases} \quad (6.1)$$

式中下标 BDS 表示北斗系统，GAL 表示 Galileo 系统，GLO 表示 GLONASS，UTC 表示协调世界时，TAI 表示国际原子时，LS 表示闰秒（leap second）。

6.1.3　卫星导航系统组成

GNSS 是由空间部分、地面控制部分和用户设备部分组成，下面以美国的 GPS 为例介绍这三部分。

---

① http://www.navipedia.net/index.php/time References in GNSS

1. 空间部分

GPS 空间部分即 GPS 卫星星座，它由 GPS 导航卫星组成。GPS 导航卫星的基本功能是接收和储存由地面监控站发出的跟踪监测信息；在地面监控站指令下，通过推进器调整卫星的姿态和启用备用卫，进行必要的数据处理工作，通过星载高精度原子钟提供精密的时间基准，向用户广播包括导航电文（导航电文是指用于计算卫星位置的相关轨道参数的电文编码）和测距信息的卫星信号。GPS 卫星绕距地面约 20 200 km 的近圆轨道运行，卫星的轨道面倾角约 55°，周期约为 12 h。当前，在轨工作卫星有 30 多颗，分布在 6 个轨道面上，还有数颗退役卫星作为备份，可以在需要使用的时候重新激活。美国国防部确保至少在 95% 的时间内有 24 颗卫星可用，如图 6.1 所示。通信

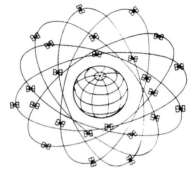

图 6.1 定位系统组成

卫星的分布使得在全球任何地方、任何时间都可观测到 4 颗以上的卫星，并能保持具有良好定位解算精度的几何图像。

2. 地面监控部分

地面监控部分由监测站、主控站和注入站组成。监测站的作用是跟踪 GPS 卫星，提供原始观测数据。每个监测站上都有 GPS 接收机对所见卫星进行观测，采集环境要素等数据，经初步处理后上传到主控站。主控站收集各个监测站的 GPS 观测信息，对卫星进行轨道确定，并生成每颗卫星的星历（包括时钟改正量、状态数据以及信号的大气层传播改正），再按定的形式编制成导航电文，上传到注入站。此外，主控站还控制和监视其余站的工作情况并管理调度 GPS 卫星。注入站是用于地面与卫星进行数据通信，它使用 S 波段的通信链路将主控站上传的导航电文注入相应的 CPS 卫星中，再通过 CPS 卫星将导航电文广播给地面上的广大用户。当前，GPS 地面监控部分包括 2 个主控站、16 个监测站和 12 个注入站均由美国军方所控制。

3. 用户设备部分

用户设备部分即 GPS 信号接收机。其主要功能是能够捕获到按一定卫星截止角所选择的待测卫星，并跟踪这些卫星的运行轨道。当接收机捕获到跟踪的卫星信号后，即可测量出接收天线至卫星的伪距离和距离的变化率，解调出卫星轨道参数等数据。根据这些数据，接收机中的微处理计算机就可按定位解算方法进行定位计算，计算出用户所在地理位置的经纬度、高度、速度、时间等信息。接收机硬件和机内软件以及 GPS 数据的后处理软件包构成完整的 GPS 用户设备。GPS 接收机的结构分为天线单元和接收单元两部分。接收机一般采用机内和机外两种直流电源。设置机内电源的目的在于更换外电源时不中断连续观测。在用机外电源时机内电池自动充电。关机后，机内电池为 RAM 存储器供电，以防止数据丢失。目前，各种类型的接收机体积越来越小，质量越来越轻，便于野外观测使用。全球定位系统的用户设备部分，包括 GPS 接收机硬件、数据处理软件和微处理机及其终端设备等。GPS 接收机根据其用途可分为导航型、大地型和授时型；根据接收的卫星信号频率，又分为单频（L1）和双频（L1、L2）接收机等。

在精密定位测量工作中，一般均采用大地型双频接收机或单频接收机。单频接收机适用于 10 km 左右或更短距离的精密定位工作，其相对定位的精度能达 5 mm "+" $1 \times 10^{-6} \cdot D$（D 为基线长度，以 km 计）。而双频接收机由于能同时接收到卫星发射的两种频率（L1 = 1 575.42 MHz 和 L2 = 1 227.60 MHz）的载波信号，故可进行长距离的精密定位工作，其相对定位的精度可优于 5 mm "+" $1 \times 10^{-6} \cdot D$，但其结构复杂、价格昂贵。用于精密定位测量工作的 GPS 接收机，其观测数据必须进行后期处理，因此，必须配有功能完善的后处理软件，才能求得所需测站点的三维坐标。

6.2　GPS 测量原理

要了解 GPS 的测量原理，先要了解 GPS 观测值的类型和影响 GPS 测量精度的误差源，进而通过 GPS 观测模型阐述 GPS 测量原理。

6.2.1　GPS 观测值

GPS 卫星的信号是通过将码信号调制到载波上形成来实现的。载波信号的一个完整的相位周期（$0 \sim 2\pi$）记为 1 周，化算为距离即为 1 个波长。

GPS 信号的载波是由一基准频率（$f_0 = 10.23$ MHz）经倍频产生。对基频进行 154 和 120 倍频后，分别形成 L 波段的两个载波信号 L1 和 L2，其中 L1 波长 19.03 cm、频率 1 575.42 MHz，L2 波长 24.42 cm、频率 1 227.60 MHz。对接收到的两个载波的相位进行观测，可以得到两个载波相位观测值。载波上调制码包括导航数据码 D 码，测距码 C/A 码和 P 码。D 码为卫星导航电文，即卫星广播星历，包括 3 个卫星钟差参数、6 个轨道参数和 9 个反映轨道摄动力影响的参数，它是用来计算卫星坐标的。测距码中 C/A 码的频率是基准频率的十分之一，波长 293 m；P 码的频率与基准频率相等，波长 29.3 m。通常，测量精度为波长的百分之一，因此 C/A 码和 P 码的测量精度分别为 2.93 m 和 0.29 m，故 C/A 称为粗测码，P 码则称为精测码；而 L1 和 L2 载波相位的测量精度为 1.9 mm 和 2.4 mm，显然载波相位的测量精度要高得多。

GPS 的基本观测量是距离，它是通过将接收到的卫星信号和接收机自身产生的信号进行对比，得到时间差或相位差，进而计算得到。GPS 距离测量采用单向测量的概念，即需要两个钟，一个是卫星钟，一个是接收机钟。由于接收机钟和卫星钟存在不同步误差，通过这两个时钟测量的信号传播时间是存在误差的，从而导致计算的距离也存在误差，因此将这种距离观测值称为伪距。伪距又分为码伪距和相位伪距。

将接收到的码信号与接收机自身产生的码信号进行对比得到时间差，根据码信号时间差计算的伪距观测值称为码伪距观测值。码伪距观测值可以表示为：

$$\rho = c[t_r(\text{rec}) - t^s(\text{sat})] = c[(t_r + \delta_r) - (t^s + \delta^s)] = c\Delta t + c\Delta \delta \tag{6.2}$$

式中 c 是光速，（ree）表示以接收机钟为时间标准的信号接收时刻，t^s(sat)表示以卫星钟为时间标准的信号发射时刻，它们采用了两种时间系统。t_r 表示以 GPS 时为时间标准的信号接收时刻，t^s 表示以 GPS 时为时间标准的信号发射时刻，它们采用同样的时间标准；δ_r 为接收机钟差，即接收机钟与 GPS 时的差值，δ_s 为卫星钟差，即卫星钟与 GPS 时的差值；$\Delta t = t_r - t^s$ 为信号的真实传播时间，$\Delta\delta = \delta_r - \delta^s$ 为接收机钟与卫星钟的不同步误差。

将接收机自身的载波信号与接收到的载波信号进行对比得到相位差，根据载波信号相位差计算的伪距观测值称为相位伪距观测值，简称相位观测值。如果接收机开机时间为 t_0，则 t_r 时刻的相位伪距为：

$$
\begin{aligned}
\Delta\varphi &= \varphi_r(t_r) - \varphi^s(t_r) \\
&= c[f(t_r - t_0) + f\delta_r] - [f(t_r - t_0) - f\Delta t + f\delta^s] = f\Delta t + f\Delta\delta
\end{aligned}
\tag{6.3}
$$

式中 $\varphi_r(t_r)$ 和 $\varphi^s(t_r)$ 表示 t_r 时刻的接收机自身产生信号的载波相位和接收到信号的载波相位，f 表示载波信号频率，其他的符号与式（6.2）中的一致。

相位测量与码测量方式不同接收机只能测得相位伪距的小数部分，以及从开机时刻 t_0 到 t_r，时刻相位变化的累积整周数。在 t_0 时刻（开机时刻），接收机只能测得相位伪距的小数部分 φ_{t0}，所以相位观测值 $\varphi = \varphi_t$，相位观测值与相位伪距之间相差一个初始整周数，即：

$$
\varphi - \Delta\varphi = N
\tag{6.4}
$$

式中 N 即初始整周数，它是个未知的整数，也称为整周模糊度。只要保持对卫星的连续跟踪而不失锁，整周模糊度就保持不变；否则，整周模糊度就会发生变化，产生整周数的跳变，称为周跳。在 t_r 时刻，接收机测得相位伪距的小数部分 φ_D 和相位变化的累积整周数 N_{T_r}，相位观测值为 $\varphi_{t_r} = N_{T_r} + \varphi_d$，同样，相位观测值与相位伪距仍然满足式（6.4），将（6.3）代入式（6.4），有：

$$
\varphi = \Delta\varphi + N = f\Delta t + f\Delta\delta + N
\tag{6.5}
$$

将式（6.5）乘以相应的波长 λ，由于 $\lambda f = c$，上式化算为距离表达式：

$$
\lambda\varphi = \lambda f\Delta t + \lambda f\Delta\delta + \lambda N = c\Delta t + c\Delta\delta + \lambda N
\tag{6.6}
$$

比较式（6.6）和式（6.2）可以发现，相位观测值和码观测值的不同之处在于相位观测值包含整周模糊度参数。

6.2.2 GPS 测量误差

对导航定位而言，CPS 的码和相位观测量中包含多种误差。这些误差分为 3 种，即与卫星相关的误差、与信号传播相关的误差和与接收端相关的误差。具体误差源及其大概的误差量级如表 6.1。接收机钟差可在解算过程中引入相关参数进行解算，因此没有将其列入表 6.1。

表 6.1 GPS 测量误差

误差类别	误差源	距离误差量级/m
与卫星相关误差	轨道误差	2.0
	卫星钟差	2.0
与信号传播相关误差	电离层折射	4.0
	对流层折射	0.5
与接收端相关误差 （码/载波相位）	多路径效应	1.5/0.01
	观测噪声	0.3/0.002
总计		5.1/4.9

GPS 测量中很多误差可以通过其相关性进行适当的组合予以削弱或消除。比如，两接收机对同一卫星的观测值之间求差可以削弱或消除与卫星相关的误差，如果两接收机之间的距离较近（< 10 km），则还可以削弱对流层和电离层折射误差，两卫星对同一接收机的观测值之间求差可以削弱或消除与接收机相关的误差，电离层折射误差也可以通过双频组合进行消除，天线相位中心和对流层折射误差可以通过各自的模型进行削弱，多路径效应是由反射信号与直接信号叠加导致的，使用抑制多路径的天线并尽量避免建筑物车辆、树木和水体等的反射，可以大大削弱多路径效应误差。

6.2.3　GPS 基本定位方法

GPS 定位有多种分类方法。按接收机天线相对于坐标系所处的状态又可分为静态定位和动态定位；按同步观测的接收机数量分为绝对定位（又称单点定位，使用单台接收机）和相对定位（又称差分定位，使用两台或多台接收机）。上述分类可以任意组合，较典型的如码伪距绝对定位、载波相位静态相对定位、载波相位动态相对定位。

1. 静态和动态定位

静态定位是一种卫星定位方法，其中接收器被定位在固定的位置，以收集一段时间的卫星数据。这种方法通常用于精度要求较高的定位任务，因为它可以提供极高的位置精度，通常在毫米级别。静态定位的工作原理依赖于接收器和卫星之间的距离测量。接收器接收从各个卫星发出的信号，并记录信号的到达时间。由于信号的传播速度是已知的（光速），我们可以通过计算信号的飞行时间，然后乘以光速，来确定接收器和每个卫星之间的距离。接收器需要收集至少 4 颗卫星的数据，以确定其在三维空间中的精确位置（x、y、z 坐标）和接收器的时钟偏差。这种方法被称为三维定位。接收器在一段时间内（可能是几分钟到几小时）持续收集数据，以提高位置精度。

与静态定位相反，动态定位是一种卫星定位方法，其中接收器可以在移动中进行测量。这种方法通常用于需要实时位置信息的应用，或者在短时间内对大范围进行测量。动态定位的工作原理与静态定位大致相同，也是通过测量接收器和卫星之间的距离来确定位置。然而，由于接收器在移动，因此需要连续地对新的位置进行测量和更新。在动态定位中，接收器会持续接收并处理卫星的信号，以实时计算其位置。这意味着接收器需要有足够的处理能力，以便在短时间内处理大量数据。此外，动态定位也需要更复杂的算法，以处理可能影响测量精度的各种因素，如大气扰动、多路径效应和接收器的动态行为。动态定位的精度通常比静态定位低，但它可以提供实时的位置信息，因此在许多应用中都非常有用，如车辆导航、无人驾驶、航空导航等。

2. 绝对（单点）定位

绝对定位又称为单点定位，是指在一个待测点上，用一台接收机独立跟踪 CNSS 卫星测定待测点的绝对坐标。单点定位一般采用伪距测量，称为伪距绝对（单点）定位。伪距单点定位使用的伪距观测方程，卫星钟差从卫星导航电文中获得，对流层延迟采用经验模型计算，电离层延迟采用经验模型计算或双频方法消除，忽略卫星钟差残余误差等误差的影响。当同时观测的卫星多于 4 颗时，用最小二乘法进行平差处理，得到的测站坐标与卫星星历所采用的坐标系一致。

卫星在空间的几何分布是评定 CNSS 绝对定位精度的重要参考指标，常用精度因子（DOP）作为评价参数，使用较多的有空间位置精度因子（PDOP）、平面位置精度因子（HDOP）等几种类型。

伪距定位精度低，难以满足高精度测量定位工作的要求。但由于伪距单点定位只需用一台接收机，定位速度快、无多值性问题，在运动载体的导航定位上应用很广泛。另外，伪距还可以作为载波相位测量中解决整周模糊度的参考数据。

3. 载波相位相对定位

载波相位相对定位，也叫载波相位差分定位，是目前 GPS 定位中精度最高的一种定位方法。载波相位测量相对定位一般采用载波相位测量，用两台接收机在两个测站上固定不动，同步接收卫星信号，利用相同卫星的相位观测值进行解算，求定两台接收机的相对位置。两点的相对位置也称为基线向量，常用三维直角坐标差（ΔX，ΔY，ΔZ）表示，也可用大地坐标之差（ΔB，ΔL，ΔH）表示。当其中一个点坐标已知，则可推算另一个点的坐标。载波相位相对定位普遍采用将相位观测值进行线性组合的方法，具体有 3 种，单差法（一次差分）、双差法（二次差分）和三差法（三次差分）。

① 单差法。如图 6.2 所示，单差法是将两不同测站的接收机（T_1，T_2）同步观测相同卫星 S 所得到的观测值 $\Delta_1^S(t)$、$\Delta_2^S(t)$ 求差，这种求差方法称为站间单差，可按下式计算：

$$\Delta \varphi_{12}^S(t) = \varphi_1^S(t) - \varphi_2^S(t) = \frac{f}{c}[\rho_1^S(t) - \rho_2^S(t)] - f(\delta_{tr1} - \delta_{tr2}) - N_{12}^S \qquad (6.7)$$

站间单差可以消去卫星钟差、卫星轨道误差。当 T_1，T_2 两测站距离较近时，还可以明显减弱电离层和对流层延迟等大气传播误差。

② 双差法。双差法是在不同测站的两接收机（T_1，T_2）同步观测两卫星 P、Q 得到的 $\Delta_{12}^P(t)$、$\Delta_{12}^Q(t)$ 两个单差之间再求差，如图 6.3 所示，这种求差也称为站间星间差，即：

$$\Delta \varphi_{12}^{PQ}(t) = \Delta \varphi_{12}^P(t) - \Delta \varphi_{12}^Q(t) = \frac{f}{c}\{[\rho_1^P(t) - \rho_2^P(t)] - [\rho_1^P(t) - \rho_2^P(t)]\} - N_{12}^{PQ} \qquad (6.8)$$

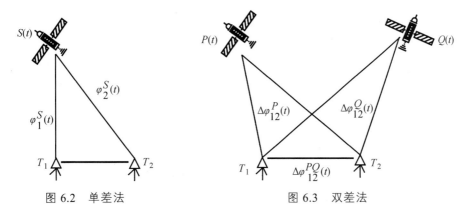

图 6.2　单差法　　　　　　　　　　　图 6.3　双差法

站间星间差除了消除了卫星时钟误差的影响外，还消除了两个测站接收机时钟误差的影响，同时大大减小了各种系统误差的影响，这是双差模型的主要优点。通常采用双差方程作为 GNSS 基线解算的基本方法。

经过站间、星间、历元之间三次差后可消除整周模糊度差，但三差模型中未知参数的数目较少，对未知数解算产生不良影响，使精度降低。

相对定位方法也适用于用多台接收机安置在若干条基线的端点，通过同步观测以确定多条基线向量的情况。

6.3　GPS-RTK 测量

实时动态测量的 GPS 载波相位差分技术，也被称为 RTK 定位技术（Real Time Kinematic），这项技术继承了 GPS 测量的高度精准性，并且拥有实时性能。RTK 定位技术拥有便利、迅速的定位测量以及放样测量特性，能够快速而精确地决定放样点的平面位置。此外，RTK 定位技术的布网方式具有较高的灵活性，不受地形条件的约束，能够理智地布置控制点。RTK 定位技术基于载波相位观测值，实时处理两个测站的载波相位，实时计算出观察点的三维坐标或者地方平面直角坐标，并且可以达到 1 cm 的精度，主要用于低等级控制、地形测量和工程放样。

6.3.1　RTK 定位技术的工作原理

RTK 定位技术的工作原理如图 6.4 所示。在两台 GPS 接收机之间添加一套无线数字通信系统（也称为数据链），使得两个相对独立的 GPS 信号接收系统连成一个整体。其中一个接收机被设置为基准站，固定在测区的中心位置；另一个接收机作为移动站，在测区内部移动，实时测量其所处的位置。基准站实时将测量的载波相位观测值、伪距观测值、基准站坐标等通过无线电或其他无线通信链路发送给移动中的移动站，移动站接收后对载波相位测量值进行实时差分处理，得到两站间的相对坐标，将此坐标加上基准站坐标，就可以得到移动站实时所在位置的 WGS-84 坐标，然后通过转换参数，求得当地坐标系下的三维坐标。移动站的数量可以是 1 个，也可以是多个，多个移动站可以同时进行测量，极大地提高了测量工作的效率。

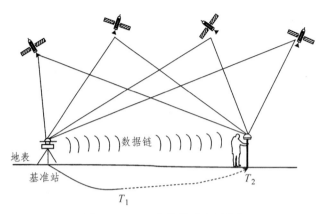

图 6.4　RTK 定位技术原理图

6.3.2　RTK 系统的组成

RTK 系统的硬件组成可按照功能划分为以下 3 个部分：

（1）GPS 信号接收系统：主要包括能接收卫星信号的 GPS 天线和相关辅助设备。根据接收卫星的频段差异，天线可以分为单频和双频两类。理论上，无论是单频还是双频接收机都可以用于 RTK 测量。然而，单频机初始化整周未知数的时间较长，不适合动态测量，加上单频机在实际操作中容易失去同步，重新初始化需要大量时间，因此，工作中通常选择双频机。

（2）实时数据传输系统：这是为了将基准站的信息和观测数据实时传输到流动站，必须配备高质量的无线通信设备（无线信号调制解调器）。现在广泛使用的是无线数据电台和蜂窝移动通信网络。通过实时数据传输系统，流动站能随时获取基准站的工作状态和站点信息，这对保证成果质量和避免粗误测量非常有利。

（3）实时数据处理系统：基准站将自身信息和观测数据通过数据链传到流动站，流动站将从基准站收到的信息和自己的观测数据组成差分观测值。只要锁定 4 颗以上的卫星，并具有足够的几何强度，就可以实时解算出厘米级的位置精度。因此，RTK 定位技术必须具备强大的机内数据处理系统。

RTK 系统的硬件主要分为基准站设备和流动站设备两大部分。基准站设备包括 GPS 接收机和天线、基准站电台、记事本、电源、三脚架和其他配件等。流动站设备包括 GPS 接收机和天线、流动站电台、记事本、电源、对中杆以及其他配件等。如图 6.5 所示。

随着科技的发展，出现了许多高集成度的 GPS 接收机系统，它们将接收机主机、天线、电台、电源等系统集成在一起，也就是我们通常说的一体式接收机，也叫一体机。一体机多采用高集成、无线缆、模块化设计，取消了过去分体式接收机各部件之间复杂的电缆和接口，结构紧凑，操作简单，灵活易用，是接收机未来发展的一种趋势。

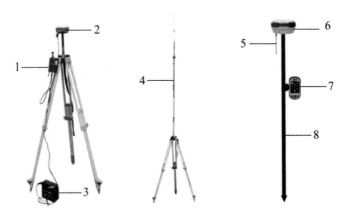

1—发射电台；2—GNSS 接收机；3—外接电源；4—发射天线；5—鞭状电台接收天线；
6—内置数据链接收电台 GNSS 接收机；7—电子手簿（控制器）；8—对中杆。

图 6.5　单基站 RTK 系统

习　题

6.1　全球卫星导航定位系统有哪些？

6.2　简述 GNSS 定位的基本原理。

6.3　GNSS 测量需要同时观测几颗卫星？为什么？

6.4　GNSS 接收机的基本观测值有哪些？载波相位测量的观测值是什么？

6.5　什么是伪距单点定位？什么称为载波相位相对定位？

6.6　什么是 RTK？什么是网络 RTK？

第7章 测量误差理论的基本知识

内容提要

本章主要讲述测量误差的分类、特性及处理方法，中误差，相对误差，容许误差、误差传播定律及应用，算术平均原理，用改正数计算中误差。

课程思政目标

（1）通过对李德仁解决测量学上百年难题的讲解，强化学生勇于守正创新的精神。

（2）讲解测量误差来源与处理，培养学生严谨的工匠精神。

7.1 测量误差概述

7.1.1 测量误差概念

在各项测量工作中，当对同一量进行多次观测时，不论测量仪器多么精密、观测进行得多么仔细，测量结果总是存在着差异，彼此不相等。例如，直线丈量中，对某段距离进行多次丈量时，发现每次丈量的结果是不一致的；又如对某一三角形的三个内角进行观测，其和不等于180°。测量工作的实践表明，观测中包含有误差。反复观测某一角度，每次观测结果都不会一致，这是测量工作中普遍存在的现象，其实质是每次测量所得的观测值与该量客观存在的真值之间有一个差值，这种差值称为测量误差，即：

测量误差 = 观测值 - 真值

用Δ表示测量误差，x表示真值，l表示观测值，则测量误差可用下式（7.1）表示：

$$\Delta = l - x \tag{7.1}$$

7.1.2 测量误差的来源

产生测量误差的因素是多方面的，概括起来有以下3个因素：

（1）测量仪器的有限性。测量中使用的仪器和工具具有一定的精度限度，因而使观测值的精度受到了一定的限制，致使测量结果产生误差。例如，用普通水准尺进行水准测量时，最小分划为 5 mm，就难以保证毫米数的完全正确性。经纬仪、水准仪检校不完善产生的残余误差影响。又例如，水准仪视准轴部平行于水准管轴、水准尺的分划误差等，这些都会使观测结果含有误差。

（2）观测者感觉器官的局限性。观测者感觉器官、观测者的工作态度和技术水平，都会对测量结果产生一定的影响，如对中误差、观测者估读小数误差、瞄准目标误差等。

（3）外界条件的影响。观测时所处的外界条件，如温度、阳光、风、大气折光等时刻都在变化，必将对观测结果产生影响。例如，温度变化使钢尺产生伸缩，阳光照射会使仪器发生微小变化，较阴的天气会使目标不清楚等。

上述仪器、观测者、外界条件等三方面的因素是引起误差的主要来源，通常把这三种称为观测条件。可想而知观测条件好，观测中产生的误差就会小；反之，观测条件差，观测中产生的误差就会大。但是不管观测条件如何，受上述因素的影响，测量中存在误差是不可避免的。当观测条件相同时所进行的各次观测，称为等精度观测；当观测条件不相同时所进行的各次观测，称为非等精度观测。当采用非等精度观测时，由于成果计算较烦琐，在工程测量中大多采用等精度观测。

7.1.3 测量误差的分类

1. 系统误差

在相同的观测条件下，对某物进行一系列观测，若出现的误差在数值大小或符号上保持不变或按一定的规律变化，这种误差称为系统误差。例如，用名义长度为 20 m，而实际长度为 20.004 m 的钢尺量距，每量一尺就有 0.004 m 的系统误差，它就是一个常数；又如水准测量中，视准轴与水准管轴不能严格平行，而存在一个微小夹角 i，i 角一定时，其在尺上的读数随视线长度成比例变化，但大小和符号总是保持一致性。

系统误差具有累计性，对测量结果影响很大，但它的大小和符号有一定的规律，可通过计算或观测方法加以消除，或者最大限度地减小其影响。如尺长误差可通过尺长改正加以消除；水准测量中的 i 角误差，可以通过前后视线等长，消除其对高差的影响。

2. 偶然误差

在相同的观测条件下对某个量进行重复观测时，如果单个误差的出现没有一定的规律性，也就是说单个误差的大小和符号都不固定，表现出偶然性，这种误差称为偶然误差，或称为随机误差。从个别误差来看，偶然误差的大小、符号没有规律，但大量的偶然误差符合统计规律性。

产生偶然误差的原因往往是不固定的和难以控制的，如观测者的估读误差、目标照准误差等。不断变化着的温度、风力等外界环境也会使观测结果产生偶然误差。偶然误差不能消除，但可以通过采用精度较高的仪器、选择合适的观测时间加以削弱。

在观测过程中，系统误差和偶然误差总是同时产生的。当观测结果中有显著的系统误差时，偶然误差就处于次要地位，观测误差就呈现出"系统"的性质。反之，当观测结果中系统误差处于次要地位时，观测结果就呈现出"偶然"的性质。由于系统误差在观测结果中具有积累的性质，对观测结果的影响尤为显著，所以在测量工作中总是采取各种办法削弱其影响，使它处于次要地位。研究偶然误差占主导地位的观测数据的科学处理方法，是测量学科的重要课题之一。

在测量中，除不可避免的误差之外，还可能发生错误。例如，在观测时读错读数、记录时记错等，测量上称为粗差。粗差是由观测者的疏忽大意造成的。在观测结果中是不允许存在错误的，一旦发现错误，必须及时更正。不过只要观测者认真负责和细心地作业，错误是可以避免的。

7.2 偶然误差的特性

大量的实践证明，在相同的观测条件下对某量进行一系列观测所出现的偶然误差是呈现出一定规律性的。观测次数越多，这种规律越明显。例如，在相同的观测条件下，观测了 110 个三角形的内角，因观测存在误差，每一个三角形内角之和 l_i 都不等于真值 $180°$，其差值 Δ_i 称为三角形内角和的真误差。即

$$\Delta_i = l_i - 180° \tag{7.2}$$

将 110 个三角形内角和的真误差的大小和正负按一定的区间统计误差个数，列于表 7.1 中，由表 7.1 可以看出：

（1）绝对值较小误差的个数比大误差个数多。

（2）绝对值相等的正、负误差的个数大致相等。

（3）最大误差不超过 $3.0''$。

人们通过反复实践，总结出偶然误差具有如下统计特性：

（1）在一定的观测条件下，误差的绝对有一定的限值，也就是说，超出一定限值的误差，其出现的概率为零。

（2）绝对值较小的误差比绝对值大的误差出现的概率大。

（3）绝对值相等的正误差与负误差出现的概率相同。

（4）偶然误差的算术平均值，随着观测次数的无限增加而趋向于零，即：

$$\lim_{n \to \infty} \frac{[\Delta]}{n} = 0 \ ([\Delta] = \Delta_1 + \Delta_2 + \Delta_3 + \cdots + \Delta_n) \tag{7.3}$$

式中：n 为观测次数。

表 7.1 误差统计

误差所在区间	正误差个数	负误差个数	总　　数
$0.0'' \sim 0.5''$	25	24	49
$0.5'' \sim 1.0''$	14	14	28
$1.0'' \sim 1.5''$	9	9	18
$1.5'' \sim 2.0''$	5	4	9
$2.0'' \sim 2.5''$	2	2	4
$2.5'' \sim 3.0''$	1	1	2
$3.0''$ 以上	0	0	0
区间总误差	56	54	110

以上 4 个特性中，第一个特性说明误差的范围，第二个特性说明误差绝对值大小的规律，第三个特性说明误差符号出现的规律，第四个特性说明了偶然误差具有互相抵消的性能，因此增加观测次数，取其算术平均值，可以大大减弱偶然误差的影响。这 4 个特性是误差理论的基础。

由于偶然误差本身的特性，不能用改变观测方法或计算改正的办法加以消除，只能根据偶然误差的理论加以处理，以减小它对测量成果的影响，求出最可靠的结果。

7.3 衡量精度的标准

为了对测量成果的精确程度做出评定，有必要建立一种评定精度的标准，通常用中误差、相对误差和容许误差来表示。

7.3.1 中误差

设在相同观测条件下，对真值为 x 的一个未知量 l 进行 n 次观测，其观测值结果为 $l_1, l_2, \cdots, l_n$，每个观测值相应的真误差（真值与观测值之差）为 $\Delta_1, \Delta_2, \cdots, \Delta_n$。则以各个真误差平方和的平均数的平方根作为精度评定的标准，用 m 表示，称为观测值中误差。

$$m = \pm\sqrt{\frac{[\Delta\Delta]}{n}} \tag{7.4}$$

式中　n——观测次数；

　　　m——观测值中误差（又称均方误差）；

$[\Delta\Delta] = \Delta_1\Delta_1 + \Delta_2\Delta_2 + \cdots + \Delta_n\Delta_n$，为各个真误差 Δ 的平方的总和。

式（7.4）表明了中误差与真误差的关系：中误差并不等于每个观测值的真误差，中误差仅是一组真误差的代表值。当一组观测值的测量误差越大，中误差也就越大，其精度就越低；测量误差越小，中误差也就越小，其精度就越高。

【例 7.1】　甲、乙两个小组，各自在相同的观测条件下，对某三角形内角和分别进行了 7 次观测，求得每次三角形内角和的真误差分别为：

$$甲组：+2''、-2''、+3''、+5''、-5''、-8''、+9''$$
$$乙组：-3''、+4''、0''、-9''、-4''、+1''、+13''$$

则甲、乙两组观测值中误差为：

$$m_甲 = \pm\sqrt{\frac{2^2 + (-2)^2 + 3^2 + 5^2 + (-5)^2 + (-8)^2 + 9^2}{7}} = \pm5.5''$$

$$m_乙 = \pm\sqrt{\frac{(-3)^2 + 4^2 + (-9)^2 + (-4)^2 + 1^2 + 13^2}{7}} = \pm6.3''$$

两组误差绝对值的平均数，均为 3.4，但中误差不同，由此可知，乙组观测精度低于甲组。这是因为乙组的观测值中有较大误差出现，因中误差能明显反映出较大误差对测量成果可靠程度的影响，所以成为被广泛采用的一种评定精度的标准。

7.3.2 相对误差

真误差、中误差以及后面将介绍的极限误差/容许误差等都称为绝对误差。对于某些观测值，仅用绝对误差值并不能完全反映出观测值精度的高低。例如，用钢卷尺丈量了 100 m 和 1 000 m 两段距离，其观测值中误差均为 ± 0.1 m，若以中误差来评定精度，显然就要得出错误结论，因为量距误差与其长度有关，为此需要采取另一种评定精度的标准，即相对误差。相对误差是指绝对误差的绝对值与相应观测值之比，通常以分子为 1，分母为整数形式表示。

$$\text{相对误差} = \frac{\text{误差的绝对值}}{\text{观测值}} = \frac{1}{T} \tag{7.5}$$

绝对误差指中误差、真误差、容许误差、闭合差和较差等，它们具有与观测值相同的单位。前面举例中，前者相对中误差为 0.1/100 = 1/1 000，后者为 0.1/1 000 = 1/10 000，很明显，后者的精度高于前者。

相对误差常用于距离、面积的精度评定，而不能用于角度测量和水准测量的精度评定，这时因为后两者的误差大小与观测量角度、高差的大小无关。

7.3.3 容许误差

容许误差是在一定的观测条件下，偶然误差的绝对值不会超过的限值，这也是用来衡量观测值能否被采用的标准。如果某个观测值的偶然误差超过了容许误差，就可以认为该观测值含有粗，不符合精度要求，应该舍去或重新观测。例如，水准测量的闭合差 $f_n = \pm 12\sqrt{m}$ mm 就是水准测量的容许误差，又称限差。下面将讨论确定限差的依据。

表 7.2 列出由观测的 40 个三角形各自内角和技术的真误差。根据真误差可算出观测值的中误差：

$$m = \pm\sqrt{\frac{\Delta\Delta}{n}} = \pm\sqrt{\frac{3\ 252.68}{40}} = \pm 9.0''$$

表 7.2 三角形真误差

三角形号数	真误差 $\Delta/('')$	三角形号数	真误差 $\Delta/('')$	三角形号数	真误差 $\Delta/('')$	三角形号数	真误差 $\Delta/('')$
1	+ 1.5	11	− 13.0	21	− 1.5	31	− 5.8
2	− 0.2	12	− 5.6	22	− 5.0	32	+ 9.5
3	− 11.5	13	+ 5.0	23	+ 0.2	33	− 15.5
4	− 6.6	14	− 5.0	24	− 2.5	34	+ 11.2
5	+ 11.8	15	+ 8.2	25	− 7.2	35	− 6.6
6	+ 6.7	16	− 12.9	26	− 12.8	36	+ 2.5
7	− 2.8	17	+ 1.5	27	+ 14.5	37	+ 6.5
8	− 1.7	18	− 9.1	28	− 0.5	38	− 2.2
9	− 5.2	19	+ 7.1	29	− 24.2	39	+ 16.5
10	− 8.3	20	− 12.7	30	+ 9.8	40	+ 1.7

从表 7.2 可看出：偶然误差的绝对值大于中误差 9″的有 14 个，占总数的 35%；绝对值大于两倍中误差 18″的只有 1 个，占总数的 2.5%；而绝对值大于 3 倍中误差的没有出现。表 7.2 中所列真误差的个数毕竟还是比较少，若经过大量的测量实践，便可获得如下的规律性：绝对值大于中误差的偶然误差，出现的个数约占总数的 32%；绝对值大于两倍中误差的约占 5%，而绝对值大于 3 倍中误差的仅占 3‰。因此，为确保成果质量，通常以 3 倍中误差作为偶然误差的允许误差，即：

$$\Delta_{容} = 3\,m \tag{7.6}$$

在现行规范中，往往提出更严格的要求，而以两倍中误差作为允许误差，即：

$$\Delta_{容} = 2\,m \tag{7.7}$$

如观测值中出现了超过 2 m 的误差，可以认为该观测值不可靠，应舍去不用。

7.4　观测值的算术平均值及改正值

7.4.1　算术平均值

在相同的观测条件下，对某一量进行 n 次观测，其观测值分别为 l_1，l_2，$\cdots$，l_n，将这些观测值取其算术平均值 $\overline{x}$，作为该量的最可靠的数值，称为"最或是值"：

$$\overline{x} = \frac{l_1 + l_2 + \cdots + l_n}{n} = \frac{[l]}{n} \tag{7.8}$$

多次获得观测值而取算术平均值的合理性和可靠性，可以用偶然误差的特性来证明：设某一量的真值为 X，各次观测值分别为 l_1，l_2，$\cdots$，l_n，其相应的真误差为 Δ_1，Δ_2，$\cdots$，Δ_n，则：

$$\Delta_1 = X - l_1$$
$$\Delta_2 = X - l_2$$
$$\vdots$$
$$\Delta_n = X - l_n$$

以上各式左右取和并除 n 得：

$$\frac{[\Delta]}{n} = X - \frac{[l]}{n}$$

根据偶然误差的第四特性，当 $n \to \infty$ 时，$\dfrac{[\Delta]}{n}$ 就会趋于 0，则有：

$$\lim_{n \to \infty} \frac{[\Delta]}{n} = 0 \tag{7.9}$$

由式（7.8）可看出，当观测次数 n 趋于无限多时，观测值的算术平均值就是该未知量的真值。但实际工作中，通常观测次数总是有限的，因而在有限次观测情况下，算术平均值与各个观测值比较最接近于真值，故称为该量的最可靠值或最或是值。当然，其可靠程度不是绝对的，它随着观测值的精度和观测次数而变化。

7.4.2　观测值的改正数

设某量在相同的观测条件下，观测值为 l_1，l_2，$\cdots$，l_n，观测值的算术平均值为 $\bar{x}$，则算术平均值与观测值之差称为观测值改正数，用 v 表示，则有：

$$v_1 = \bar{x} - l_1$$
$$v_2 = \bar{x} - l_2$$
$$\vdots$$
$$v_n = \bar{x} - l_n$$

将等式两端分别取和得：

$$[v] = n\bar{x} - [l]$$

将 $\bar{x} = \dfrac{[l]}{n}$ 代入上式得：

$$[v] = n\frac{[l]}{n} - [l] = 0 \qquad (7.10)$$

式（7.10）说明在相同观测条件下，一组观测值改正数之和恒等于零。式（7.10）可以作为计算工作的校核。

7.4.3　用改正数求观测值的中误差

前述中误差的定义式是在已知真误差的条件下，计算观测值的中误差，而实际工作中观测值的真值 x 往往是不知道的，故真误差 $\varDelta_i$ 也无法求得。因此，可用算术平均值代替真值，用观测值的改正数求观测值中误差，即：

$$m = \pm\sqrt{\frac{[\varDelta\varDelta]}{n-1}} \qquad (7.11)$$

式中　　$[\varDelta\varDelta] = \varDelta_1\varDelta_1 + \varDelta_2\varDelta_2 + \cdots + \varDelta_n\varDelta_n$；

　　　　n——观测次数；

　　　　m——观测值中误差（代表每一次观测值的精度）。

观测值的最可靠值是算术平均值，算术平均值的中误差用"M"表示，按下式计算：

$$M = \frac{m}{\sqrt{n}} = \pm\sqrt{\frac{[vv]}{n(n-1)}} \qquad (7.12)$$

式（7.12）表明，算术平均值的中误差等于观测值中误差的 $1/\sqrt{n}$ 倍，所以，增加观测次数可以提高算术平均值的精度。根据分析，观测达到一定次数后，精度提高得会非常缓慢。

例如, 水平角观测, 一般最高 12 次。若精度达不到, 可采取提高仪器精度或改变观测方法等。

【例 7.2】 某一段距离共丈量了 6 次, 结果见表 7.3。求算术平均值、观测中误差、算术平均值的中误差及相对误差。

表 7.3 例 7.2 计算结果

测次	观测值 l/m	观测值改正数 v/mm	vv	计算
1	148.643	+15	225	$L = \dfrac{[l]}{n} = 148.628 \text{ m}$
2	148.590	−38	1 444	
3	148.610	−18	324	$m = \pm\sqrt{\dfrac{[vv]}{n-1}} = \pm\sqrt{\dfrac{3\ 046}{6-1}} \text{ mm} = \pm 24.7 \text{ mm}$
4	148.624	−4	16	
5	148.654	+26	676	$M = \pm\sqrt{\dfrac{[vv]}{n(n-1)}} = \pm\sqrt{\dfrac{3\ 046}{6(6-1)}} \text{ mm} = \pm 10.1 \text{ mm}$
6	148.647	+19	361	
平均值	148.628	$[v] = 0$	$[vv] = 3\ 046$	$\dfrac{|M|}{L} = \dfrac{0.010\ 1}{148.628} = \dfrac{1}{14\ 716}$

7.5　误差传播定律

以上介绍是对于某一量 (如一个角度、一段距离) 直接进行多次观测, 以得到的偶然误差来计算观测值中误差, 以此作为衡量观测值精度的标准。但是, 在实际工作中, 某些未知量不可能或不便于直接进行观测, 而需要由另一些直接观测量根据一定的函数关系计算出来, 因此称这些量为观测值的函数。这时函数中误差与观测值中误差必定有一定的关系, 阐述这种关系的定律称为误差传播定律。

7.5.1　一般函数的误差传播

设有一般函数:

$$Z = F(x_1, x_2, \cdots, x_n) \tag{7.13}$$

式中, x_1, x_2, $\cdots$, x_n 为独立观测值, 其中误差分别为 m_1, m_2, $\cdots$, m_n, 如何求得未知量 Z 的中误差 m_z 呢?

设独立观测值 x_1, x_2, $\cdots$, x_n, 其相应的真误差为 Δx_i。由于 Δx_i 的存在, 函数也产生相应的真误差 ΔZ。将式 (7.13) 取全微分, 得:

$$\mathrm{d}Z = \frac{\partial F}{\partial x_1}\mathrm{d}x_1 + \frac{\partial F}{\partial x_2}\mathrm{d}x_2 + \cdots + \frac{\partial F}{\partial x_n}\mathrm{d}x_n \tag{7.14}$$

因误差 Δx_i 及 ΔZ 都很小, 故在式 (7.14) 中, 可近似用 Δx_i 及 ΔZ 代替 $\mathrm{d}x_i$ 及 $\mathrm{d}Z$, 于是有:

$$\Delta Z = \frac{\partial F}{\partial x_1}\Delta x_1 + \frac{\partial F}{\partial x_2}Hx_2 + \cdots + \frac{\partial F}{\partial x_n}\Delta x_n \tag{7.15}$$

式（7.15）中 $\dfrac{\partial F}{\partial x_i}$ 为函数 F 对各自变量的偏导数，将观测值代入，$\dfrac{\partial F}{\partial x_i}$ 即确定的常数。设 $\dfrac{\partial F}{\partial x_i} = f_i$，则式（7.15）可写成：

$$\Delta Z = f_1 \Delta x_1 + f_2 \Delta x_2 + \cdots + f_n \Delta x_n \tag{7.16}$$

为了求得函数和观测值之间的中误差的关系式，假设对各 x_i 进行了 k 次观测，则可写成 k 个类似于式（7.16）的关系式：

$$\Delta Z^{(1)} = f_1 \Delta x_1^{(1)} + f_2 \Delta x_2^{(1)} + \cdots + f_n \Delta x_n^{(1)}$$
$$\Delta Z^{(2)} = f_1 \Delta x_1^{(2)} + f_2 \Delta x_2^{(2)} + \cdots + f_n \Delta x_n^{(2)}$$
$$\vdots$$
$$\Delta Z^{(k)} = f_1 \Delta x_1^{(k)} + f_2 \Delta x_2^{(k)} + \cdots + f_n \Delta x_n^{(k)}$$

将以上各式等号两边平方和后，再相加，得：

$$[\Delta Z^2] = f_1^2 [\Delta x_1^2] + f_2^2 [\Delta x_2^2] + \cdots + f_n^2 [\Delta x_n^2] + \sum_{\substack{i,j=1 \\ i \neq j}}^{n} f_i f_j [\Delta x_i \Delta x_j]$$

上式两端各除以 k，得：

$$\frac{[\Delta Z^2]}{k} = f_1^2 \frac{[\Delta x_1^2]}{k} + f_2^2 \frac{[\Delta x_2^2]}{k} + \cdots + f_n^2 \frac{[\Delta x_n^2]}{k} + \sum_{\substack{i,j=1 \\ i \neq j}}^{n} f_i f_j \frac{[\Delta x_i \Delta x_j]}{k} \tag{7.17}$$

对于 $\Delta x_i \Delta x_j$，当 $i \neq j$ 时，表现为偶然误差。根据偶然误差的第四个特性知，式（7.17）的末项有 $k \to \infty$ 时趋近于零，即：

$$\lim_{k \to \infty} \frac{[\Delta x_i \Delta x_j]}{k} = 0$$

故式（7.17）可写为：

$$\lim_{k \to \infty} \frac{[\Delta Z^2]}{k} = \lim_{k \to \infty} \left(f_1^2 \frac{[\Delta x_1^2]}{k} + f_2^2 \frac{[\Delta x_2^2]}{k} + \cdots + f_n^2 \frac{[\Delta x_n^2]}{k} \right)$$

根据中误差的定义，上式可写为：

$$m_Z^2 = f_1^2 m_1^2 + f_2^2 m_2^2 + \cdots + f_n^2 m_n^2 \tag{7.18}$$

即

$$m_Z = \pm \sqrt{\left(\frac{\partial F}{\partial x_1} \right)^2 m_1^2 + \left(\frac{\partial F}{\partial x_2} \right)^2 + \cdots + \left(\frac{\partial F}{\partial x_n} \right)^2 m_n^2} \tag{7.19}$$

式（7.15）即误差传播定律的一般形式。应用式（7.15）时，必须注意：各观测值 x_i 必须是相互独立的变量。

【例 7.3】 设在 $\triangle ABC$ 中，直接观测 $\angle A$ 和 $\angle B$，其中误差分别为 $m_A = \pm 4''$ 和 $m_B = \pm 3''$，试求由 $\angle A$，$\angle B$ 计算 $\angle C$ 的中误差 m_C。

解　函数关系为：

$$\angle C = 180° - \angle A - \angle B$$

取微分，得：

$$dC = - dA - dB$$

用 $f_1 = \dfrac{\partial F}{\partial A} = -1$，$f_2 = \dfrac{\partial F}{\partial B} = -1$，代入式（7.17），得：

$$m_C^2 = m_A^2 + m_B^2 = (\pm 4'')^2 + (\pm 3'')^2$$
$$m_C = \pm 5''$$

【例 7.4】　设有函数关系 $h = D\tan\alpha$，已知 $D = 120.25$ m ± 0.05 m，$\alpha = 12°47' \pm 0.5'$，求 h 值及其中误差 m_h。

解　　　　　$h = D\tan\alpha = 120.25\tan 12°47' = 27.28$ (m)

又　　　　　$dh = \tan\alpha \cdot Dd + (D\sec^2\alpha)\dfrac{d\alpha'}{\rho'}$

显然　　　　　$f_1 = \tan 12°47' = 0.226\ 9$

$$f_Z = D\sec^2\alpha = 120.25\sec^2 12°47' = 126.44$$

则有

$$m_n^2 = \tan^2\alpha \cdot m_D^2 + (D\sec^2\alpha)^2\dfrac{m_\alpha'}{\rho'} = 4.67 \times 10^{-4}\ (\text{m}^2)$$

$$M_h = \pm 0.02(\text{m})$$
$$H = 27.28 \pm 0.02\ (\text{m})$$

7.5.2　线性函数的误差传播

设线性函数为：

$$Z = k_1 x_1 \pm k_2 x_2 \pm \cdots \pm k_n x_n \qquad (7.20)$$

式（7.20）中 x_1，x_2，$\cdots$，x_n 为独立直接观测值，k_1，k_2，$\cdots$，k_n 为常数，x_1，x_2，$\cdots$，x_n 相应的观测值中误差分别为 m_1，m_2，$\cdots$，m_n。

求函数 z 的中误差 m_Z，将式（7.20）全微分，得：

$$\Delta Z = k_1 \Delta x_1 \pm k_2 \Delta x_2 \pm \cdots \pm k_n \Delta x_n \qquad (7.21)$$

由于式（7.21）与式（7.16）相类似，同理可得：

$$m_Z = \pm\sqrt{k_1^2 m_1^2 + k_2^2 m_2^2 + \cdots + k_n^2 m_n^2} \qquad (7.22)$$

由此可见，线性函数中误差等于各常数与相应观测值中误差乘积平方和的平方根。

【例 7.5】　某段距离测量了 n 次观测值 x_1，x_2，$\cdots$，x_n，为相互独立的等精度观测值，观测值中误差为 m，试求其算术平均值 X 的中误差 M。

解 函数关系式为：

$$X = \frac{x_1 + x_2 + \cdots + x_n}{n} = \frac{1}{n}x_1 + \frac{1}{n}x_2 + \cdots + \frac{1}{n}x_n$$

上式取全微分，得：

$$\mathrm{d}X = \frac{1}{n}\mathrm{d}x_1 + \frac{1}{n}\mathrm{d}x_2 + \cdots + \frac{1}{n}\mathrm{d}x_n$$

根据误差传播定律有：

$$M^2 = \frac{1}{n^2}m^2 + \frac{1}{n^2}m^2 + \cdots + \frac{1}{n^2}m^2 = \frac{m^2}{n}$$

$$M = \frac{m}{\sqrt{n}}$$

7.5.3 运用误差传播定律的步骤

1. 运用误差传播定律计算观测值函数中误差的步骤

（1）根据题意列出函数式 $Z = F(x_1, x_2, \cdots x_n)$。

（2）对函数 Z 进行全微分，即得到函数真误差与观测值真误差的关系式：

$$\mathrm{d}Z = \frac{\partial F}{\partial x_1}\mathrm{d}x_1 + \frac{\partial F}{\partial x_2}\mathrm{d}x_2 + \cdots + \frac{\partial F}{\partial x_n}\mathrm{d}x_n$$

（3）最后代入误差传播公式，计算观测值函数中误差：

$$m_Z^2 = \left(\frac{\partial F}{\partial x_1}\right)^2 m_1^2 + \left(\frac{\partial F}{\partial x_2}\right)^2 m_2^2 + \cdots + \left(\frac{\partial F}{\partial x_n}\right)^2 m_n^2$$

2. 应用误差传播定律时应注意的几点

（1）$\left(\dfrac{\partial F}{\partial x_i}\right)$ 是用观测值代入后算出的偏导函数值。

（2）当给出的角度中误差以度分秒为单位时，则应除以 ρ。

（3）各观测值必须是相互独立的。

3. 误差传播定律的几个主要公式

误差传播定律的几个主要公式见表7.4。

表 7.4　误差传播定律的主要公式

函数名称	函数式	函数的中误差
倍数函数	$Z = kx$	$m_Z = \pm km_x$
和差函数	$Z = x_1 \pm x_2 \pm \cdots \pm x_n$	$m_Z = \pm\sqrt{m_1^2 + m_2^2 + \cdots + m_n^2}$
线性函数	$Z = k_1x_1 \pm k_2x_2 \pm \cdots \pm k_nx_n$	$m_Z = \pm\sqrt{k_1^2m_1^2 + k_2^2m_2^2 + \cdots + k_n^2m_n^2}$
一般函数	$Z = f(x_1, x_2, \cdots, x_n)$	$m_Z = \pm\sqrt{\left(\dfrac{\partial F}{\partial x_1}\right)^2 m_1^2 + \left(\dfrac{\partial F}{\partial x_2}\right)^2 m_2^2 + \cdots + \left(\dfrac{\partial F}{\partial x_n}\right)^2 m_n^2}$

习 题

7.1 产生测量误差的原因有哪些？偶然误差有哪些特性？

7.2 何为中误差、容许误差和相对误差？各适用于何种场合？

7.3 对于某个水平角以等精度观测 4 个测回,观测值列于习题表 7.1。计算其算术平均值、一测回的中误差和算术平均值的中误差。

习题表 7.1　水平角观测值

次序	观测值 l	$\Delta l/($ ″ $)$	改正值 $v/($ ″ $)$	计算 x, m, m_x
1	55°40′47″			
2	55°40′40″			
3	55°40′42″			
4	55°40′46″			

7.4 对某段距离,用光电测距仪测定其水平距离 4 次,观测值列于习题表 7.2。计算其算术平均值、算术平均值的中误差及其相对误差。

习题表 7.2　水平距离观测值

次序	观测值 l/m	$\Delta l/mm$	改正值 v/mm	计算 x, m_x, m_x/x
1	346.522			
2	346.548			
3	346.538			
4	346.550			

7.5 量得一圆形地物的直径为 64.780 m ± 5 mm,求圆周长度 S 及其中误差 m_S。

7.6 某一矩形场地量得其长度 $a = 156.34$ m ± 0.10 m,宽度 $b = 85.27$ m ± 0.05 m。计算该矩形场地的面积 A 及其面积中误差 m_A。

第 8 章　控制测量

📖 **内容提要**

控制测量是建立和测绘地面上一系列精确坐标点（控制点）的过程，为工程建设提供准确的空间位置参考。本章重点介绍了控制测量的等级、导线测量的类型及各类导线的计算方法。同时也详细介绍了卫星定位控制测量以及高程控制测量。

🎯 **课程思政目标**

（1）通过探讨控制测量的原理和方法，使学生认识到测量工作的精确性对于工程建设的重要性，培养学生严谨治学、精益求精的态度。

（2）控制测量工作需要多个测量人员协同完成，通过学习此章内容，使学生深刻理解团队协作在工程测量中的重要性，提升学生的团队合作能力。

（3）使学生认识到控制测量在土木工程建设中的关键作用，强化学生的职业道德观念、大局观，培养他们为社会主义建设负责任的精神风貌。

8.1　控制测量概述

在绪论中已经指出，测量工作必须遵循"从整体到局部，先控制后碎部"的原则：对任何测绘工作均应先总体布置，然后分区分期实施，这就是"由整体到局部"；在施测步骤上，总是先布设首级平面和高程控制网，然后再逐级加密低级控制网，最后以此为基础进行测图或施工放样，这就是"先控制后碎部"。从测量精度来看，控制测量精度较高，测图精度相对于控制测量来说要低一些，这就是"从高级到低级"。总之，只有遵循这一原则，才能保证全国坐标系统的统一，才能控制测量误差的累积，保证成果的精度，使测绘成果全国共享。

一般来说，控制测量分为平面控制测量（x，y）和高程控制测量（H）。

8.1.1　国家控制网

为各种测绘工作在全国范围内建立的基本控制网，称为国家控制网。它是全国各种比例尺测图的基本控制，并为确定地球形状和大小提供研究资料。国家控制网是用精密仪器和方法施测精度由高级到低级分一、二、三、四 4 个等级。分级布网，它的低级点受高级点逐级控制。国家平面控制网的一等三角锁是在全国范围内沿经线和纬线方向布设成格网形式，格网间距约 200 km，如图 8.1 所示。一等三角锁是全国平面控制网的骨干，是作为低级三角网的坚强基础，也为研究地球形状和大小提供资料。二等三角网是布设在一等三角锁环内，如图 8.2 所示，形成国家平面控制网的全面基础。三、四等三角网是以二等三角网为基础进一步加密，用插点或插网形式布设。

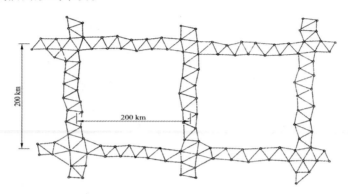

图 8.1　一等三角锁

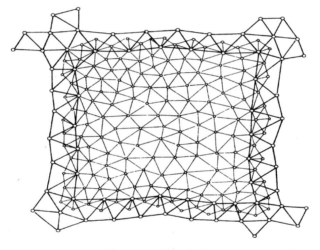

图 8.2　二等三角网

高程控制网的建立主要用水准测量的方法，其布设的原则类似于平面控制网，也是由高级到低级、从整体到局部。国家水准测量分为一、二、三、四等。一、二等水准测量称为精密水准测量，在全国范围内沿主要干道、河流等整体布设，然后用三、四等水准测量进行加密，作为全国各地高程控制的依据。

8.1.2　城市控制网

我国各城镇的范围占有大小不等的面积，但是，为了进行城镇的规划、建设、土地管理等，都需要测绘大比例尺地形图、地籍图和进行市政工程和房屋建筑等的施工放样，为此，需要布设控制网。在国家平面控制网的基础上，城市平面控制网分为二、三、四等（按城镇面积大小从其中某一等开始布设一、二级小三角网，小三边网和一、二、三级导线网，最好再布设直接为测绘大比例尺地形图等用的图跟控制网),城市图跟控制网以导线网和交会定点为主。

按照我国《城市测量规范》的规定，城市平面控制测量的主要技术要求如表 8.1 至表 8.3 所示。

表 8.1　城市三角网的主要技术要求

等级	平均边长/km	测角中误差/(″)	起始边边长相对中误差	最弱边边长相对中误差
二等	9	±1	1/300 000	1/120 000
三等	5	±1.8	1/200 000（首级） 1/120 000（加密）	1/80 000
四等	2	±2.5	1/120 000（首级） 1/80 000（加密）	1/45 000
一级小三角	1	±5	1/40 000	1/20 000
二级小三角	0.5	±10	1/20 000	1/10 000

城市或厂矿地区的高程控制分为二、三、四等水准测量和图根水准测量等几个等级，它是城市大比例尺测图及工程测量的高程控制。同样，应根据城市或厂矿的规模确定城市首级水准网的等级,然后再根据等级水准点测定图根点的高程。水准点间的距离,一般地区为 2 ~ 3 km，城市建筑区为 1 ~ 2 km，工业区小于 1 km。一个测区至少设立 3 个水准点。

表 8.2　城市三边网的主要技术要求

等级	平均边长/km	测距中误差/mm	测距相对中误差
二等	9	±30	1/300 000
三等	5	±30	1/160 000
四等	2	±16	1/120 000
一级小三边	1	±16	1/60 000
二级小三边	0.5	±16	1/30 000

表 8.3　城市导线的主要技术要求

等级	附合导线长度/km	平均边长/m	每边测距中误差/mm	测角中误差/(″)	导线全长相对闭合差
三等	15	3 000	±18	±1.5	1/60 000
四等	10	1 600	±18	2.5	1/40 000
一级	3.6	300	±15	5	1/14 000
二级	2.4	200	±15	8	1/10 000
三级	1.5	120	±15	12	1/6 000

8.1.3 小区域控制网

小区域控制网主要指面积在 10 km² 以内的小范围为大比例尺测图和工程建设而建立的控制网。测区范围内若有国家控制点或相应等级的控制点应尽可能联测，以便获取起算数据和方位。无条件联测时，可建立测区独立控制网。

在地形测量中，为满足地形测图精度的要求所布设的平面控制网，称为地形平面控制网。地形平面控制网分首级控制网、图根控制网。测区最高精度的控制网称为首级控制。直接用于测图的控制网称为图根控制网，控制点称为图根点。

首级平面控制的等级选择，要根据测区面积大小，测图比例尺等方面考虑。一般情况下可采用一、二、三级导线作为首级控制网，在首级控制网的基础上建立图根控制网。当测区面积较小时，可以直接建立图根控制网。

图根控制点的密度取决于测图比例尺和地形的复杂程度，在平坦开阔地区不低于表 8.4 的规定。对地形复杂、山区参照表 8.5 的规定可适当增加图根点的密度。

表 8.4 图根导线的主要技术要求

测 图比例尺	附合导线长度/m	平均边长/m	导线相对闭合差	测回数 DJ$_6$	方位角闭合差
1∶500	500	75	1/2 000	1	$\pm60''\sqrt{n}$（n 为测站数）
1∶1 000	1 000	110			
1∶2 000	2 000	180			

表 8.5 图根点的密度

测图比例尺	1∶500	1∶1 000	1∶2 000	1∶5 000
图根点的密度	150	50	15	5

8.2 导线测量

8.2.1 导线布设形式

导线测量目前是建立平面控制网的主要形式，导线布设的基本形式有闭合导线、附合导线、支导线 3 种。

8.2.1.1 闭合导线

从一高级控制点（起始点）开始，经过各个导线点，最后又回到原来起始点，形成闭合多边形的导线，称为闭合导线，如图 8.3 所示。闭合导线有着严密的几何条件，构成对观测成果的校核作用，常用于面积开阔的局部地区控制。

8.2.1.2 附合导线

从一高级控制点（起始点）开始，经过各个导线点，附合到另一高级控制点（终点），形成连续折线的导线，称为附合导线，如图 8.4 所示。附合导线由本身的已知条件构成对观测成果的校核作用，常用于带状地区的地区控制。

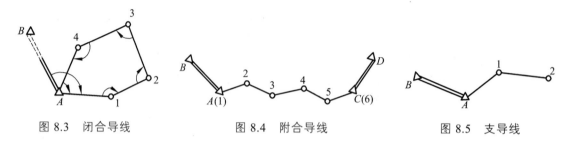

图 8.3 闭合导线　　　　图 8.4 附合导线　　　　图 8.5 支导线

8.2.1.3 支导线

从一高级控制点（起始点）开始，既不附合到另一个控制点，又不闭合到原来起始点的导线，称为支导线。由于支导线无校核条件，不易发现错误，一般不宜采用。其边数一般不得超过 4 条，常用于导线点不能满足局部测图时增设支导线，如图 8.5 中的点 1、2。

用导线测量方法建立小区域平面控制网，分为一、二、三级导线和图根导线，表 8.3、表 8.4 为《工程测量规范》对各等级导线的主要技术要求。

8.2.2 导线测量的外业工作

导线测量的外业工作包括踏勘选点、建立标志、量边和测角。

8.2.2.1 踏勘选点

选点就是在测区内选定控制点的位置。选点之前应收集测区已有地形图和高一级控制点的成果资料。根据测图要求，确定导线的等级、形式、布置方案。在地形图上拟定导线初步布设方案，再到实地踏勘，选定导线点的位置。若测区范围内无可供参考的地形图时，通过踏勘，根据测区范围、地形条件直接在实地拟订导线布设方案，选定导线的位置。

导线点点位选择必须注意以下几个方面：

（1）为了方便测角，相邻导线点间要通视良好，视线远离障碍物，保证成像清晰。

（2）采用光电测距仪测边长，导线边应离开强电磁场和发热体的干扰，测线上不应有树枝、电线等障碍物。四等级以上的测线，应离开地面或障碍物 1.3 m 以上。

（3）导线点应埋在地面坚实、不易被破坏处，一般应埋设标石。

（4）导线点要有一定的密度，以便控制整个测区。

（5）导线边长要大致相等，不能相差过大。

8.2.2.2 建立标志

导线点选定以后，在泥土地面上，要在点位上打一木桩，桩顶上钉一小钉，作为临时性标志，如图 8.6 所示。在碎石和沥青路面上，可用顶上凿有十字纹的大铁钉代替木桩。在混凝土场地或路面上，可用钢凿凿一十字纹，再涂红油漆使标志明显。若导线点需要长期保存，则选定的点位上埋设混凝土导线点标石，如图 8.7 所示，顶面中心浇注入短钢筋，顶上凿一十字纹，作为导线中心的标志。

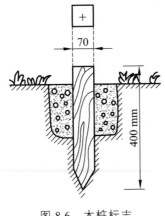

图 8.6　木桩标志

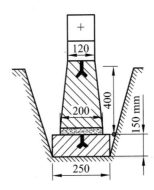

图 8.7　混凝土导线点标石

导线点应分等级统一编号，以便于测量资料的管理。导线点埋设后，为了便于在观测和使用时寻找，可以在点的附近房角或电线杆等明显地物上用红油漆写标明指示导线点的位置。对于每一个导线点的位置，还应画一草图，并量出导线点与附近明显地物点的距离（称为"撑距"），注明于图上，并写上地名、路名、导线点编号等。该图称为控制点的"点之记"，如图 8.8 所示。

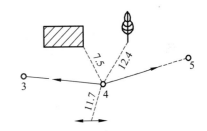

图 8.8　控制点的点之记

8.2.2.3　边长测量

导线边长是指相邻导线点间的水平距离。导线边长测量可采用光电测距仪（或全站仪）、普通钢卷尺。采用光电测距仪测量边长的导线又称为光电测距导线。光电测距仪测量法是目前最常用的方法，测距精度较高，一般均能达到小地区导线测量精度的要求。普通钢卷尺量距时，必须使用经国家测绘机构鉴定的钢尺并对丈量长度进行尺长改正、温度改正和倾斜改正。

当导线边跨越河流或其他障碍，不能直接丈量时，可采用做辅助点间接求距离的方法。如图 8.9 所示，导线边 FG 跨越河流，这时可以沿河一岸较平坦地段选定一个辅助点 P，使基线 FP 便于丈量，且接近等边三角形。丈量基线长度 b，观测内角 α、β、γ，当内角和与 180°之差不超过 ±60″ 时，可将闭合差反符号分配给 3 个内角，然后按改正后的内角，根据三角形正弦定律解算 FG 边的边长：

$$FG = b\frac{\sin\alpha}{\sin\gamma} \tag{8.1}$$

8.2.2.4　导线转折角测量

导线转折角是在导线点上由相邻两导线边构成的水平角测量。一般采用测回法测量，两

115

个以上方向组成的角也可用方向法。导线转折角有左角和右角之分，导线前进方向右侧的角称为右角，反之则为左角。导线水平角的观测，附合导线按导线前进方向可观测左角或右角；对闭合导线一般是观测多边形内角；支导线无校核条件，要求既观测左角也观测右角，以便进行校核。

8.2.2.5 导线连测

导线与高级控制点进行连测时，需要进行连接测量。其目的是获得起始方位角和坐标起算数据，并能使导线精度得到可靠的校核。图 8.10 所示为一闭合导线，A、B 为其附近的已知高级控制点，则 β_A、β_B 为连接角，D_{A1} 为连接边。这样，可根据 A 点坐标和 AB 的方位角及测定的连接角、连接边，计算出点 1 的坐标和边 12 的方位角，以作为闭合导线的起算数据。若测区无高级控制点联测时，可假定出起始点的坐标，用罗盘仪测定起始边的方位角。

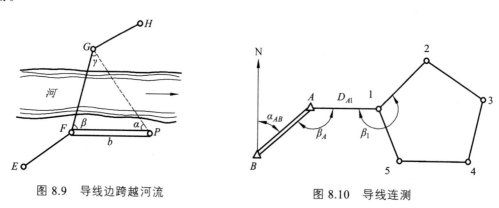

图 8.9 导线边跨越河流   图 8.10 导线连测

8.3 导线测量内业计算

导线计算的目的是要计算出导线点的坐标，并校检导线测量的精度是否满足要求。首先，要检查外业测量的外业记录有无遗漏或记错、是否符合测量的限差要求；然后，绘制导线略图，并在图上注明已知点（高级点）及导线点点号，已知点的坐标、起始边的方位角及导线边长和角度观测值。

进行导线计算时，应利用科学式电子计数器，且计算在规定的表格中进行。数值计算中，角度值取至 s，长度和坐标值取至 cm。

8.3.1 坐标计算的基本公式

8.3.1.1 坐标正算

根据已知点坐标、已知边长和该边方位角计算未知点坐标，称为坐标正算。

如图 8.11 所示，设 A 点的坐标（x_A，y_A）、AB 边的方位角 α_{AB}、AB 两点间的水平距离 D_{AB} 为已知，计算待定点 B 的坐标。B 点的坐标可由下式计算：

$$
\left.\begin{aligned}
x_B &= x_A + \Delta x_{AB} \\
y_B &= y_A + \Delta y_{AB}
\end{aligned}\right\} \qquad (8.2)
$$

式（8.2）中 Δx_{AB}、Δy_{AB} 为两导线点坐标之差，称为坐标增量，即：

$$
\left.\begin{aligned}
\Delta x_{AB} &= x_B - x_A = D_{AB}\cos\alpha_{AB} \\
\Delta y_{AB} &= y_B - y_A = D_{AB}\sin\alpha_{AB}
\end{aligned}\right\} \quad (8.3)
$$

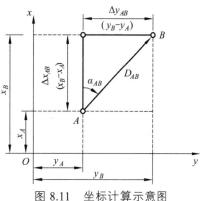

图 8.11　坐标计算示意图

【例 8.1】　已知点 A 坐标，$x_A = 1\,000$ m、$y_A = 1\,000$ m、方位角 $\alpha_{AB} = 35°17'36''$、AB 两点水平距离 $D_{AB} = 200.416$ m，计算 B 点的坐标。

解　$x_B = x_A + D_{AB}\cos\alpha_{AB} = 1\,000 + 200.416 \times \cos35°17'36'' = 1\,163.580$　(m)

$y_B = y_A + D_{AB}\sin\alpha_{AB} = 1\,000 + 200.416 \times \sin35°17'36'' = 1\,115.793$　(m)

8.3.1.2　坐标反算

在进行导线与高级控制点连测时，一般应根据两已知高级点的坐标反算出两点间的方位角或边长，作为导线的起算数据和校核之用。另外，在施工测设中也要按坐标反算方法计算出放样数据。这种由两个已知点坐标反算两点间边长和方位角的计算，称为坐标反算。

已知 A、B 两点的坐标，计算 A、B 两点的水平距离与坐标方位角，如图 8.11 可知，由下式可计算水平距离与坐标方位角。

$$
D_{AB} = \sqrt{\Delta x_{AB}^2 + \Delta y_{AB}^2} \qquad\qquad (8.4)
$$

$$
\alpha_{AB} = \arctan\frac{y_B - y_A}{x_B - x_A} = \arctan\frac{\Delta y_{AB}}{\Delta x_{AB}} \qquad\qquad (8.5)
$$

式（8.5）中反正切函数的值域是 $-90° \sim +90°$，而坐标方位角为 $0° \sim 360°$，因此坐标方位角的值可根据 Δy、Δx 的正负号所在象限，将反正切角值换算为坐标方位角。

【例 8.2】　$x_A = 3\,712\,232.528$ m、$y_A = 523\,620.436$ m、$x_B = 3\,712\,227.860$ m、$y_B = 523\,611.598$ m，计算坐标方位角 α_{AB}、水平距离 D_{AB}。

解

$$
\begin{aligned}
D_{AB} &= \sqrt{\Delta x_{AB}^2 + \Delta y_{AB}^2} = \sqrt{(27.860 - 32.528)^2 + (611.598 - 620.436)^2} \\
&= \sqrt{99.900\,468} = 9.995 \quad (\text{m})
\end{aligned}
$$

$$
\begin{aligned}
\alpha_{AB} &= \arctan\frac{y_B - y_A}{x_B - x_A} = \arctan\frac{611.598 - 620.436}{27.860 - 32.528} \arctan\frac{-8.838}{-4.668} \\
&= 62°09'29'' + 180° = 242°09'29''
\end{aligned}
$$

坐标正算与反算，可以利用普通科学电子计算器的极坐标和直角坐标相互转换功能计算。

8.3.2　附合导线的坐标计算

如图 8.12 所示，为一附合导线，下面将以图中所注数据为例，并结合表 8.6 介绍附合导线的计算步骤。

计算时，首先应将外业观测资料和起算数据填写在表 8.6 中的相应栏目内，起算数据用双线标明。

8.3.2.1 角度闭合差的计算与调整

如图 8.12 所示，A、B、C、D 为已知点，起始边的方位角 α_{AB}（$\alpha_{始}$）和终止边的方位角 α_{CD}（$\alpha_{终}$）为已知或用坐标反算求得。根据导线的转折角和起始边方位角并结合第 4 章方位角推算方法可计算各边的方位角。

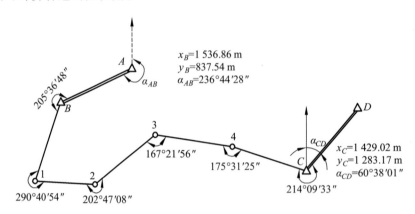

图 8.12　附合导线的坐标计算

根据已知坐标方位角 α_{AB}，观测右角 β，则各边方位角为：

$$\alpha_{B1} = \alpha_{AB} + 180° - \beta_B$$
$$\alpha_{12} = \alpha_{B1} + 180° - \beta_1$$
$$\alpha_{23} = \alpha_{12} + 180° - \beta_2$$
$$\alpha_{34} = \alpha_{23} + 180° - \beta_3$$
$$\alpha_{4C} = \alpha_{34} + 180° - \beta_4$$
$$\alpha_{CD} = \alpha_{4C} + 180° - \beta_C$$

将以上各式相加，得：

$$\alpha'_{CD} = \alpha_{AB} + 6×180° - \sum \beta \tag{8.6}$$

理论上，根据观测角值推算出的终边方位角 α'_{CD} 等于终边已知方位角 α_{CD}。由于观测角值中不可避免含有误差，它们之间的差值称为附合导线的角度闭合差，用 f_β 表示。

$$f_\beta = \alpha'_{CD} - \alpha_{CD} \tag{8.7}$$

各级导线角度闭合差的容许值（见表 8.4）。本例为图根导线：

$$f_{\beta容} = ±60''\sqrt{n} \tag{8.8}$$

若 $|f_\beta| \le |f_{\beta容}|$，则可进行角度闭合差的调整，否则，应分析原因进行重测。

角度闭合差的调整原则：①若附合导线的观测角为左角，则将 f_β 以相反的符号平均分配到各观测角中；②若附合导线的观测角为右角，则将 f_β 以相同的符号平均分配到各观测角中。以满足终边方位角 α'_{CD} 等于终边已知方位角 α_{CD}，从而使角度闭合差等于零。

本例题观测角为右角，改正数与 f_β 同号。

每个角的改正值按下式计算：

$$v_\beta = \frac{f_\beta}{n} \tag{8.9}$$

改正后角值为：

$$\beta_{改} = \beta_{测} + v_\beta \tag{8.10}$$

8.3.2.2 导线各边坐标方位角的计算

根据起始边已知坐标方位角和改正后角值，按方位角推算公式推算出各边坐标方位角，并填入表 8.6 的第 5 栏内。

本例的导线转折角为右角，方位角推算公式为：

$$\alpha_{前} = \alpha_{后} + 180° - \beta_{右} \tag{8.11}$$

若转折角为左角，方位角推算公式为：

$$\alpha_{前} = \alpha_{后} + 180° + \beta_{左} \tag{8.12}$$

按式（8.12）方法，按前进方向逐边推算坐标方位角，最终算出终边的坐标方位角应与已知坐标方位角符合，否则应重新检查、计算。必须注意，当计算出的方位角出现负值时，则加 360°；若大于 360°，则减去 360°。

8.3.2.3 坐标增量闭合差计算和调整

坐标增量——两点的坐标之差，理论上，附合导线各边坐标增量的代数和应等于起点和终点已知坐标之差，即：

$$\sum \Delta x_{理} = x_{终} - x_{起}$$
$$\sum \Delta y_{理} = y_{终} - y_{起}$$

但是由于量边误差和角度虽经过调整，但仍存在残余误差，从而使推算出来的坐标增量总和不等于已知两端点的坐标差，其不符值称为附合导线坐标增量闭合差。

如图 8.13 所示，由于增量闭合差的存在，使附合导线在终点 CC' 不能闭合，产生 f_x 和 f_y 纵坐标和横坐标增量闭合差，即：

$$\left. \begin{array}{l} f_x = \sum \Delta x_{测} - (x_{终} - x_{起}) \\ f_y = \sum \Delta y_{测} - (y_{终} - y_{起}) \end{array} \right\} \tag{8.13}$$

CC' 的距离 f 值称为导线全长闭合差，则：

$$f = \sqrt{f_x^2 + f_y^2} \tag{8.14}$$

导线越长，导线全长闭合差也越大，所以衡量导线精度不能只看导线全长闭合差的大小，还应考虑导线总长度。因此需要采用导线全长闭合差 f 与导线全长 $\sum D$ 之比值来衡量，即导线全长相对闭合差，用 k 表示：

$$k = \frac{f}{\sum D} = \frac{1}{\sum D / f} \qquad (8.15)$$

式中　$\sum D$——导线边总长度，即导线测量的精度，通常化为分子为 1、分母为整数的形式表示。

导线全长容许闭合差见表 8.6。当 k 大于容许闭合差时，测量成果不合格，应进行外业工作和内业计算检查；当 k 小于容许闭合差时，测量成果合格，将坐标增量闭合差 f_x、f_y 调整到各增量中。

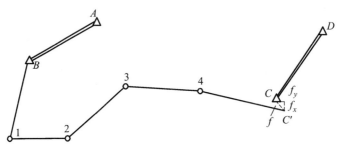

图 8.13　附合导线增量闭合差

坐标增量闭合差调整的原则是以相反符号，将坐标增量闭合差按边长成正比例分配到各坐标增量中去，对于因计算凑整残余的不符值应分配到长边的坐标增量上去，使调整后的坐标增量代数和等于已知两端点的坐标差。设纵坐标增量改正数为 v_x，横坐标增量改正数 v_y，则边长 D_i 的坐标增量改正数按下式计算：

$$\left. \begin{array}{l} v_{xi} = -\dfrac{f_x}{\sum D} \times D_i \\[2mm] v_{yi} = -\dfrac{f_y}{\sum D} \times D_i \end{array} \right\} \qquad (8.16)$$

坐标增量改正数之和必须满足下式的要求，也就是说，闭合差必须分配完，使改正后的坐标增量满足理论要求。

$$\left. \begin{array}{l} \sum v_{xi} = -f_x \\[2mm] \sum v_{yi} = -f_y \end{array} \right\} \qquad (8.17)$$

改正后的坐标增量等于各边坐标增量计算值加相应的改正数，改正后的坐标增量代数和应等于两已知点坐标差，以此作为校核。即：

$$\left. \begin{array}{l} \sum \Delta x_{改} = x_{终} - x_{起} \\[2mm] \sum \Delta y_{改} = y_{终} - y_{起} \end{array} \right\} \qquad (8.18)$$

120

8.3.2.4　导线点坐标计算

如图 8.12 所示,附合导线起始点和终点坐标是已知的。用起始点已知坐标加上 B1 边改正后的坐标增量,则等于第 1 点的坐标;用第一点坐标加上边 12 改正后的坐标增量,则等于第 2 点的坐标;依此类推,可求出其他各点的坐标,并填入表的第 10、11 栏。即:

$$x_1 = x_B + \Delta x_{改B1}$$
$$x_2 = x_1 + \Delta x_{改12}$$
$$\cdots$$

为了检查坐标推算是否存在错误,推算出的终点应与已知坐标完全一致,以此作为计算校核依据。

表 8.6　附合导线坐标计算

点号	观测角 (右角)/ (° ′ ″)	改正后角度 / (° ′ ″)	方位角/ (° ′ ″)	水平 距离/m	坐标增量		改正后增量		坐　标	
					Δx/m	Δy/m	Δx/m	Δy/m	X/m	Y/m
A			236 44 28							
B	− 13 205 36 48	205 36 35							1 536.86	837.54
			211 07 53	125.36	+ 4 − 107.31	− 2 − 64.81	− 107.27	− 64.83		
1	− 12 290 40 54	290 40 42							1 429.59	772.71
			100 27 11	98.76	+ 3 − 17.92	− 2 + 97.12	− 17.89	+ 97.10		
2	− 13 202 47 08	202 46 55							1 411.70	869.81
			77 40 16	114.63	+ 4 + 30.88	− 2 + 141.29	+ 33.92	+ 141.27		
3	− 13 167 21 56	167 21 43							1 442.62	1 011.08
			90 18 33	116.44	+ 3 − 0.63	− 2 + 116.44	− 0.60	+ 116.42		
4	− 13 175 31 25	175 31 12							1 442.02	1 127.50
			94 47 21	156.25	+ 5 − 13.05	− 3 + 155.70	− 13.00	+ 155.67		
C	− 13 214 09 33	214 09 20							1 429.02	1 283.17
D			60 38 01							
$\sum$	1 256 07 44	1256 06 25		641.44	− 108.03	+ 445.74	− 107.84	+ 445.63		
辅助 计算	$f_\beta = -1'17''$ $\quad f_{\beta容} = \pm 60'' \sqrt{6} = \pm 147''$ $\qquad \lvert f_\beta \rvert < \lvert f_容 \rvert$(合格) $f_x = - 0.19$ $\quad f_y = + 0.11$ $\qquad\qquad f = \sqrt{f_x^2 + f_y^2} = \sqrt{(-0.19)^2 + (0.11)^2} = 0.22(\text{m})$ $K = \dfrac{f}{\sum D} = \dfrac{0.22}{641.44} \approx \dfrac{1}{2\,900} \qquad\qquad K_容 = \dfrac{1}{2\,000} \qquad K < K_容$(合格)									

8.3.3　闭合导线坐标计算

闭合导线坐标计算的步骤与附合导线基本上是相同的,但由于几何图形的不同、构成的检核条件不同,因此在计算角度闭合差、坐标增量闭合差及闭合差调整方面不同于附合导线。现将不同之处分述如下。

8.3.3.1 角度闭合差的计算和调整

图 8.14 所示为一闭合导线，由几何原理可知，多边形内角之和的理论值应为：

$$\sum \beta_{理} = (n-2) \times 180° \qquad (8.19)$$

式中　n——多边形内角数。

由于观测角值中不可避免含有误差，实测的内角和 $\sum \beta_{测}$ 与理论上的内角和 $\sum \beta_{理}$ 之差称为闭合导线角度闭合差，以 f_β 表示，即：

$$f_\beta = \sum \beta_{测} - \sum \beta_{理} \qquad (8.20)$$

角度闭合差与限差比较 $|f_\beta| \leq |f_{\beta容}|$ 时，观测成果符合要求，可进行闭合差的调整。闭合导线角度闭合差的调整原则是：角度闭合差以相反符号平均分配给每个内角；如果不能均分，闭合差的余数应分配给短边的夹角。

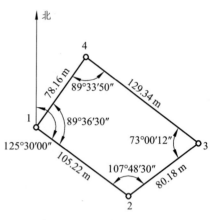

图 8.14　闭合导线的坐标计算

8.3.3.2 各边方位角的计算

闭合导线点编号为顺时针时，内角是右角，推算方位角按右角公式；闭合导线点编号为逆时针时，内角是左角，推算方位角按左角公式。

8.3.3.3 增量闭合差的计算和调整

从图 8.15 中可以看出，闭合导线纵坐标增量之和与横坐标增量之和均等于零。

$$\left. \begin{array}{l} \sum \Delta x_{理} = 0 \\ \sum \Delta y_{理} = 0 \end{array} \right\} \qquad (8.21)$$

实际上，由于量边的误差和角度闭合差调整后的残余误差不能满足式（8.21）的要求，所以产生坐标增量闭合差，即：

$$\left. \begin{array}{l} f_x = \sum \Delta x_{测} - \sum \Delta x_{理} = \sum \Delta x_{测} \\ f_y = \sum \Delta y_{测} - \sum \Delta y_{理} = \sum \Delta y_{测} \end{array} \right\} \qquad (8.22)$$

从图 8.16 中可明显看出，由于 f_x，f_y 的存在，使导线不能闭合，1—1′的长度 f_D 称为导线全长闭合差，则：

$$f_D = \sqrt{f_x^2 + f_y^2} \qquad (8.23)$$

导线全长相对闭合差 k 为：

$$k = \frac{f}{\sum D} = \frac{1}{\sum D/f} \qquad (8.24)$$

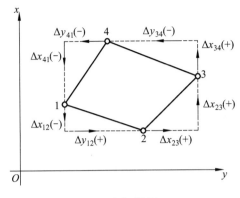

图 8.15 坐标增量

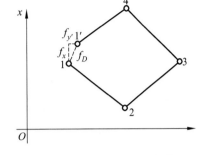

图 8.16 导线全长闭合差

坐标增量闭合差的调整与附合导线相同，坐标计算中应推算回已知点作为校核结果，表8.7 所示为一图根闭合导线计算的全过程的算例。

电子计算机的广泛应用，使导线计算简单化。实际工作中，可利用闭合导线和附合导线的计算机程序进行计算。

表 8.7 闭合导线坐标计算

点号	观测角（左角）/（° ′ ″）	改正后角度/（° ′ ″）	方位角/（° ′ ″）	水平距离/m	坐标增量		改正后增量		坐 标		点号
					Δx/m	Δy/m	Δx/m	Δy/m	X/m	Y/m	
1					-2 -61.10	$+2$ $+85.66$	-61.12	$+85.68$	500.00	500.00	1
2	$+13$ 107 48 30	107 48 43	125 30 00	105.22					438.88	585.68	2
3	$+12$ 73 00 20	73 00 32	53 18 43	80.18	-2 $+47.90$	$+2$ $+64.30$	$+47.88$	$+64.32$	486.76	650.00	3
4	$+12$ 89 33 50	89 34 02	306 19 15	129.34	-3 $+76.61$	$+2$ -104.21	$+76.58$	-104.19	563.34	545.81	4
1	$+13$ 89 36 30	89 36 43	215 53 17	78.16	-2 -63.32	$+1$ -45.82	-63.34	-45.81	500.00	500.00	1
2			125 30 00								
$\sum$	359 59 10	360 00 00		392.90	$+0.09$	-0.07	0.00	0.00			

辅助计算	$f_\beta = \sum \beta_{测} - (n-2) \cdot 180° = -50''$ $\qquad$ $f_{\beta容} = \pm 60'' \sqrt{4} = \pm 120''$ $\qquad$ $\left| f_\beta \right| < \left| f_容 \right|$（合格）
	$f_x = 0.09$ $\qquad$ $f_y = -0.07$ $\qquad$ $f = \sqrt{f_x^2 + f_y^2} = \sqrt{(0.09)^2 + (-0.07)^2} = 0.11(\text{m})$ $\qquad$ $K = \dfrac{f}{\sum D} = \dfrac{0.11}{392.90} \approx \dfrac{1}{3\,500}$
	$K_容 = \dfrac{1}{2\,000}$ $\qquad\qquad$ $K < K_容$（合格）

8.3.4 无定向导线的计算

无定向导线是指导线两端都是已知点，但缺少已知方位角的附合导线。无定向导线常用于地下工程两井定向联系测量、线路工程控制点密度稀少或通视条件差的隐蔽地区。图 8.17 为无定向导线示意图。

由于无定向导线缺少始边的方位角，利用假定方位角推算各点的假定坐标。根据两端点的假定坐标与已知点的坐标计算方位角旋转参数，根据旋转参数，将基于假定方位角的坐标转换到测量坐标系，从而得到导线各点的坐标。

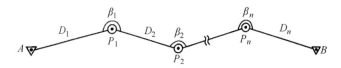

图 8.17　无定向导线示意图

8.3.4.1　计算过程

如图 8.18 所示，A、B 为已知控制点，P_1，P_2，$\cdots$，P_n 为待定导线点，β_1，β_2，$\cdots$，β_n 为导线转折角观测值，D_1，D_2，$\cdots$，D_n 为各导线边水平距离。

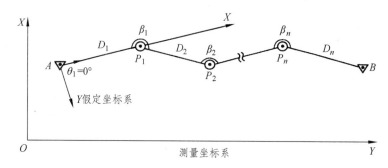

图 8.18　无定向导线坐标系

（1）假定坐标系及假定方位角推算。

假定导线第一条边 AP_1 为 X 轴坐标轴，则 AP_1 边的假定方位角 $\theta_1=0°$，其他各边在假定坐标系的坐标方位角为 θ_1，θ_2，$\cdots$，θ_n，方位角推算公式如下：

$$\theta_1=0°$$
$$\theta_i = \theta_{i-1} + \beta_i \pm 180° \quad (i = 2,3,\cdots,n)$$

（2）坐标增量计算。

$$\begin{cases} \Delta X_i' = D_i \cdot \cos \theta_i \\ \Delta Y_i' = D_i \cdot \sin \theta_i \end{cases}$$

两端点间的坐标增量（坐标增量之和）为：

$$\begin{cases} \Delta X_{AB}' = \sum_{i=1}^{n} \Delta X_i' = \sum_{i=1}^{n} D_i \cdot \cos \theta_i \\[2mm] \Delta Y_{AB}' = \sum_{i=1}^{n} \Delta Y_i' = \sum_{i=1}^{n} D_i \cdot \sin \theta_i \end{cases}$$

（3）坐标系旋转角计算。

设 AB 边在假定坐标系的坐标方位角为 θ_{AB}，则：

$$\tan \theta_{AB} = \frac{\Delta Y'_{AB}}{\Delta X'_{AB}} = \frac{\sum\limits_{i=1}^{n} D_i \cdot \sin \theta_i}{\sum\limits_{i=1}^{n} D_i \cdot \cos \theta_i}$$

显然，AB 边在测量坐标系中方位角 α_{AB} 与假定坐标系中的方位角 θ_{AB} 之差，即为坐标系旋转角，同时也是 AP_1 边在测量坐标中的方位角 α_{AP_1}，即：

$$\alpha_{AP_1} = \alpha_{AB} - \theta_{AB} \tag{8.25}$$

（4）坐标转换。

由于假定坐标系以 AP_1 边为纵轴，因此 α_{AP1} 即为假定坐标系旋转到测量坐标系的旋转角，由旋转公式可得各相邻点在测量坐标系中的坐标增量：

$$\begin{cases} \Delta X_i = \Delta X'_i \cdot \cos \alpha_{AP_1} - \Delta Y'_i \cdot \sin \alpha_{AP_1} \\ \Delta Y_i = \Delta X'_i \cdot \sin \alpha_{AP_1} + \Delta Y'_i \cdot \cos \alpha_{AP_1} \end{cases} \quad (i=1,\ 2,\ \cdots,\ n)$$

（5）导线坐标闭合差计算。

导线坐标闭合差为：

$$\begin{cases} f_x = \sum\limits_{i=1}^{n} \Delta X_i - (X_B - X_A) \\ f_y = \sum\limits_{i=1}^{n} \Delta Y_i - (Y_B - Y_A) \end{cases}$$

导线全长相对闭合差：

$$f = \sqrt{f_x^2 + f_y^2}, \quad K = \frac{f}{\sum D_i}$$

若导线相对闭合差符合限差要求，则进行下一步计算。

（6）坐标增量改正数计算。

$$vx_i = \frac{-f_x}{\sum\limits_{i=1}^{n} D_i} D_i, \quad vy_i = \frac{-f_y}{\sum\limits_{i=1}^{n} D_i} D_i$$

计算校核：$\sum vx = -f_x$，$\sum vy = -f_y$

（7）导线点坐标计算。

$$X_i = X_{i-1} + \Delta X_i + vx_i$$
$$Y_i = Y_{i-1} + \Delta Y_i + vy_i$$

8.3.4.2　计算例题

计算示例见表 8.8。

表 8.8　无定向导线计算

点号	转折角/(° ′ ″)	假定方位角/(° ′ ″)	边长 D/m	假定坐标增量		改正后增量		坐标	
				$\Delta X_i'$/m	$\Delta Y_i'$/m	ΔX_i/m	ΔY_i/m	X/m	Y/m
A								3 845 667.079	38 465 495.833
		0 00 00	281.457	281.457	0	−0.003 +137.842	−0.003 +245.393		
P_1	247 27 32							3 845 804.918	38 465 741.223
		67 27 32	269.974	103.493	249.349	−0.002 −166.713	−0.003 +212.350		
P_2	91 27 44							3 845 638.203	38 465 953.570
		338 40 16	315.345	293.746	−144.697	−0.003 +243.861	−0.004 +199.934		
P_3	255 03 52							3 845 882.061	38 466 153.500
		53 44 08	392.121	231.744	316.165	−0.004 −162.060	−0.004 +357.064		
B								3 845 719.997	38 466 510.560
	$\sum$		1 258.879	910.640	450.817	52.920	1 014.741		

辅助计算：$\alpha_{AB}=87°00'53''$，$\theta_{AB}=26°20'19''$，闭合差 $f_x=0.012$ m，$f_y=0.014$ m
坐标系旋转角 $\alpha_{A_i}=60°40'34''$，相对闭合差 $K=\dfrac{\sqrt{f_x^2+f_y^2}}{\sum D_i}=\dfrac{1}{68\ 273}$

8.4　卫星定位控制测量

8.4.1　卫星定位测量的主要技术要求

按照工程测量规范（GB 50026—2007）规定，各等级卫星定位测量控制网的主要技术指标应符合表 8.9 的规定。

表 8.9　卫星定位测量控制网的主要技术要求

等级	平均边长/km	固定误差 A/mm	比例误差系数 B/(mm/km)	约束点间的边长相对中误差	约束平差后最弱边相对中误差
二等	9	≤10	≤2	≤1/250 000	≤1/120 000
三等	4.5	≤10	≤5	≤1/150 000	≤1/70 000
四等	2	≤10	≤10	≤1/100 000	≤1/40 000
一级	1	≤10	≤20	≤1/40 000	≤1/20 000
二级	0.5	≤10	≤40	≤1/20 000	≤1/10 000

8.4.2 GPS 控制网施测步骤

8.4.2.1 准备工作

（1）已有资料的收集与整理。主要收集测区基本概况资料、测区已有的地形图、控制点成果、地质和气象等方面的资料。

（2）GPS 网形设计。如图 8.19 所示，GPS 网图形的基本形式有点连式、边连式、边点混合连接式、星形网、导线网、环形网。其中：点连式、星形网、导线网符合条件少，精度低；边连式符合条件多，精度高，但工作量大；边点混合连接式和环形网形式灵活，符合条件多，精度较高，是常用的布设方案。

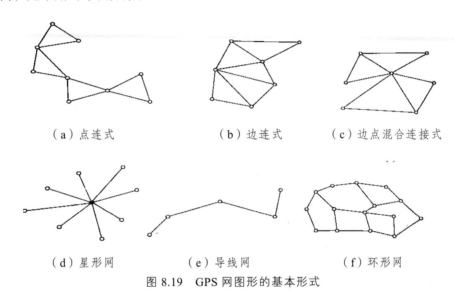

（a）点连式　　　　　（b）边连式　　　　　（c）边点混合连接式

（d）星形网　　　　　（e）导线网　　　　　（f）环形网

图 8.19　GPS 网图形的基本形式

（3）观测精度标准。各等级 GPS 相邻点间基线向量弦长精度：

$$\sigma = \sqrt{a^2 + (bd)^2}$$

式中　σ——GPS 基线向量的弦长中误差（mm）；
　　　a——接收机标精度中的固定误差（mm）；
　　　b——接收机标精度中的比例误差系数（mm/km）；
　　　d——GPS 网中相邻点间的距离（km）。

8.4.2.2 GPS 外业观测

（1）选择作业模式。为了保证 GPS 测量的精度，在测量上通常采用载波相位相对定位的方法。GPS 测量作业模式与 GPS 接收设备的硬件和软件有关，主要有静态相对定位模式，快速静态相对定位模式、伪动态相对定位模式、动态相对定位模式四种。主要技术指标见表 8.10。

表 8.10 卫星定位测量控制网的主要技术要求

等级		二等	三等	四等	一级	二级
接收机类型		双频或单频	双频或单频	双频或单频	双频或单频	双频或单频
仪器标称精度		10 mm+ 2×10^{-6} mm	10 mm+ 5×10^{-6} mm	10 mm+ 5×10^{-6} mm	10 mm+ 5×10^{-6} mm	10 mm+ 5×10^{-6} mm
观测值		载波相位	载波相位	载波相位	载波相位	载波相位
卫星高度角/(°)	静态	≥15	≥15	≥15	≥15	≥15
	快速静态				≥15	≥15
有效观测卫星数	静态	≥5	≥5	≥4	≥4	≥4
	快速静态				≥5	≥5
观测时间长度/min	静态	≥90	≥60	≥45	≥30	≥30
	快速静态				≥15	≥15
数据采样间隔/s	静态	10～30	10～30	10～30	10～30	10～30
	快速静态				5～15	5～15
点位几何图形强度因子（PDOP）		≤6	≤6	≤6	≤8	≤8

注：当采用双频接收机进行快速静态测量时，观测时段长度可缩短为 10 min。

（2）天线安置。测站应选择在发射能力较差的粗糙地面，以减少多路径误差，并尽量减少周围建筑物和地形对卫星信号的遮挡。天线安置后，在各观测时段的前后各量取一次仪器高，量至毫米，较差不应大于 3 mm，直接输入仪器高 h，仪器内处理软件可自动计算天线高 H。

（3）观测作业。观测作业的主要任务是捕获 GPS 卫星信号并对其进行跟踪、接收和处理，以获取所需的定位和观测数据。

（4）观测记录与测量手簿。观测记录由 GPS 接收机自动形成，测量手簿在观测过程中由观测人员填写。

8.4.2.3 内业计算

（1）GPS 基线向量的计算及检核。GPS 测量外业观测过程中，必须每天将观测数据输入计算机，并计算基线向量。计算工作是应用随机软件或其他研制的软件完成的。计算过程中要对同步环闭合差、异步环闭合差以及重复边闭合差进行检查计算，闭合差符合规范要求。

（2）GPS 网平差。GPS 控制网是由 GPS 基线向量构成的测量控制网。GPS 网平差可以以构成 GPS 向量的 WGS-84 系的三维坐标差作为观测值进行平差，也可以在国家坐标系中或地方坐标系中进行平差。

8.4.2.4 提交成果

提交成果包括技术设计说明书、卫星可见性预报表和观测计划、GPS 网示意图、GPS 观测数据、GPS 基线解算结果、GPS 基点的 WGS-84 坐标、GPS 基点的国家坐标中的坐标或地方坐标系中的坐标。

8.5　高程控制测量

高程控制测量，可采用水准测量和电磁波测距三角高程测量。测区的高程系统，宜采用1985年国家高程基准；在已有高程控制网的地区测量时，可沿用原高程系统。当测区联测有困难时，也可假定高程系统。小地区高程控制测量一般采用三、四等水准测量和三角高程测量。

8.5.1　三、四等水准测量

三、四等水准测量除了用于国家高程控制网的加密外，还可用于建立小区域首级控制网和工程施工高程控制网。三、四等水准路线的布设，在加密国家控制点时，多布设为附合水准路线、结点网的形式；在独立测区作为首级高程控制时，应布设成闭合水准路线；而在山区、带状工程测区，可布设成水准支线。三、四等水准测量的主要技术要求见表8.11、8.12。

表 8.11　三、四等水准测量的主要技术要求

等级	水准仪型号	视线长度/m	前后视距差/m	前后视距累积差/m	视线离地面最低高度/m	基本分划、辅助分划（黑红面）读数差/mm	基本分划、辅助分划（黑红面）高差之差/mm
三	DS_1	100	3	6	0.3	1.0	1.5
	DS_3	75				2.0	3.0
四	DS_3	100	5	10	0.2	3.0	5.0
五	DS_3	100	大致相等				
图根	DS_3	≤100					

注：当进行三、四等水准观测，采用单面标尺变更仪器高度时，所测量高差，应与黑红面所测高差之差的要求相同。

表 8.12　三、四等水准测量的主要技术要求

等级	水准仪型号	水准尺	线路长度/km	观测次数		每千米高差中误差/mm	往返较差、附合或环线闭合差	
				与已知点联测	附合或环线		平地/mm	山地/mm
三	DS_1	铟瓦	≤50		往一次		$12\sqrt{L}$	$4\sqrt{n}$
	DS_3	双面		往返各一次	往返各一次	6		
四	DS_3	双面	≤16	往返各一次	往一次	10	$20\sqrt{L}$	$6\sqrt{n}$
五	DS_3	单面		往返各一次	往一次	15	$30\sqrt{L}$	
图根	DS_3	单面	≤5	往返各一次	往一次	20	$40\sqrt{L}$	$12\sqrt{n}$

注：① 结点之间或结点与高级点之间，其路线的长度，不应大于表中规定的0.7倍。
　　② L 为往返测段、附合或环线的水准路线长度（单位为 km），n 为测站数。

8.5.1.1　三、四等水准测量观测与记录方法

1. 双面尺法

采用水准尺为配对的双面尺，在测站应按以下顺序观测读数，读数应填入记录表的相应位置（表 8.13）。

（1）照准后视水准尺黑面，读取下、上、中三丝读数，填入编号（1）（2）（3）栏。

（2）前视水准尺的黑面，读取下、上、中三丝读数，填入（4）（5）（6）栏。

（3）将水准尺翻转为红面，前视水准尺红面，读取中丝读数，填入编号（7）栏。

（4）将水准尺翻转为红面，后视水准尺红面，读取中丝读数，填入编号（8）栏。

这样的观测顺序简称"后—前—前—后"，其优点是可以大大减弱仪器下沉误差的影响。四等水准测量的顺序为"后—后—前—前"的观测顺序。

2. 单面尺法

四等水准测量时，如果采用单面尺观测，则可按变更仪器高度法进行核检。观测顺序为"后—前—变仪器高—前—后"，变高前按三丝读数，之后按中丝读数。在每一测站上需变动仪器高 10 cm 以上，记录在表格 8.13 中。

8.5.1.2　测站计算与检核

1. 双面尺法的计算与检核

（1）在每一测站，应进行以下计算与检核工作：

a. 视距计算。

根据视线水平时的视距原理（下丝－上丝）×100 计算前、后视距离。

后视距离（9）=（1）－（2）。

前视距离（10）=（4）－（5）。

前后视距差（11）=（9）－（10），该值在三等水准测量时，前后视距离差不超过 3 m；四等水准测量时，不超过 5 m。

前后视距累计差（12）=上一个测站（12）+本测站（11），前后视距累计差不超过 10 m。

b. 同一水准尺黑、红面中丝读数的检核。同一水准尺黑、红面中丝读数之差，应等于该尺黑、红面的常数 K（4.687 或 4.787），其差值为：

前视尺：（13）=（6）+K－（7）

后视尺：（14）=（3）+K－（8）

（13）（14）的大小在三等水准测量时，不得超过 2 mm；在四等水准测量时，不得超过 3 mm。

c. 高差计算与检核。

黑面尺读数之高差：

$$（15）=（3）－（6）$$

红面尺读数之高差：

$$（16）=（8）－（7）$$

黑、红面所得高差之差检核计算：

$$（17）=（15）-（16）\pm0.100=（14）-（13）$$

该值在三等水准测量中不得超过 3 mm，四等水准测量不得超过 5 mm。式中，±0.100 为两水准尺常数 K 之差，以 m 为单位。

平均高差：$（18）=1/2\{（15）+[（16）\pm0.100]\}$

表 8.13　三、四等水准测量的记录（双面尺法）

测站编号	点号	后尺		前尺		方向及尺号	水准尺读数/m		$K+$黑$-$红	平均高差/m
		下丝		下丝						
		上丝		上丝			黑面	红面		
		后视距		前视距						
		视距差 d/m	$\sum d$/m							
		（1）	（4）			后	（3）	（8）	（14）	
		（2）	（5）			前	（6）	（7）	（13）	
		（9）	（10）			后－前	（15）	（16）	（17）	（18）
		（11）	（12）							
1	BM.1－TP.1	1.536	1.030			后5	1.242	6.030	−1	
		0.947	0.442			前6	0.736	5.422	+1	
		58.9	58.9			后－前	+0.506	+0.608	−2	+0.507 0
		+0.1	+0.1							
2	TP.1－TP.2	1.954	1.276			后6	1.664	6.350	+1	
		1.373	0.694			前5	0.985	5.773	−1	
		58.1	58.3			后－前	+0.679	+0.577	+2	+0.678 0
		−0.2	−0.1							
3	TP.1－TP.3	1.146	1.744			后5	1.024	5.811	0	
		0.903	1.449			前6	1.622	6.308	+1	
		48.6	49.0			后－前	−0.598	−0.497	−1	−0.597 5
		−0.4	−0.5							
4	TP.3－A	1.479	0.982			后6	1.171	5.859	−1	
		0.864	0.373			前5	0.678	5.465	0	
		61.5	60.9			后－前	+0.493	+0.394	−1	+0.493 5
		+0.6	+0.1							

K 为尺常数：$K_5=4.787$　$K_6=4.687$

每页校核	后－前
	$\sum(9)-\sum(10)=227.1-227.0=+0.1=4$ 站(12)　　$\sum[(15)+(16)]=+2.162$
	$\sum[(3)+(8)]-\sum[(6)+(7)]=29.151-26.989=+2.162$　　$2\sum(18)=+2.162$
	总视距 $\sum(9)+\sum(10)=454.1$

（2）记录手簿每页应进行的计算和检核。

a. 视距计算与检核。后视距离总和减前视距离总和应等于末站视距累积差，即：

$$末站（12）=\sum(9)-\sum(10)$$

检核无误后，算出总视距为：

$$总视距=\sum(9)+\sum(10)$$

b. 高差的计算和检核。红、黑面后视总和减红、黑面前视总和应等于红、黑面高差总和，还应等于平均高差总和的两倍。

当测站数为偶数时：

$$\sum[(3)+(8)]-\sum[(6)+(7)]=\sum[(15)+(16)]=2\sum(18)$$

当测站为奇数时：

$$\sum[(3)+(8)]-\sum[(6)+(7)]=\sum[(15)+(16)]=2\sum(18)\pm0.100$$

用双面尺法进行三、四等水准测量的记录、计算与检核实例见表 8.13。

（3）水准路线成果的整理计算。外业成果经检核无误后，按第 2 章水准测量成果计算的方法，经高差闭合差调整后，计算各水准点的高程。

2. 单面尺法的计算检核

单面尺法的计算如表 8.14 所示，变更仪器高所测量的两次高差之差不得超过 5 mm，其他要求与双面尺相同；合格时，取两次高差的平均值作为测站高差。

表 8.14　四等水准测量记录、计算表（变更仪器高法）

测站编号	后尺	下丝	前尺	下丝	水准尺读数		高差		平均高差
		上丝		上丝					
	后视距		前视距		后视	前视	+	−	
	视距差 d/m		∑d/m						
1	1.681（1）	0.849（4）	1.494（3）						
	1.307（2）	0.473（5）	1.372（8）						
	37.4（9）	37.6（10）							
					0.661（6）	0.833（13）			
	−0.2（11）	−0.2（12）							
					0.541（7）	0.831（14）			+0.823（5）

注：表中（1），（2），（3），…，（n）表示观测记录与计算的顺序。

8.5.2　三角高程测量

在地形起伏较大的地区及位于较高建筑物上的控制点，用水准测量方法测定控制点的高程较为困难，通常采用三角高程测量方法。三角高程测量按使用仪器分为经纬仪三角高程测量和光电测距三角高程测量，前者施测精度较低，主要用于地形测量时测图高程控制，后者根据实验数据证明可以替代四等水准测量。随着光电测距仪的发展和普及，光电测距三角高程测量已广泛用于实际生产。

8.5.2.1　三角高程测量基本原理

三角高程测量是根据测站至观测目标点的水平距离或斜距以及竖直角，运用三角学的公式，计算获取两点间高差，求出未知点的高程。

如图 8.20 所示，已知 A 点高程 H_A，欲测 B 点高程 H_B，将光电测距仪安置在 A 点上，对中、整平，用小钢尺量取仪器中心至桩顶的高度 i 和觇标高 v，B 点安置觇标或棱镜，读取觇标或棱镜高度，测得竖直角 α，测得 AB 间的水平距离 D_{AB}，从图中可得，三角高程测量计算高差的基本公式，即：

$$h_{AB} = D \tan \alpha + i - v \tag{8.26}$$

若用测距仪测得斜距 S，则：

$$h_{AB} = S \sin \alpha + i - v \tag{8.27}$$

B 点的高程为：

$$H_B = H_A + h_{AB} = H_A + D \tan \alpha + i - v \tag{8.28}$$

或 $\qquad H_B = H_A + h_{AB} = H_A + S \sin \alpha + i - v \tag{8.29}$

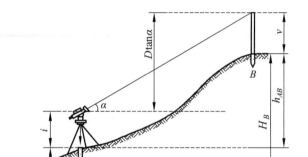

图 8.20　三角高程测量

当两点距离较远时，则应考虑地球曲率和大气折光的影响。

三角高程测量一般应进行往返观测，即由 A 向 B 观测（称为直觇），再由 B 向 A 观测（称为反觇），这种观测称为对向观测（或双向观测）。这样，取对向观测的高差平均值作为高差最后成果时，可以抵消地球曲率和大气折光的影响。所以，三角高程测量大多采用对向观测法。

8.5.2.2　三角高程测量观测与计算

三角高程测量根据使用仪器不同而分为电磁波测距三角高程测量与经纬仪三角高程测量。三角高程控制宜在平面控制点的基础上布设成三角高程网或高程导线，也可布置为闭合或附合的高程路线。测距仪三角高程测量的主要技术要求如表 8.13 所示。

三角高程测量观测与计算如下：

（1）测站上安置仪器，量仪器高 i 和标杆或棱镜高度 v，读数至 mm。

（2）用经纬仪或测距仪采用测回法观测竖直角 1 ~ 3 个测回。前后半测回之间的较差及指标差如果符合表 8.15 规定，则取其平均值作为结果。

（3）应用式（8.52）至式（8.55）进行计算高差及高程计算。采用对向观测法且对向观测高差较差符合表 8.15 要求时，取其平均值作为高差结果。

采用全站仪进行三角高程测量时，可先将大气折光改正数参数及他参数输入仪器，然后直接测定测点高程。

（4）对于闭合或附合的三角高程路线，应利用对向观测的高差平均值计算路线高差闭合差，如符合闭合差限值规定时，进行高差闭合差调整计算，推算出各点的高程。

表 8.15 三角高程测量的主要技术要求

等级	仪器	测回数		指标较差 /（″）	竖直角 较差/（″）	对向观测高 差较差/（″）	附合或环形闭合差/ mm
		三丝法	中丝法				
四等	DJ_2		3	≤ 7	≤ 7	$40\sqrt{D}$	$20\sqrt{\sum D}$
五等	DJ_2	1	2	≤ 10	≤ 10	$60\sqrt{D}$	$30\sqrt{\sum D}$
图根	DJ_6		1			$\leq 400 D$	$0.1H_d\sqrt{n}$

注：① D 为测距边长长度（单位：km），n 为边数。
② H_d 为等高距（单位：m）。

习 题

8.1 在全国范围内，平面控制网和高程控制网是如何布设的？局部地区的控制网是如何布设的？

8.2 如何进行局部地区平面控制网的定位和定向？

8.3 如何进行直角坐标与极坐标的换算？

8.4 导线的布设有哪几种形式？各适用于什么场合？

8.5 设有闭合导线 J_1—J_2—J_3—J_4—J_5 的边长和角度（右角）观测值如习题图 8.1 所示。已知 J_1 点坐标 $x_1 = 540.38$ m，$y_1 = 1\ 236.70$ m，J_1—J_2 边的坐标方位角 $\alpha_{1,2} = 46°56'02''$，试计算闭合导线各待定导线点的坐标。

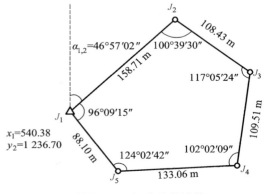

习题图 8.1 闭合导线计算

8.6 设有附合导线 A—B—K_1—K_2—K_3—C—D，如习题图 8.2 所示。其中 A、B、C、D 为坐标已知的点，K_1—K_3 为待定点。已知点坐标和导线的边长、角度观测值如习题图 8.2 所示。试计算各待定导线点的坐标。

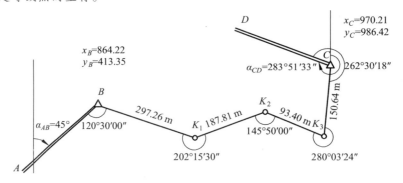

习题图 8.2 附合导线计算

134

8.7 设有无定向导线 $B—T_1—T_2—T_3—T_4—C$，如习题图 8.3 所示。其中 B 和 C 为坐标已知的点，$T_1—T_4$ 为待定点。已知点坐标和导线的边长、角度观测值如图中所示。试计算各待定导线点的坐标。

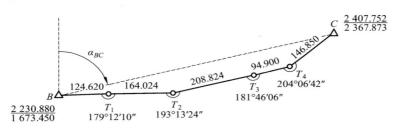

习题图 8.3　无定向导线计算

135

第9章 地形图的基本知识

内容提要

地形图是工程规划建设中的基础资料，发挥着重要作用，只有全面分析图上的信息，获取准确的测绘数据，才能为项目的规划、设计、施工提供可靠的依据。本章介绍地形图的比例尺及地形图的分幅与编号方法，叙述了地形图中地物、地貌的表示方法及常见符号的含义，介绍了地形图图外注记的基本知识。

课程思政目标

（1）通过讲解中国古代地图的伟大成就及其在政治、军事、经济、文化中的作用，培养学生对专业的热爱及树立远大的职业理想。

（2）通过讲解保密法中涉及地形图的保密性，增强学生的国家安全意识，培养学生的爱国主义精神和社会责任感。

（3）培养学生探索未来、追求真理、务实求真的精神，激发学生对本课程、本专业及国家未来发展的信心。

按一定方法规则，有选择地在平面上表示地球表面各种自然现象和社会现象的图，通称地图。从内容上，地图可分为普通地图和专题地图。普通地图是综合反映地面上物体和现象一般特征的地图，包括各种自然地理要素（如水系、地貌、植被）和社会经济要素（如居民地、行政区划及交通线路等），但不突出表示其中的某一要素。专题地图是着重表示自然现象或社会现象中的某一种或几种要素的地图，如地籍图、地质图和旅游图等。地形图是普通地图的一种，它是按一定的比例尺，用规定的符号表示地物、地貌平面位置和高程的正射投影图。

9.1 比例尺

地形图上任意一线段的长度与地面上相应线段的实际水平距离之比，称为地形图的比例尺。比例尺按照表示形式通常划分为数字比例尺和图示比例尺。

9.1.1 数字比例尺

数字比例尺一般用分子为 1 的分数形式表示。设图上某一直线段的长度为 d，地面上相应线段的水平距离为 D，则该图的比例尺为：

$$\frac{d}{D} = \frac{1}{D/d} = \frac{1}{M}$$

（9.1）

式中，M 为比例尺分母，如图上 1 mm 代表地面上水平距离 1 m（即 1 000 mm）时，该图的比例尺就是 1∶1 000。由此可见，分母 1 000 就是将实地水平距离缩绘在图上的倍数。

比例尺的大小是以比例尺的比值来衡量的，分数值越大（即分母 M 越小），比例尺越大，地形图表示的内容就越详细。为了满足经济建设、国防建设及工程规划设计的需要，人们测绘和编制了不同比例尺的地形图。通常称 1∶100 万、1∶50 万和 1∶25 万为小比例尺地形图；1∶10 万、1∶5 万、1∶2.5 万和 1∶1 万为中比例尺地形图；1∶5 000、1∶2 000、1∶1 000 和 1∶500 为大比例尺地形图。在城市和工程建设的规划、设计和施工中，通常使用大比例尺地形图。不同大比例尺地形图的选用，如表 9.1 所示。

表 9.1　大比例尺地形图的选用

比例尺	用　　途
1∶5 000	城市总体规划、厂址选择、区域布置、方案比较
1∶2 000	城市详细规划及工程项目初步设计
1∶1 000	建筑设计、城市详细规划、工程施工图设计、竣工图
1∶500	

9.1.2　图示比例尺

为了用图方便以及减弱由于图纸伸缩而引起的误差，在绘制地形图时，常在图上绘制图示比例尺。绘制时，先在图上绘两条平行线，再把它分成若干相等的线段，一般为 2 cm，称为比例尺的基本单位；将左端的一段基本单位又分成 10 等份。如图 9.1 所示，为 1∶500 的图示比例尺，则每一基本单位所代表的实地水平距离为 2 cm × 500 = 10 m，左端每等份的长度相当于实地 1 m。

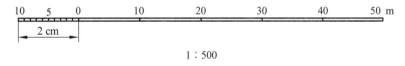

1∶500

图 9.1　图示比例尺

按照地形图图式规定，图示比例尺绘制在图幅下方正中处，便于用分规（两脚规）直接在图上量取直线段的水平距离，并且可以部分抵消在图上量长度时图纸伸缩的影响。使用图示比例尺时，只要用两脚规的两只脚将图上某直线的长度移至图示比例尺上，使一只脚尖对准 "0" 分划右侧的整分划线上，另一只脚尖落在 "0" 分划线左端有细分划段中，则所量直线在实地上的水平距离就是两个脚尖的读数之和。

若需要将地面上已丈量水平距离的直线段展绘在图上，则需要先从图示比例尺上找出等于实地水平距离的直线段两端点，然后将其长度移至图上相应位置。

9.1.3　比例尺精度

一般认为，人的肉眼能分辨的图上最小距离是 0.1 mm，因此通常把图上 0.1 mm 所表示的实地水平距离，称为比例尺精度。表 9.2 所示为不同比例尺的比例尺精度。

表 9.2　不同比例尺的比例尺精度

比例尺	1：500	1：1 000	1：2 000	1：5 000
比例尺精度/m	0.05	0.10	0.20	0.50

比例尺越大，表示地物和地貌的情况越详细，地形图精度也就越高。但是必须指出，同一测区，采用较大比例尺测图往往比采用较小比例尺测图的工作量和投资增加数倍。因此，采用哪一种比例尺测图，应从工程规划、施工实际需要的精度出发，不应盲目追求更大比例尺的地形图。根据比例尺精度的概念，可以确定在测图时量距应精确到什么程度，这对测图和用图具有重要意义。例如，测绘比例尺 1：1 000 的地形图时，其比例尺精度为 0.1 m，故量距只需精确到 0.1 m，因为小于 0.1 m 在图上表示不出来。另外，当设计规定在图上能量出的实地最短长度时，根据比例尺的精度，可以确定测图比例尺。例如，欲使图上能量出的实地最短线段长度为 0.5 m，则采用的比例尺不得小于 0.1 mm：0.5 m ＝ 1：5 000；若需要在图上表示出地物的最小长度为 0.2 m，则测图的比例尺不能小于 1：2 000。

9.2　地形图的分幅和编号

为了便于管理和使用地形图，需要将各种比例尺的地形图进行统一分幅和编号。地形图的分幅方法分为两类，一类是按经纬线分幅的梯形分幅法（又称国际分幅），另一类是按坐标网分幅的正方形或矩形分幅法。前者一般用于中小比例尺地形图的分幅，后者常用于工程建设中大比例地形图的分幅。

地形图的编号就是将划分的图幅，按比例尺大小和所在位置，用字母和数字符号进行编号。每幅图的编号必须是唯一的，并且要具有一定的系统性。编号方法有行列-自然序数编号法和行列式编号法。1992 年以前，采用 1：100 万地图图幅为基础的行列-自然序数编号法。1992 年国家颁布的《国家基本比例尺地形图分幅和编号》标准中，重新定义了一套行列式编号法，该法同样以 1：100 万地图图幅为基础进行编号。由于旧法已被新法取代，故本书对行列-自然序数编号法不再赘述。

9.2.1　地形图的梯形分幅和编号

按国际上的规定，1：100 万的世界地图实行统一的分幅和编号。即自赤道向北或向南分别按纬差 4° 分成横行，至 88°，南北半球各分为 22 横行，各行依次用 A，B，…，V 表示。自经度 180° 开始起算，自西向东按经差 6° 分成纵列，各列依次用 1，2，…，60 表示。每一幅图的编号由其所在地"行数列数"的代号组成。例如，北京某地的经度为东经 116°24′20″、纬度为 39°56′30″，则其所在地的 1∶1 00 万比例尺图的图号为 J50（如图 9.2 所示）。

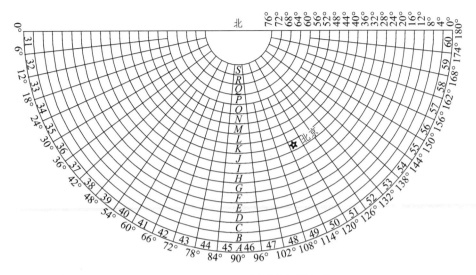

图 9.2　1∶1 00 万比例尺分幅编号

　　每幅 1∶100 万地图，按纬差 2°、经差 3°分成 2 行 2 列共 4 幅 1∶50 万地形图；按纬差 1°、经差 1°30′分成 4 行 4 列共 16 幅 1∶25 万地形图；按纬差 20′、经差 30′分成 12 行 12 列共 144 幅 1∶10 万地形图；按纬差 10′、经差 15′分成 24 行 24 列共 576 幅 1∶5 万地形图；按纬差 5′、经差 7′30″分成 48 行 48 列共 2 304 幅 1∶2.5 万地形图；按纬差 2′30″、经差 3′45″分成 96 行 96 列共 9 216 幅 1∶1 万地形图；按纬差 1′15″、经差 1′52.5″分成 192 行 192 列共 36 864 幅 1∶5 000 地形图。不同比例尺图幅范围及数量关系见表 9.3。

表 9.3　图幅范围及数量关系

比例尺		1∶100 万	1∶50 万	1∶25 万	1∶10 万	1∶5 万	1∶2.5 万	1∶1 万	1∶5 000
图幅范围	纬差	4°	2°	1°	20′	10′	5′	2′30″	1′15″
	经差	6°	3°	1°30′	30′	15′	7′30″	3′45″	1′52.5″
数量关系	行数	1	2	4	12	24	48	96	192
	列数	1	2	4	12	24	48	96	192
图幅数量		1	4	16	144	576	2 304	9 216	36 864

　　1∶50 万～1∶5 000 比例尺地形图的图幅编号均以 1∶100 万图幅编号为基础，采用行列式编号方法，行从上到下、列从左到右按顺序分别用阿拉伯数字编号。行列代码各由 3 位数组成，不足的前面补 0，加在 1∶100 万图幅号和比例尺代码（1 位大写英文字母，代码见表 9.4）后，共 10 位代码组成，如图 9.3 所示。如编号 J50B001002，表示某幅 1∶50 万地图的图号（图 9.4）。其他比例尺地图，如某幅 1∶25 万地图，编号为 J50C003004；1∶5 万地图，编号为 J50E006012；1∶5 000 地图，编号为 J50H100001。

表 9.4 比例尺与代码

比例尺	1：50 万	1：25 万	1：10 万	1：5 万	1：2.5 万	1：1 万	1：5 000
代　码	B	C	D	E	F	G	H

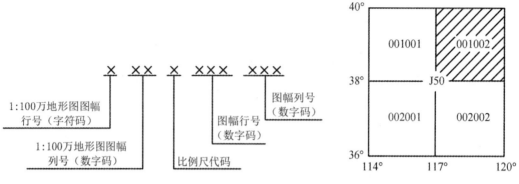

图 9.3 1：50 万 ~ 1：5 000 地形图图幅编号　　　图 9.4 1：50 万地图编号

9.2.2 地形图的矩形分幅和编号

为满足工程设计和施工的需要，大比例尺地形图大多按纵横坐标格网线进行等间距分幅，分幅后的图幅为矩形，故称为矩形分幅法。图幅一般为 50 cm×50 cm 或 40 cm×50 cm，以纵坐标的整千米数或整百米数作为图幅的分界线。当分幅大小为 50 cm×50 cm 时，又称正方形分幅。各种比例尺地形图的图幅大小如表 9.5 所示。

表 9.5 各种比例尺地形图的图幅大小

比例尺	40×50 分幅		50×50 分幅		
	图幅大小/ （cm×cm）	实地面积/km²	图幅大小/ （cm×cm）	实地面积/km²	1：5 000 图幅 内的分幅数
1：5 000	40×50	5	40×40	4	1
1：2 000	40×50	0.8	50×50	1	4
1：1 000	40×50	0.2	50×50	0.25	16
1：500	40×50	0.05	50×50	0.062 5	64

正方形分幅的编号，一般可采用以下几种方法。

1. 坐标千米数编号

坐标千米数编号是用该图幅西南角的 x 坐标和 y 坐标的千米数来编号。编号组成为 x 坐标在前，y 坐标在后，中间用连字符连接。比如某图幅西南角坐标为 $x = 3\ 267.0$ km，$y = 50.0$ km，则其编号为 3 267.0-50.0。编号时，1：5 000 地形图，坐标取至 1 km；1：2 000、1：1 000 地形图，坐标取至 0.1 km；1：500 地形图，坐标取至 0.01 km。

2. 自然序数法编号

对带状测区或面积较小的测区，可按测区统一顺序进行编号，一般为从左到右、从上到下用阿拉伯数字1，2，3，4，…编定，如图9.5中××-15（××为测区名称）。

3. 行列式法编号

行列式编号一般以代号（如A，B，C，…）的横行从上往下排列，阿拉伯数字为代号的纵列，从左向右排列来编定，以先行后列，中间加上连字符，如图9.6中A-4。

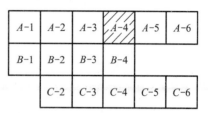

图 9.5 自然序数法编号	图 9.6 行列式法编号

4. 基本图号法编号

当一个测区内，需要测绘几种不同比例尺的地形图时，为便于地形图的管理、图形拼接、编绘、存档管理与应用，应以最小比例尺的正方形分幅地形图为基础，进行地形图的分幅与编号，称为基本图号法。如图9.7所示，1:5 000图幅的西南角坐标为$x = 20$ km，$y = 30$ km，其编号为20-30。1:5 000图幅编号后面加上罗马数字Ⅰ、Ⅱ、Ⅲ、Ⅳ作为1:2 000图幅编号，如左下角的图幅图号为20-30-Ⅲ。同样，在1:1 000、1:500图幅编号后面加上罗马数字作为1:1 000、1:500图幅的编号，如右上角一幅1:1 000图的图号为20-30-Ⅱ-Ⅰ，左上角一幅1:500图的图号为20-30-Ⅰ-Ⅰ-Ⅰ。

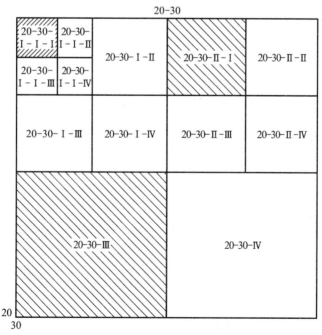

图 9.7 1:5 000基本图号法的分幅与编号

9.3 地物符号

地物是指地面之上各种固定的物体。为便于测图和应用，需用各种符号将实地的地物和地貌在图上表示出来，这些符号总称为地形图图式。图式是由国家测绘局统一制定的，它是测绘和使用地形图的重要依据，如表 9.6 所示为 GB/T 20257.1—2017《1∶500，1∶1 000，1∶2 000 地形图图式》中的部分地形图图式符号。

地物的种类繁多、形态复杂，一般可分为两类：一类是自然地物，如湖泊、河流等；另一类是人工地物，如房屋、道路、管线等。地物的类别、大小、形状及其在图上的位置，都是按规定的地物符号和要求表示的。国家测绘总局颁布的《地形图图式》统一了地形图的规格要求、地物、地貌符号和注记，方便测图和识图时使用。

地形图图式规定的地物符号，根据地物大小和描绘方法可分为 3 种类型。表 9.6 包括 1∶500、1∶1 000 比例尺的一些常用的地物符号。

9.3.1 比例符号

地物的轮廓较大，能按比例尺将地物的形状、大小和位置缩小，并用规定的符号绘在图纸上。这类符号一般是用实线或点线表示其外围轮廓，如房屋、森林、稻田和湖泊等，见表 9.6 中的 1～12 号及 22～25 号。

9.3.2 非比例符号

具有特殊意义的地物，因轮廓较小，不能按比例尺缩小绘在图上时，就采用统一尺寸，且不考虑其实际大小，而采用规定的符号表示，这种符号称为非比例符号，如三角点、水准点、独立树和里程碑等。这类符号在图上只能表示地物的中心位置，不能表示形状和大小，如表 9.6 中的 27～40 号。非比例符号在测图和用图时应注意下列几点：

（1）规则的几何图形符号（圆形、正方形、三角形等），以图形几何中心点为实地地物的中心位置，如水准点、三角点、钻孔等。

（2）底部为直角形的符号（风车、独立树、路标等），以符号的直角顶点为实地地物的中心位置。

（3）宽底符号（蒙古包、烟囱、水塔等），以符号底部中心为实地地物的中心位置。

（4）几种图形组合符号（气象站、教堂、消火栓等），以符号下方图形的几何中心为实地地物的中心位置。

（5）下方无底线的符号（山洞、窑洞等），以符号下方两端点连线的中心为实地地物的中心位置。各种符号除简要说明中规定按真实方向表示者外，均按直立方向描绘，即与南图廓线垂直。

表 9.6　地形图图式符号

编号	符号名称	图　例	编号	符号名称	图　例
1	坚固房屋 4-房屋层数	坚4　　1.5	11	灌木林	0.5　1.0
2	普通房屋 2-房屋层数	2　　1.5	12	菜　地	2.0　2.0　10.0　10.0
3	窑洞 1. 住人的 2. 不住人的 3. 地面下的	1　2.5　2 2.0 3	13	高压线	4.0
4	台　阶	0.5　　0.5　0.5	14	低压线	4.0
			15	电　杆	1.0：●
5	花　圃	1.5 1.5 10.0 10.0	16	电线架	
			17	砖、石及 混凝土围墙	10.0　　0.5　10.0　0.3
6	草　地	1.5 0.8 10.0 10.0	18	土围墙	10.0　0.5
			19	栅栏、栏杆	1.0　10.0
7	经济作物地	0.8　3.0 蔗　10.0 10.0	20	篱　笆	1.0　10.0
8	水生经济作物地	3.0　藕 0.5	21	活树篱笆	3.5　0.5　10.0 1.0　0.8
9	水稻田	0.2 2.0 10.0 10.0	22	沟　渠 1. 有堤岸的 2. 一般的 3. 有沟堑的	1 2　0.3 3
10	旱　地	1.0 2.0 10.0 10.0	23	公　路	0.3　沥　砾　0.3
			24	简易公路	8.0　2.0

143

编号	符号名称	图 例	编号	符号名称	图 例
25	大车路	0.15 ———— 0.3 ———碎石———	38	路 灯	↑ 1.5 1.0
26	小 路	4.0　1.0 0.3 — — — —	39	独立树 1. 阔叶 2. 针叶	1.5 1 3.0 ♀ 0.7 2 3.0 ♣ 0.7
27	三 角 点 凤凰-点名 394.486-高程	△ 凤凰山 394.468 3.0	40	岗亭、岗楼	90° 🏛 3.0 1.5
28	图 根 点 1. 埋石的 2. 不埋石的	1 2.0 ▣ N16 84.46 2 1.5 ⊕ 25 62.74 2.5	41	等 高 线 1. 首曲线 2. 计曲线 3. 间曲线	0.15 ～～ 87 —1 0.3 ～～ 85 —2 0.15 -- 6.0 —3 1.0
29	水准点	2.0 ⊗ Ⅱ京石5 32.804	42	示坡线	0.8
30	旗 杆	1.5 4.0 ⌐ 1.0 1.0	43	高程点及其注记	0.5 · 163.2 ⊥ 75.4
31	水 塔	2.0 3.0 Ⓘ 1.0 1.2	44	滑坡	
32	烟 囱	3.5 Ⓘ 1.0	45	陡 崖 1. 土质的 2. 石质的	1　　2
33	气象站	3.0 Ⓣ 4.0 1.2	46	冲 沟	
34	消防栓	1.5 1.5 ⊖ 2.0			
35	阀 门	1.5 1.5 ⊖ 2.0			
36	水龙头	3.5 Ⓘ 2.0 1.2			
37	钻 孔	30 ⊙ 1.0			

144

9.3.3 半比例符号（线形符号）

一些带状延伸地物（如道路、通信线、管道、垣栅等），其长度可按比例尺缩绘，而宽度无法按比例尺表示的符号称为半比例符号。半比例符号只能表示其实地地物的位置（符号的中心线）和长度，不能表示宽度。如表 9.6 中的 26 号及 13～21 号。

9.3.4 地物注记

地形图上对一些地物的性质、名称等加以注记和说明的文字、数字或特有符号，称为地物注记。例如，房屋的层数，河流的名称、流向、深度，工厂、村庄的名称，控制点的点号、高程，地面的植被种类等。

比例符号与半比例符号的使用界限并不是绝对的。如公路、铁路等地物，在 1∶500～1∶2 000 比例尺地形图上是用比例符号绘制的，但在 1∶5 000 比例尺以上的地形图上是按半比例符号绘制的。比例符号与非比例符号之间也是同样的情况。一般来说，测图比例尺越大，用比例符号描绘的地物越多；比例尺越小，用非比例符号表示的地物越多。

9.4 地貌符号

地貌是指地球表面的高低起伏状态，它包括平地、丘陵地、山地和高山地等，见表 9.7。图上表示地貌的方法有多种，在测量工作中对于大、中比例尺地形图主要采用等高线法。因为用等高线表示地貌，不仅能表示地面的起伏形态，还能表示出地面的坡度和地面点的高程。对于特殊地貌则采用特殊符号表示。本小节讨论等高线表示地貌的方法。

表 9.7 地貌分类

地貌形态	地面坡度
平地	2°以下
丘陵地	2°～6°
山地	>6°～25°
高山地	25°以上

9.4.1 等高线概念

等高线是地面上高程相同的相邻点所连接而成的连续闭合曲线。

如图 9.8 所示，设想有一座高出平静水面的小山头，山顶被水淹没时的水面高程为 100 m，之后水位下降 5 m，露出山头，此时小山与水面相交形成的水涯线为一闭合曲线，曲线上各点的高程相等，这就是高程均为 95 m 的等高线；随后水位又下降 5 m，小山与水面又有一条交线，这就是高程均为 90 m 的等高线。依次类推，水位每下降 5 m，小山就与水面相交留下一条交线，从而得到一组高差为 5 m 的等高线。假设把这组实地上的等高线沿铅垂线方向投影到

水平面 H 上，并按规定的比例尺缩绘到图纸上，就得到用等高线表示该山头地貌的等高线图。

9.4.2　等高距和等高线平距

相邻等高线之间的高差称为等高距或等高线间隔，常以 h 表示，如图 9.8 中的等高距是 5 m。在同一幅地形图上，等高距是相同的。相邻等高线之间的水平距离称为等高线平距，常以 d 表示。因同一张地形图内等高距是相同的，所以等高线平距 d 的大小与地面坡度有关。如图 9.9 所示，地面上 CD 段的坡度大于 BC 段，其等高线平距 cd 就比 bc 小；相反，CD 段的坡度小于 AB 段，其等高线平距就比 AB 段大。由此可见，等高线平距越小，地面坡度就越大；平距越大，则坡度越小；坡度相同（图上 AB 段），平距相等。因此，根据地形图上等高线的疏、密可判断地面坡度的缓、陡。等高距选择过小，会成倍地增加测绘工作量。对于山区，有时会因等高线过密而影响地形图的清晰度。等高距的选择，应该根据地形类型和比例尺大小，并按照相应的规范执行。表 9.8 所示为大比例尺地形图基本等高距参考值。

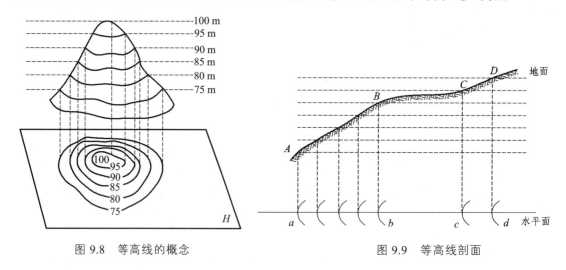

图 9.8　等高线的概念　　　　　　　　　图 9.9　等高线剖面

表 9.8　大比例尺地形图的基本等高距　　　　　　　　　单位：m

地貌类别	比　　例　　尺			
	1 : 500	1 : 1 000	1 : 2 000	1 : 5 000
平坦地	0.5	0.5	1	2
丘陵地	0.5	1	2	5
山　　地	1	1	2	5
高山地	1	2	2	5

9.4.3　典型地貌的等高线

地貌的形态虽然纷繁复杂，但通过仔细研究和分析就会发现它们是由几种典型的地貌综合而成的。了解和熟悉典型地貌的等高线特征，对提高我们识读、应用和测绘地形图的能力很有帮助。

1. 山头和洼地

山头的等高线特征如图 9.10 所示，洼地的等高线特征如图 9.11 所示。山头和洼地的等高线都是一组闭合曲线，但它们的高程注记不同。内圈等高线的高程注记大于外圈者为山头；反之，小于外圈者为洼地。另外，也可以用示坡线表示山头或洼地。

示坡线是垂直于等高线的短线，用以指示坡度下降的方向。示坡线从内圈指向外圈，说明中间高、四周低，为山丘；示坡线从外圈指向内圈，说明四周高、中间低，故为洼地。

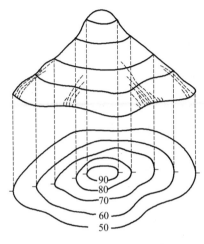 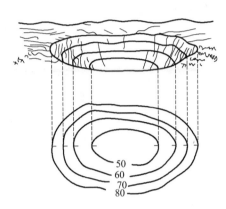

图 9.10　山头等高线　　　　　　　　图 9.11　洼地等高线

2. 山脊和山谷

山脊是沿着一个方向延伸的高地，山脊等高线表现为一组凸向低处的曲线，其最高点的连线称为山脊线。山脊附近的雨水必然以山脊线为分界，分别流向山脊的两侧，因此，山脊线又称分水线，如图 9.12 所示。山谷是沿着一个方向延伸的凹地，位于两山脊之间，山谷等高线表现为一组凸向高处的曲线。贯穿山谷最低点的连线称为山谷线，而在山谷中，雨水必然由两侧山坡流向谷底，向山谷线汇聚，因此，山谷线又称集水线，如图 9.13。

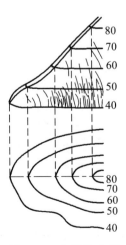 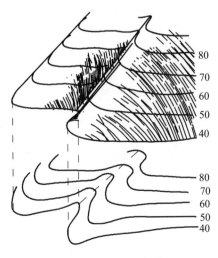

图 9.12　山脊等高线　　　　　　　　图 9.13　山谷等高线

山脊线和山谷线是显示地貌基本轮廓的线，统称为地性线，其在测图和用图中起着重要作用。

3. 鞍 部

鞍部是相邻两山头之间呈马鞍形的低凹部位，俗称垭口。鞍部往往是山区道路通过的地方，也是两个山脊与两个山谷会合的地方。鞍部等高线的特点是在一圈大的闭合曲线内，套有两组小的闭合曲线，如图9.14所示。

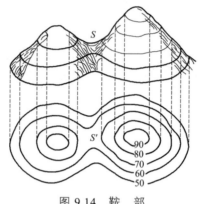

图 9.14 鞍 部

4. 陡崖和悬崖

陡崖是坡度在70°以上或为90°的陡峭崖壁，如用等高线表示将非常密集甚至重合为一条线，故需采用陡崖符号来表示，有石质和土质之分，如图9.15（a）、（b）。

悬崖是上部突出、下部凹进的陡崖，这种地貌的等高线出现相交。俯视时，隐蔽的等高线用虚线表示，如图9.15（c）所示。

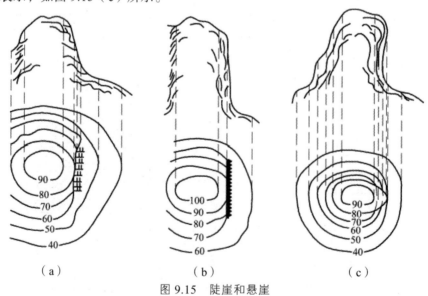

（a） （b） （c）

图 9.15 陡崖和悬崖

识别上述典型地貌等高线特征后，就能更好地认识地形图上各种复杂地貌。图9.16所示为某一地区综合地貌。

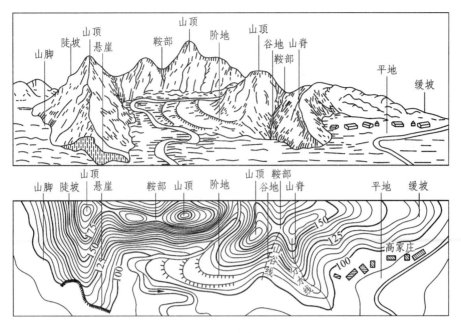

图 9.16 综合地貌

9.4.4 等高线的分类

等高线可分为首曲线、计曲线、间曲线和助曲线，如图 9.17 所示。

（1）首曲线也称基本等高线，是指从高程基准面起算，按规定的基本等高距描绘的等高线，用宽度为 0.15 mm 的细实线表示。

（2）计曲线是指从高程基准面起算，每隔 4 条基本等高线有一条加粗的等高线，用线宽为 0.3 mm 的粗实线表示。为了读图方便，计曲线上需标注出高程。

（3）间曲线是当基本等高线不足以显示局部地貌特征时，按 1/2 基本等高线所加绘的等高线，采用 0.15 mm 的长虚线描绘。按 1/4 基本等高线所加绘的等高线，称为助曲线，用 0.15 mm 的短虚线表示。描绘间曲线和助曲线均可不闭合。

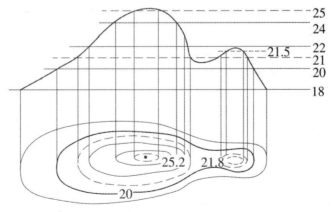

图 9.17 等高线的分类

9.4.5　等高线的特性

通过研究等高线的规律，可以归纳出等高线的特性，其对于地物的描绘和等高线的勾勒，以及地形图的正确使用都有较大帮助。

（1）同一条等高线上的各点在地面上的高程都相等。

（2）等高线为连续的闭合曲线，它可能在同一幅图内闭合，也可能穿越若干图幅后闭合。凡不在本图幅内闭合的等高线，需绘制到图廓线，不能在图内中断。

（3）除在悬崖或绝壁处外，等高线在图上不能相交或重合。

（4）等高线的平距小表示坡度陡，平距大表示坡度缓，平距相等则坡度相等。也就是等高线越密的地方，地面坡度越陡；等高线越稀的地方，地面坡度越平缓。

（5）等高线与山脊线、山谷线成正交。由此推断，等高线穿越河流时，应逐渐折向河流上游，然后正交于河岸线。

（6）等高线不能在图内中断，但遇道路、房屋、河流等地物符号和注记处可局部中断。

9.5　地形图图外注记

为了图纸管理和使用的方便，在地形图的图框外有许多注记，如图号、图名、接图表、图廓、坐标格网、三北方向线等。

9.5.1　图名、图号和接图表

图名就是本幅图的名称，常用本幅图内最著名的地名、最大的村庄或厂矿企业的名称来命名。图号即图的编号，标注在图名下方。图名和图号标在北图廓上方的中央。如图 9.18 所示，该地形图图名为"热电厂"，图号为 10.0-21.0，该图号由西南角纵、横坐标组成。

接图表说明本幅图与相邻图幅的关系，供需要相邻图幅时使用。通常是中间画有斜线的一格代表本幅图，四邻分别注明相应的图号或图名，并绘注在北图廓的左上方，如图 9.18 所示。

9.5.2　图廓、坐标格网线和图外注记

图廓是图幅四周的范围线。矩形图幅有内图廓和外图廓之分。内图廓是地形图分幅时的坐标格网线，也是图幅的边界线。外图廓是距内图廓以外一定距离绘制的加粗平行线，仅起装饰作用。在内图廓外四角处注有坐标值，并在内图廓内侧，每隔 10 cm 绘 5 mm 的短线，表示坐标格网线位置。在图幅内每隔 10 cm 绘坐标格网交叉点，如图 9.18 所示。

图外注记是了解图件和成图方法的重要内容。如图 9.18 所示，一般在图下方或左右两侧注有文字说明，包括测图日期、测图单位、坐标系、高程基准、基本等高距、图式、测量员、绘图员和检查员等。在图右上角标注图纸密级。

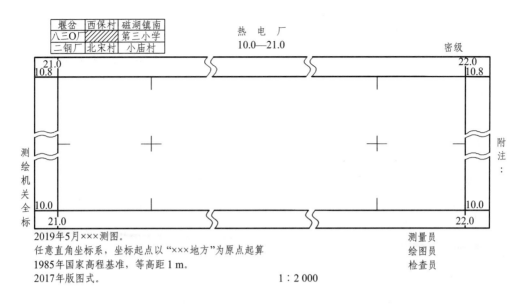

图 9.18 地形图图廓、坐标格网和图外注记

9.5.3 投影方式、坐标系统、高程系统

地形图测绘完成后，都要在图上标注本图的投影方式、坐标系统、高程系统，以备日后使用时参考。一般情况下，地形图都是采用正投影的方式完成。坐标系统指该幅图是采用以下哪种方式完成的：2000 年国家大地坐标系，城市坐标系，独立平面直角坐标系。

高程系统指本图所采用的高程基准：1985 年国家高程基准系统或设置相对高程（详见第 1 章绪论），如图 9.18 所示。

9.5.4 坡度尺与三北方向

1. 坡度尺

在南图廓外绘有坡度尺。坡度尺是以坡度为横坐标、等高线平距为纵坐标的坡度平距曲线。纵坐标（平距）与地形图比例尺相同，横坐标（坡度）可取任意比例尺绘制。坡度尺的水平底线下边注有两行数字，上行是用坡度角表示的坡度，下行是对应的倾斜百分率表示的坡度，即坡度角的正切函数值。从图上量出的等高线平距，在坡度尺上比较得出相应的坡度。坡度尺按首曲线间平距（相邻两条等高线间距）和计曲线间平距（相邻 6 条等高线间距）分别绘出两条曲线，如图 9.19 所示。

2. 三北方向

在中、小比例尺的南图廓线的右下方，还绘有真子午线、磁子午线和坐标纵轴（中央子午线）三个方向之间的角度关系，称为三北方向，如图 9.20 所示。利用该关系图，可对图上任一方向的真方位角、磁方位角和坐标方位角三者间做相互换算。

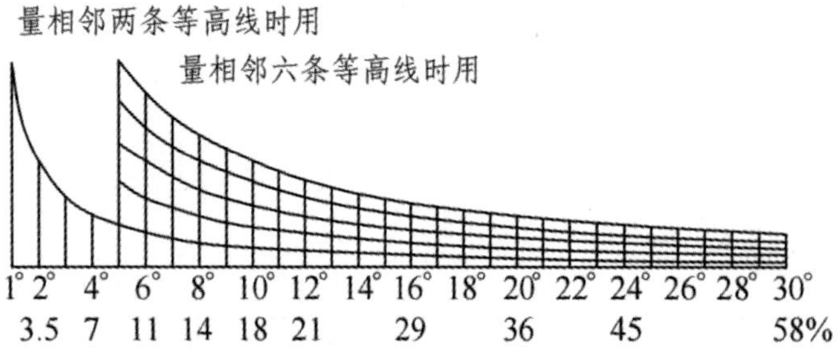

量相邻两条等高线时用

量相邻六条等高线时用

1° 2°   4°   6°   8° 10° 12° 14° 16° 18° 20° 22° 24° 26° 28° 30°
3.5   7   11   14   18   21   29   36   45   58%

图 9.19 坡度尺

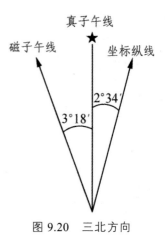

图 9.20 三北方向

习 题

9.1 什么是地图？什么是地形图？二者有何区别？

9.2 什么是比例尺？什么是比例尺精度？二者有何关系？

9.3 测绘 1∶2 000 的地形图，测量距离的精度只需精确至多少即可？设计时，若要求地形图能表示出地面 0.1 m 长度的物体，则所用的地形图比例尺不应小于多少？

9.4 试述地形图的正方形分幅与编号方法。

9.5 什么是地物符号？地物符号分为哪几种类型？

9.6 什么是等高线？等高线有哪几种类型？如何区别？

9.7 按地貌形态而言，可归纳为哪几种典型的地貌？其等高线有何特点？

第 10 章 地形图的测绘与应用

📖 **内容提要**

本章介绍了大比例尺地形图常规测绘方法和步骤，及数字地形图的测绘与成图方法；介绍了地形图的基本应用，如求取地面点的坐标、高程，量取线段的距离，直线的方位角以及确定某区域面积等；叙述了地形图的工程应用，如绘制纵断面图，确定某范围的汇水面积，按规定坡度选定最短路线，在图上计算土石方量等。

🎯 **课程思政目标**

（1）通过讲授地形图测绘知识，使学生建立在以后的工作中严格按规操作的意识，深刻认识测绘工作的严谨性和重要性。

（2）通过外业测绘工作，要教育学生不畏艰险、艰苦奋斗、知难而进，培养学生坚忍不拔的毅力和吃苦耐劳的精神。

（3）国家基础地理信息是当今国际竞争、渗透的重点领域，在测绘数据的获取、生产、使用、传输、保存上要给学生强调保密意识，引导学生学习《保密法》，以此加强学生的国家安全观念。

地形图测绘应遵循"先控制后碎部、先整体后局部"的原则进行。即先进行图根控制测量，以图根点为测站，测定其周围地物、地貌特征点的平面位置和高程，并按测图比例尺缩绘在图纸上，然后根据地形图图式规定的符号，勾绘出地物地貌的位置、形状和大小，形成地形图。地物、地貌特征点统称碎部点，所以地形图的测绘又称碎部测量。规范的地形图包含着丰富的自然地理、人文地理和社会经济信息，它是进行工程规划、设计和施工的重要依据。正确应用地形图，是工程技术人员必须具备的基本技能。

10.1 大比例尺地形图的测绘

10.1.1 测图前的准备工作

测图前应整理本测区的控制点成果和测区内可利用的资料，勾绘出测图范围。首先，制定好工作计划、施测方案及技术要求等；然后，组织安排好测绘人员，并对测图用的仪器进行检验与校正，且应确保其他必要的测量工具准备齐全。

除此之外，还应着重做好测图板的准备工作。它包括图纸准备、绘制坐标格网及展绘控制点等工作。

1. 图纸准备

目前，各测绘部门大多采用聚脂薄膜，其厚度为 0.07 ~ 0.1 mm，一面打毛，便可代替图纸用来测图。这种图纸经过热处理定型后，具有透明度好、伸缩性小、不怕潮湿、经久耐用等优点。若表面沾污，可用清水或淡肥皂水洗涤图纸上的污物，并且着墨后可直接在图纸上复晒蓝图，因而方便和简化了成图工序。但聚脂薄膜有易燃、易折等缺点，故在使用保管过程中应注意防火防折。

2. 绘制坐标格网

为了准确地将图根控制点展绘在图纸上，首先要在图纸上精确地绘制 10 cm × 10 cm 的直角坐标格网。绘制坐标格网的工具和方法较多，专业仪器工具如坐标仪、坐标格网尺等，常用方法有对角线法和绘图仪法。

1）对角线法

如图 10.1 所示，先沿图纸的 4 个角上绘出两条对角线交于 O 点，并以 O 点起，在对角线上量取 OA、OB、OC、OD 四段相等的长度得 A、B、C、D 四点，用直线连接各点，得矩形 $ABCD$。再从 A、B 两点起各沿 AD、BC 方向每隔 10 cm 截取一点，从 A、D 两点起各沿 AB、DC 方向每隔 10 cm 截取一点，连接各对应边的相应点，即得坐标格网。

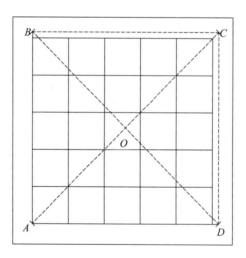

图 10.1　对角线法绘制格网

2）绘图仪法

绘图仪法指先在计算机中用绘图软件 AutoCAD 等编辑好坐标格网图形，然后用绘图仪输出在图纸上。

坐标格网画好后，要用直尺检查方格网的交点是否在同一直线上，其偏离值不应超过 0.2 mm。用比例尺检查 10 cm 小方格的边长与其理论值相差不应超过 0.2 mm。小方格对角线长度（14.14 cm）误差不应超过 0.3 mm，如超过限差，应重新绘制。

3．展绘控制点

展绘控制点前，首先按图的分幅位置，确定坐标格网线的坐标值，并标注在相应方格网边线的外侧；展绘控制点时，先根据控制点的坐标确定其所在方格。如图 10.2 中的控制点 A 的坐标 $x_A = 772.32\text{m}$、$y_A = 665.67\ \text{m}$，因此可知 A 点的位置在 $klmn$ 方格内。再按 y 坐标值分别从 l、k 点按测图比例尺向右各量取 65.67 m，得 d、c 两点；同理，从 k、n 点向上各量取 72.32 m，得 a、b 两点，连接 ab 和 cd，两线交点即为 A 点的位置。用同样的方法，将图幅内其余控制点展绘在图纸上，各点的符号也相应标注出来。

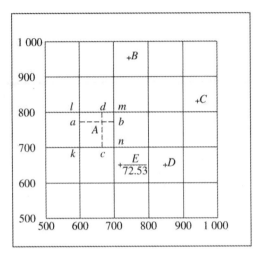

图 10.2　展绘控制点

控制点展绘好后，应进行校核。其具体方法是用比例尺量出各相邻控制点之间的距离，其距离与相应实地距离的误差不应超过图上 0.3 mm。检查无误后，按《地形图图式》的规定将各点的点号和高程标注在图上相应位置，一般在控制点右侧以分数形式标注，分子为点名，分母为高程，如图 10.2 中 E 点所示。

10.1.2　碎部点的选择

地形图测绘也称碎部测量，即以图根点（控制点）为测站，测定出测站周围碎部点的平面位置和高程，并按照比例尺缩绘在图纸上。碎部点即地形特征点，包括地物特征点和地貌特征点。

1．地物特征点

地物特征点指决定地物形状的轮廓线上的方向变化处，如房角点、道路转折点、交叉点、河岸线转弯点以及独立地物的中心点等。连接这些特征点，便得到与实地相似的地物形状。由于地物形状极不规则，故一般规定主要地物凹凸部分在图上大于 0.4 mm 的均应表示出来，小于 0.4 mm 时则用直线连接。

2．地貌特征点

地面上的各种地形虽然十分复杂，但可以看成是由向着各个方向倾斜且具有不同坡度的面组成的多面体,而山脊线、山谷线、山脚线等地性线是多面体的棱线。因此,地貌的特征点应选择在这些地形线的转折点(方向变化和坡度变化处)上。如山顶、鞍部、山脊、山谷、山坡、山脚等坡度及方向变化处,如图 10.3 所示。根据这些特征点勾绘等高线,才能将地貌真实地反映在地形图上。

碎部点的密度应适当,过稀不能详细反映地形的微小变化,过密则增加外业工作量,浪费人力和物力。碎部点在地形图上间距一般为 2~3 cm 为宜,不同比例尺的碎部点间距如表 10.1 所示。在地面平坦的地方或坡度无明显变化的地区,地貌特征点间距可采用最大值。城市建筑区的最大视距如表 10.2 所示。

图 10.3   地貌特征点

表 10.1   碎部点间距和最大视距

测图比例尺	地形点最大间距/m	最大视距/m	
		主要地物点	次要地物点和地形点
1 : 500	15	60	100
1 : 1 000	30	100	150
1 : 2 000	50	180	250
1 : 5 000	100	300	350

表 10.2   城市建筑区的最大视距

测图比例尺	最大视距/m	
	主要地物点	次要地物点和地形点
1 : 500	50(量距)	70
1 : 1 000	80	120
1 : 2 000	120	200

10.1.3 经纬仪测绘法

依据使用的仪器和操作方法不同,大比例尺地形图的常规测绘方法有经纬仪测绘法、大平板仪测绘法、经纬仪和小平板仪联合法等。其中,经纬仪测绘法操作简单方便,适用性强。

下面只介绍经纬仪测绘法。

经纬仪测绘法是将经纬仪安置在测站点上，测定碎部点的方向与已知方向之间的水平夹角，并用视距测量法测出测站点至碎部点的平距及碎部点的高程。绘图板安置于测站旁，根据测定数据，用量角器（又称半圆仪）和比例尺把碎部点的平面位置展绘在图纸上，并在点的右侧注明其高程，最后再对照实地描绘地物和地貌。一个测站上的测绘工作步骤具体如下所述。

1. 安置仪器

如图 10.4 所示，将经纬仪安置于测站点 A（控制点）上，对中、整平，记录控制点高程 H_A，量取仪器高 i，测量竖盘指标差 x，最后将数据填入"地形测量记录手簿"，如表 10.3 所示。

2. 定　向

用经纬仪盘左位置瞄准另一控制点 B，设置水平度盘读数为 $0°00'00''$，B 点称为后视点，AB 方向称为起始方向或后视方向。在平板上固定好图纸，并安置在测站附近，注意使图纸上控制边方向与地面上相应控制边方向大致相同。连接图上对应的控制点 a、b，并适当延长 ab 线，ab 线即图上起始方向线。之后，用小针通过量角器圆心插在 a 点，使量角器圆心 a 固定在点上。

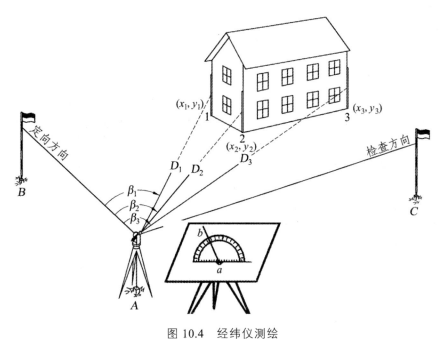

图 10.4　经纬仪测绘

3. 跑　尺

在地形特征点上立尺的工作通称为跑尺。立尺点的位置、密度、远近及跑尺方法对成图的质量和功效有较大影响。立尺前，立尺员应弄清实测范围和实地情况，按照"概括全貌、点少、能检核"的原则选定立尺点，并与观测员、绘图员共同商定跑尺路线。例如，在平坦地区跑尺，可由近及远，再由远及近地跑尺，立尺结束时立尺员处于测站附近。在丘陵或山区，可沿地性线或等高线跑尺。

4. 观 测

观测员转动经纬仪照准部，瞄准待测地形点（如图 10.4 中的 1、2、3 点）标尺，中丝对准仪器高处或另一位置，读数为 v，上下丝读取视距间隔 l，并读取竖盘读数 L 及水平角 β。

5. 记录与计算

将测得的视距间隔 l、中丝读数 v、竖盘读数 L 及水平角 β 依次填入手簿。对于有特殊作用的碎部点，如房角、山头、鞍部等，应在备注中加以说明，如表 10.3 所示。然后根据测得数据按视距测量计算公式，用计算器计算出碎部点的水平距离 D 和高程 H。

表 10.3　地形测量记录手簿

测站：A 后视点 B									指标差 $x = 0$
测站高程 $H_A = 1\,008.40$ m				视线高程 $H_{视} = H_A + i = 1\,009.82$ m					
点号	视距 $K \cdot l$/m	中丝读数 v/m	竖盘读数/L	竖直角 α	水平角 β	高差 Δh/m	水平距离 D/m	高程 H/m	备注
1	76.00	1.42	93°28′	−3°28′	115°00′	−4.60	75.86	1 003.80	房角
2	51.40	1.55	91°45′	−1°45′	98°34′	−1.70	51.38	1 006.70	房角
3	37.50	1.60	93°00′	−3°00′	112°44′	−2.14	37.45	1 006.26	房角
4	25.70	2.42	87°26′	+2°34′	128°30′	+0.15	25.67	1 008.55	电杆

6. 展绘碎部点

如图 10.5 所示，绘图员转动量角器，将量角器上等于水平角值（如碎部点 1 的水平角 $\beta_1 = 115°00′$）的刻画线对准起始方向线 ab，此时量角器的零方向便是碎部点 1 的所在方位，在零方向上按比例尺量出相应水平长度 D_1，用铅笔将点 1 在图上标定，并在点右侧注明其高程。同法，测出其余各碎部点的平面位置与高程，绘于图上。测绘地物时，应对照外轮廓随测随绘。测绘地貌时，应对照地性线和特殊地貌外缘点勾绘等高线。

仪器搬到下一测站时，应先观测前站所测的某些明显碎部点，检测由两站测得该点的平面位置和高程是否相等。如相差较大，应查明原因，纠正错误，再继续进行测绘。

若测区面积较大，可分成若干图幅，分别测绘，最后拼接成全区地形图。为了便于相邻图幅的拼接，每幅图应测出图廓外 5 mm。

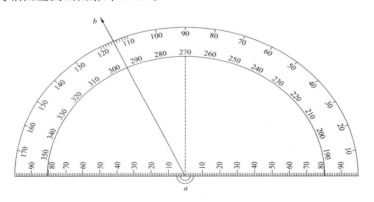

图 10.5　量角器展绘点

10.1.4 地形图的绘制

测绘工作中，当碎部点展绘在图上后，就可对照实地描绘地物和等高线。

1. 地物描绘

地物要按《地形图图式》规定的符号表示。房屋轮廓需用直线连接起来，而道路、河流的弯曲部分则是逐点连成光滑的曲线。不能依比例描绘的地物，应按规定的非比例符号表示。

2. 地貌描绘

地貌描绘主要是等高线的勾绘，不能用等高线表示的地貌，如悬崖、峭壁、土堆、冲沟、雨裂等，应按图式规定的符号表示。勾绘等高线时，首先用铅笔轻轻描绘出山脊线、山谷线等地性线，再根据碎部点的高程勾绘等高线。由于各等高线的高程是等高距的整数倍，而测得碎部点的高程往往是非整数，因此，必须在相邻点间用内插法定出等高线通过的点位。由于碎部点是选在地面坡度变化处，相邻两点可视为均匀坡度。因此，可以在图上两相邻碎部点的连线上，按平距与高差成比例的关系，定出两点间各条等高线通过的位置。如图 10.6 所示，地面上两碎部点 A、B 的高程分别为 62.6 m 和 66.2 m。若等高距为 1 m，则其间有高程为 63 m、64 m、65 m 及 66 m 四条等高线通过。根据平距与高差成比例的原理，便可定出它们在图上的位置。先按比例关系定出高程 63 m 的点 1′ 和高程 66 m 的点 4′，然后将 1′、4′ 的距离三等分，定出高程为 64 m、65 m 的 2′、3′ 点。同法，定出其他相邻两碎部点间等高线应通过的位置。将高程相等的相邻点连成光滑的曲线，即得等高线，如图 10.7 所示。勾绘等高线时，要对照实地情况，先画计曲线，后画首曲线，并注意等高线通过山脊线、山谷线的走向。

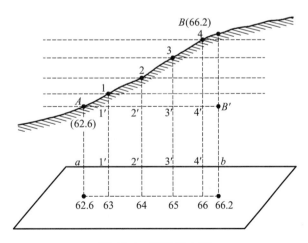

图 10.6　等高线内插

如果在平坦地区测图，在很大范围内绘不出一条等高线。地面起伏则用高程碎部点表示。高程碎部点简称高程点。高程点分布应均匀，在图上间隔以 2～3 cm 为宜。平坦地面有地物时以地物点高程为高程碎部点，无地物时应单独测定高程碎部点。

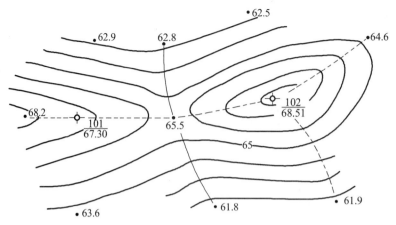

图 10.7 等高线勾绘

10.1.5 地形图的拼接、检查与整饰

1. 地形图的拼接

当测区面积超过一幅图的范围时，必须采用分幅测图。这样，在相邻图幅连接处，由于测量和绘图误差，相邻图幅连接处地物轮廓线、等高线不能完全吻合，会产生一定偏差，称为地形图接边差。

如图 10.8 中，相邻边的房屋、河流、等高线都有偏差。因此，在相邻图幅测绘完成后需进行图的拼接修正，一般做法是用宽 5 ~ 6 cm 的透明纸蒙在上图幅的接图边上，用铅笔把坐标格网线、地物、地貌符号描绘在透明纸上，然后再把透明纸按坐标格网线位置蒙在下图幅衔接边上，再用铅笔描绘地貌、地物符号。若图廓线两侧同一地物、等高线偏差不超过表 10.4 中点位中误差的 $2\sqrt{2}$ 倍时，在保持地物、地貌相互位置和走向的正确性前提下，先在透明纸上按 $2\sqrt{2}$ 平均位置进行修正，然后照此图修正原图。若偏差超过规定限差，则应分析原因，到实地检查改正错误。

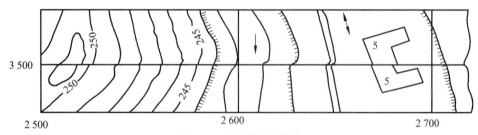

图 10.8 地形图的拼接

表 10.4 地物点、地形点平面和高程中误差

地区类别	点位中误差（图上，mm）	邻近地物点间距中误差（图上，mm）	等高线高程中误差/基本等高距			
			平地	丘陵地	山地	高山地
平地、丘陵地	0.5	0.4	1/3	1/2	2/3	1
山地、高山地	0.75	0.6				

2. 地形图的检查

在测图中，测量人员应做到随测随检查。为了保证成图质量，在地形图测完后，必须对成图质量进行全面、严格的检查。图的检查可分为室内检查和野外检查两部分。

1）室内检查

室内检查的内容有：对控制测量的原始数据、外业观测手簿、计算手簿以及控制点成果表进行检查，看资料是否齐全，各项限差是否符合要求等。对图面进行检查，看图面地物、地貌是否清晰易读；各种符号、注记以及描绘质量是否符合要求，等高线与地貌特征点的高程是否相符，有无矛盾可疑之处，图边拼接有无问题等。

2）野外检查

如在室内检查中发现错误或疑点，不可随意修改，应加以记录，并到野外进行实地检查、核对、修改。野外检查分巡视检查和仪器设站检查。

巡视检查即沿选定路线将原图与实地进行对照检查、查看所绘内容与实地是否相符、是否遗漏，名称注记与实地是否一致等。将发现的问题和修改意见记录下来，以便修正或补测时参考。仪器设站检查则根据室内检查和巡视检查发现的问题，到野外设站检查和补测。另外还要进行抽查，把仪器重新安置在图根控制点上，对一些主要地物和地貌进行重测，如发现误差超限，应按正确结果修正，设站抽查量一般为10%。

3. 地形图的整饰

当原图经过拼接和检查后，还应对地物、地貌进行清绘和整饰，使图面更加合理、清晰、美观。整饰的顺序是先图内后图外，先地物后地貌，先注记后符号。需将图上多余、不必要的点线擦除。图上的注记、地物以及等高线均按规定的图式进行绘制，但应注意等高线不能通过注记和地物符号。图外整饰包括外图廓线、坐标网、接图表、图名、图号、比例尺、坐标系及高程系统、施测单位、测绘者及测绘日期等。

现代测绘部门已采用计算机绘图工序，经外业测绘的地形图，只需用铅笔完成清绘，然后用扫描仪使地图矢量化，便可通过制图软件进行地形图绘制。

10.2 数字化测图

传统的地形测图（白纸测图）主要是利用测量仪器对测区范围内的地物、地貌特征点的空间位置进行测定，然后以一定的比例尺并按图式符号绘制在图纸上。其实质是将测得的观测值用模拟或图解的方法转化为图形。这种转化使得所测数据的精度大大降低，而且工序多、劳动强度大、质量管理难，且一纸之图难以承载诸多图形信息，变更、修测也极为不便。随着社会对空间、地理信息的需求迅速增大，现在数字化测图已成为野外测绘地形图的主要方法。数字测图野外数据采集按碎部点测量方法可分为全站仪测量方法和GPS RTK测量方法，目前常用的是全站仪测量方法。

10.2.1 数字化测图系统

利用电子全站仪或其他测量仪器在野外进行数字化地形数据采集，并通过计算机辅助绘制大比例尺地形图的工作，称为数字测图（Digital Surveying Mapping，DSM）。数字化测图系统包括：利用电子全站仪或其他测量仪器进行野外数字化测图、利用手扶数字化仪或扫描数字化仪对传统方法测绘原图的数字化，以及借助解析测图仪或立体坐标量测仪对航空摄影、遥感相片进行数字化测图等技术。利用上述技术将采集到的地形数据传输给计算机，并由功能齐全的成图软件进行数据处理、成图显示，再经过编辑、修改后生成符合国标的地形图，最后将地形数据和地形图分类建立数据库，并用数控绘图仪或打印机完成地形图和相关数据的输出。数字化测图流程如图 10.9 所示。

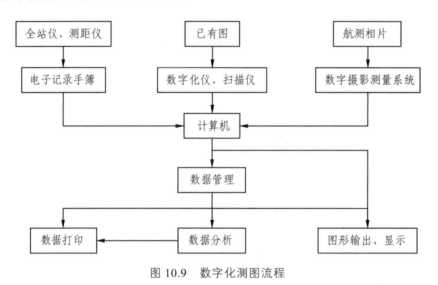

图 10.9　数字化测图流程

数字化测绘不仅仅是利用计算机辅助绘图，从而减轻测绘人员的劳动强度、保证地形图绘制质量、提高绘图效率，而且具有更深远的意义：由计算机进行数据处理并可直接建立数字地面模型和电子地图，为地理信息系统（Geographic Information System，GIS)的建设提供了可靠的原始数据，以供国家、城市和行业部门的现代化管理及工程设计人员使用。

数字成图软件现在有两类辅助制图软件：一类是基于 CAD 系统的，侧重外业测绘成图的编辑、更新等；另一类是基于 GIS 系统，侧重于生成全数字化的地形图，供导航、查询、地籍管理等系统利用。

10.2.2　数字测图的作业过程

数字测图分为数据采集、数据编码、数据处理、数据输出及检查验收等几个阶段。

1. 数据采集

数据采集是整个数字测图的基础和依据，数据采集的方法有：GPS 法、航测法、数字化仪法、大地测量仪器法等。其中，最常用的方法是大地测量仪器法，利用电子全站仪进行实地测量，将采集的数据存储在存储器或存储卡中，也可以存储在电子手簿或便携机中，然后通过外接线输入计算机。数据采集包括：图根控制测量、碎部测量以及其他专业测量。

2. 数据编码

野外数据采集仅用全站仪或其他大地测量仪器测定碎部点的位置（坐标）是不能满足计算机自动成图要求的，还必须将地物点的属性信息（地物类别等）和连接关系记录下来。一般用按一定规则构成的符号串来表示地物属性信息和连接信息，这种有一定规则的符号串称为数据编码。数据编码的基本内容包括：地物属性码（或称地物特征码、地物要素编码、地物代码）、连接关系码（包括连接点号和连接线型）等。

1）地物属性信息

由于数字化测图采集的数据信息量大、涉及面广，数据和图形应一一对应才具有广泛的实用价值。因此，必须进行科学的编码。地物属性代码按照《基础地理信息要素分类与代码标准》（GB/T 13923—2022）确定。基础地理信息要素分类采用线分类法，地物属性代码采用6位十进制数字码，分别为按顺序排列的大类码（1位）、中类码（1位）、小类码（2位）和子类码（2位），具体代码结构如下：

地形图的地形要素很多，可将它们总结归为九大类：地位基础（包括测量控制点和数学基础）、水系、居民地及设施、交通、管线、境界与政区、地貌、植被与土质、地名。

如池塘的地物属性代码为230102，其中从左到右分别为：一位数字2为大类码，表示水系；一位数字3为中类码，表示水系中的湖泊；二位数字01为小类码，表示湖泊中的常年湖、塘；二位数字02为子类码，表示常年湖、塘中的池塘。

目前开发的测图软件一般是根据自身特点的需要、作业习惯、仪器设备和数据处理方法制定自己的编码规则。利用全站仪进行野外测设时，编码一般由地物代码和连接关系的简单符号组成。如代码F0、F1、F2……分别表示特种房、普通房、简单房……（F为"房"的拼音首字母，下同），H1、H2……表示第一条河流点位、第二条河流点位……

2）连接信息

连接信息可分解为连接点号和连接线型。当测点是独立地物时，只要用地形编码来表明该地物的属性，即知道这个地物是什么、应该用什么样的符号来表示。如果测的是一个线状地物，这时需要明确本测点与哪个点相连、以什么线型相连，才能形成一个地物。所谓线型是指直线、曲线或圆弧等，一般规定：1代表直线，2代表曲线，3代表圆弧，空代表独立点。

3. 数据处理

数据处理主要是将采集的数据进行转换、分类、计算、编辑，为图形处理提供必要的信息数据文件。数据处理分为数据的预处理、地物点的图形处理和地貌点的等高线处理。

数据的预处理主要是检查原始记录、删除作废的记录和修改有错误的记录，数据预处理后生成点文件，记录点号、编码、点的坐标以及点之间的连接关系。

图形处理是根据点文件，进一步生成图块文件：与地物有关的点记录生成地物图块文件，与地形有关的点记录生成等高线图块文件。地物图块文件的每一条记录以绘制地物符号为单元，其记录内容是地物编码、按连接顺序排列的地物点点号或点的 x、y 坐标值，以及点之间的连接线型码。

等高线处理是将表示地貌的离散点在考虑地性线、断裂线的条件下自动连接成三角形网格（Triangulated Irregular Network，TIN），建立起数字高程模型（Digital Elevation Model，DEM）。在三角形边上用内插法计算等高线通过点的平面位置 x、y，然后搜索同一条等高线上的点，依次连接排列起来，形成每一条等高线的图块记录。

根据图块文件可进行人机交互方式下的地图编辑，编辑后形成数字地图的图形文件。

4. 数据输出

计算机数据处理的成果可分三路输出：一路到打印机，按需要打印出各种数据（原始数据、清样数据、控制点成果等）；另一路到绘图仪，绘制地形图；第三路可连接数据库系统，将数据存储到数据库，并能根据需要随时取出数据绘制任何比例尺的地形图。

5. 检查验收

按照数字化测图的规范要求，对数字地图及绘图仪输出的图形应进行检查验收。检查分内业和外业两部分。内业主要检查信息是否丰富，图层是否符合要求，能否满足不同需求。外业主要检查地物、地形点是否满足精度要求等。

10.3 地形图的基本应用

地形图是包含丰富的自然地理、人文地理和社会经济信息的载体，它是进行建筑工程规划、设计和施工的重要依据。如果善于阅读地形图，就可了解图内地区的地形变化、交通路线、河流方向、水源分布、居民点的位置、人口密度及自然资源种类分布等情况。此外，地形图都注有比例尺，并具有一定的精度，因此利用地形图可以求取许多重要数据，如地面点的坐标、高程，量取线段的距离、直线的方位角及区域面积等。正确应用地形图，是建筑工程技术人员必须具备的基本技能。

10.3.1 地形图的识读

1. 图外注记识读

根据地形图图廓外的注记，可全面了解地形图的基本情况。图 10.10 所示为整幅图中的一部分。图的正上方注有图名（柑园村）和图号（21.0-10.0），图号以西南角坐标表示；图的左上方标有相邻图幅接图表；图幅的正下方注有比例尺；左下方注有测绘日期、坐标系统、高程系统、等高距以及所使用的地形图图式版本；图中方向以纵坐标线向上为正北方。若图幅纵坐标线向上不是正北，则在图边另画有正北方向线。此外，还注有测绘人员信息。

2. 地物识读

地物识读前，要熟悉一些常用地物符号，了解地物符号和注记的确切含义。根据地物符号，了解图内主要地物的分布情况，如村庄名称、公路走向、河流分布、地面植被、农田等。如图 10.10 中，本图幅东侧从北至南有李家院、柑园村两个居民地，两地之间有清溪河与人渡相连。河的北边有铁路和简易公路；河的南边有 4 条小溪汇流入清溪河。

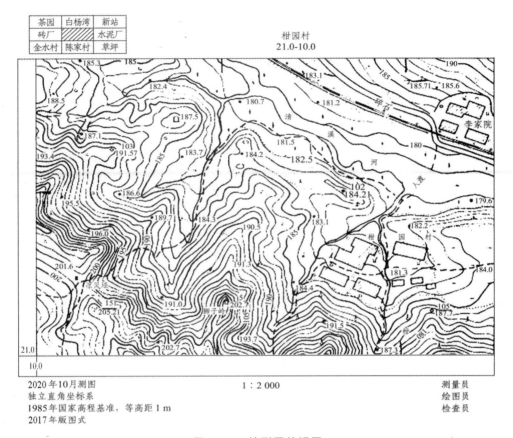

图 10.10　地形图的识图

3. 地貌识读

地貌识读前，要正确理解等高线的特性，并根据等高线了解图内的地貌情况。首先要知道等高距是多少，然后根据等高线的疏密判断地面坡度及地势走向。如图 10.10 所示，图幅的西南两方是逶迤起伏的山地，其中南面狮子岭往北是一山脊，其两侧是谷地；西北角小溪的谷源附近有两处冲沟地段；西南角附近有一鞍部，地名叫凉风垭；东北角是起伏不大的山丘；清溪河沿岸是平坦地带；另外，图幅内还较均匀地注记了一些高程点，该区域海拔基本处在 180～205 m。

10.3.2　在图上确定某点的坐标

大比例尺地形图上绘有 10 cm × 10 cm 的坐标格网，并在图廓的西、南边上注有纵、横坐标值，如图 10.11 所示。

欲求图上 A 点的坐标，首先要根据 A 点在图上的位置，确定 A 点所在的坐标方格 abcd，过 A 点作平行于 x 轴和 y 轴的两条直线 pq、fg 与坐标方格相交于 p、q、f、g 四点，再按地

形图比例尺量出 $af = 60.7$ m、$ap = 48.6$ m，则 A 点的坐标为：

$$\left. \begin{array}{l} x_A = x_a + af = 2\,100 + 60.7 = 2\,160.7\ (\text{m}) \\ y_A = y_a + ap = 1\,100 + 48.6 = 1\,148.6\ (\text{m}) \end{array} \right\}$$ （10.1）

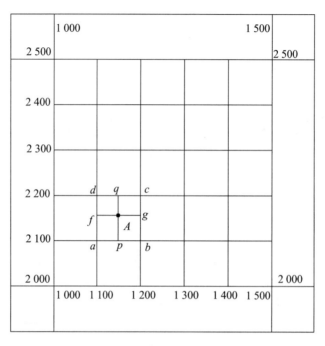

图 10.11　求图上某点坐标

如果精度要求较高，则应考虑图纸伸缩的影响，此时还应量出 ab 和 ad 的长度。设图上坐标方格边长理论上的实地长度为 l（下图中 $l = 100$ m），则 A 点的坐标可按下式计算，即：

$$\left. \begin{array}{l} x_A = x_a + \dfrac{af}{ad} l \\ y_A = y_a + \dfrac{ap}{ab} l \end{array} \right\}$$ （10.2）

10.3.3　在图上确定两点间的水平距离

1. 解析法

如图 10.12 所示，欲求 AB 的距离，可按式（10.1）先求出图上 A、B 两点坐标（x_A，y_A）和（x_B，y_B），然后按下式计算 AB 的水平距离：

$$D_{AB} = \sqrt{(x_B - x_A)^2 + (y_B - y_A)^2}$$ （10.3）

2. 在图上直接量取

当精度要求不高时，可用两脚规在图上直接卡出 A、B 两点的长度，再与地形图上的图示比例尺比较，即可得出 AB 的水平距离。

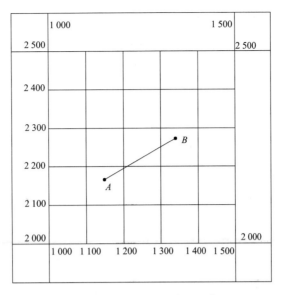

图 10.12 求图上直线的距离

10.3.4 在图上确定某一直线的坐标方位角

坐标方位角是从某点的指北方向线起,依顺时针方向到目标方向线之间的水平夹角,用 α 表示。象限角是由坐标纵轴的北端或南端顺时针或逆时针量至某直线的水平锐角,用 R 表示。

1. 解析法

如图 10.13 所示,如果 A、B 两点的坐标已知,可按坐标反算公式计算 AB 直线的象限角:

$$R_{AB} = \arctan \frac{y_B - y_A}{x_B - x_A} = \arctan \frac{\Delta y_{AB}}{\Delta x_{AB}} \qquad (10.4)$$

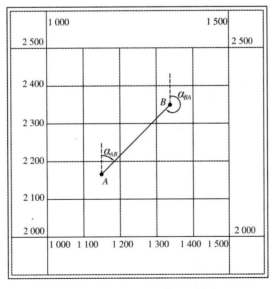

图 10.13 求图上直线的方位角

坐标方位角与象限角的换算公式为：

第一象限：$\alpha_{AB} = R_{AB}$ 第二象限：$\alpha_{AB} = 180° - |R_{AB}|$

第三象限：$\alpha_{AB} = 180° + |R_{AB}|$ 第四象限：$\alpha_{AB} = 360° - |R_{AB}|$

2. 图解法

当精度要求不高时，可由量角器在图上直接量取其坐标方位角。如图 10.13 所示，通过 A、B 两点分别作坐标纵轴的平行线，然后用量角器的中心分别对准 A、B 两点量出直线 AB 的坐标方位角 α'_{AB} 和直线 BA 的坐标方位角 α'_{BA}，则直线 AB 的坐标方位角为：

$$\alpha_{AB} = \frac{1}{2}(\alpha'_{AB} + \alpha'_{BA} \pm 180°) \tag{10.5}$$

10.3.5 在图上确定任意一点的高程

地形图上点的高程可根据等高线或高程注记点来确定。

如果点在等高线上，则其高程即等高线的高程。如图 10.14 所示，A 点位于 30 m 等高线上，则 A 点的高程为 30 m。

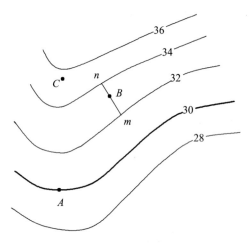

图 10.14 确定点的高程

如果点位不在等高线上，则可按内插求得。如图 10.14 所示，B 点位于 32 m 和 34 m 两条等高线之间，这时可通过 B 点作一条大致垂直于两条等高线的直线，分别与等高线交于 m、n 两点，在图上量取 mn 和 mB 的长度。又已知等高距为 $h = 2$ m，则 B 点相对于 m 点的高差 h_{mB} 可按下式计算：

$$h_{mB} = \frac{mB}{mn}h \tag{10.6}$$

设 $\dfrac{mB}{mn} = 0.6$，则 B 点的高程为：

$$H_B = H_m + h_{mB} = 32 + 0.6 \times 2 = 33.2 \text{ (m)}$$

当精度要求不高时，可用目估法按比例推算图上点的高程。

10.3.6　在图上确定某一直线的坡度

由等高线特性可知，地形图上某处等高线之间的平距越小，则地面坡度越大。反之，等高线间平距越大，坡度越小。当等高线为一组等间距平行直线时，则该地区地貌为斜平面。

图 10.14 中，要想求出 A、B 两点之间的地面坡度，可先求出两点高程 H_A 和 H_B，进而得到两点高差 h_{AB}，再量出两点图上距离 d_{AB}，可按下式计算 A、B 两点之间的地面坡度 i，即：

$$i = \frac{h_{AB}}{D_{AB}} = \frac{h_{AB}}{d_{AB} \cdot M}$$

（10.7）

式中　M——地形图比例尺分母；

D_{AB}——A、B 两点之间实地水平距离（m）。

坡度有正负号，"＋"表示上坡，"－"表示下坡，常用百分率（%）或千分率（‰）表示。A、B 两点之间的地面倾斜角：$\alpha_{AB} = \arctan i$。

当地面两点间穿过的等高线平距不等时，计算的坡度则为地面两点平均坡度。两条相邻等高线间的坡度，是指垂直于两条等高线两个交点间的坡度。如图 10.14 所示，垂直于等高线方向的直线 mn 具有最大的倾斜角，该直线称为最大倾斜线（或坡度线），通常以最大倾斜线的方向代表该地面的倾斜方向。最大倾斜线的倾斜角，也代表该地面的倾斜角。

此外，还可利用地形图上的坡度尺求取坡度。

10.3.7　在图上确定某一面积的大小

在规划设计和工程建设中，常常需要在地形图上测算某一区域范围的面积，如求平整土地的填挖面积，规划设计城镇某一区域的面积，厂矿用地面积，渠道和道路工程的填、挖断面的面积，汇水面积等。下面我们介绍几种量测面积的常用方法。

10.3.7.1　几何图形法

当求解的图形为直线连接的多边形时，可先将其划分为若干简单的几何图形，如三角形、矩形、梯形、平行四边形等，如图 10.15 所示，量取图形的元素（长、宽、高），用相应几何学公式计算出每一部分的面积，汇总所有面积，即可得到多边形总面积。当图形边界为曲线，且要求精度不高时，可近似地用直线连接成多边形，再计算面积。

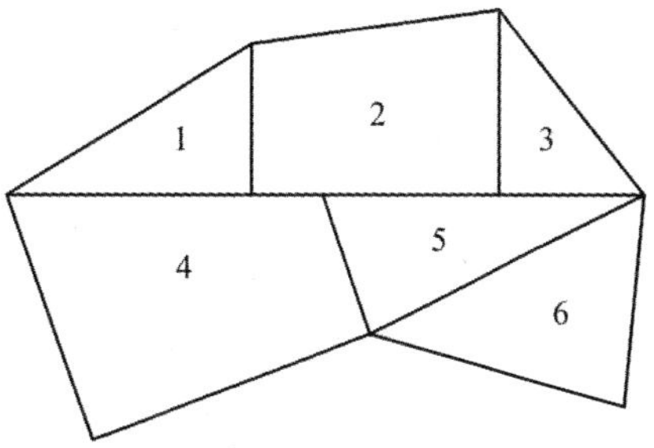

图 10.15　几何图形法

10.3.7.2　坐标解析法

在精度要求高、图形为多边形且各顶点的坐标已知时，可采用坐标解析法计算面积。

如图 10.16 所示，求四边形 1234 的面积。已知其顶点坐标为 1（x_1，y_1）、2（x_2，y_2）、3

（x_3，y_3）和 4（x_4，y_4），则其面积相当于相应梯形面积的代数和，即：

$$S_{1234} = S_{122'1'} + S_{233'2'} - S_{144'1'} - S_{433'4'}$$
$$= \frac{1}{2}[(x_1 + x_2)(y_2 - y_1) + (x_2 + x_3)(y_3 - y_2) -$$
$$(x_1 + x_4)(y_4 - y_1) - (x_3 + x_4)(y_3 - y_4)]$$

整理得：

$$S_{1234} = \frac{1}{2}[x_1(y_2 - y_4) + x_2(y_3 - y_1) + x_3(y_4 - y_2) + x_4(y_1 - y_3)]$$

对于 n 点多边形，将各顶点按顺时针方向编号，其面积公式的一般形式为：

$$S = \frac{1}{2}\sum_{i=1}^{n} x_i(y_{i+1} - y_{i-1})$$

（10.8）

$$S = \frac{1}{2}\sum_{i=1}^{n} y_i(x_{i+1} - x_{i-1})$$

（10.9）

式中　i——多边形各顶点的序号：当 $i = 1$ 时，$i - 1$ 就为 n；当 $i = n$ 时，$i + 1$ 就为 1。
　　式（10.8）和式（10.9）的运算结果应相等，可作校核。

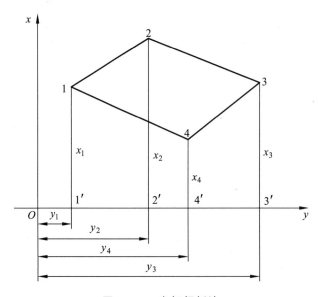

图 10.16　坐标解析法

【例 10.1】　四边形 $A_1A_2A_3A_4$ 顶点坐标分别为 $A_1(7，3)$、$A_2(9，6)$、$A_3(6，8)$、$A_4(4，5)$，试问四边形面积为多少？

　　解：
$$S = \frac{1}{2}[x_1(y_2 - y_4) + x_2(y_3 - y_1) + x_3(y_4 - y_2) + x_4(y_1 - y_3)]$$
$$= \frac{1}{2}[7 \times (6-5) + 9 \times (8-3) + 6 \times (5-6) + 4 \times (3-8)]$$
$$= 13 \ (m^2)$$

10.3.7.3　透明方格法

对于不规则曲线围成的图形，可采用透明方格法进行面积量算。

如图 10.17 所示，用透明方格网纸（方格边长一般为 1 mm、2 mm、5 mm、10 mm）蒙在要量测的图形上，先数出图形内的完整方格数，然后将不够一整格的用目估折合成整格数，两者相加乘以每格所代表的面积即所量算图形的面积：

$$S = nAM^2 \qquad\qquad （10.10）$$

式中　S——所量图形的面积；

　　　n——方格总数；

　　　A——1 个方格的面积；

　　　M——地形图比例尺分母。

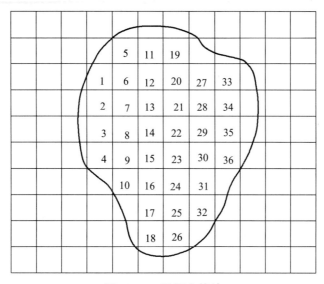

图 10.17　透明方格法

【例 10.2】　如图 10.17 所示，方格边长为 1 cm，图的比例尺为 1∶1 000。完整方格数为 36 个，不完整的方格凑整为 8 个，求该图形面积。

解：　$A = 1^2 \times 1\,000^2 = 100\ (\text{m}^2)$，总方格数为 $36 + 8 = 44$ 个，$S = 44 \times 100 = 4\,400\ (\text{m}^2)$。

10.3.7.4　平行线法

透明方格法的缺点是数方格较麻烦，且受到方格凑整误差的影响精度不高，为了减少边缘因目估产生的误差，可采用平行线法。

如图 10.18 所示，量算面积时，将绘有间距 $d = 1$ mm 或 2 mm 的平行线组的透明纸覆盖在待算的图形上，则整个图形被平行线切割成若干高为 d 的近似梯形，上、下底的平均值以 l_i 表示，则图形的总面积为：

$$S = d \cdot l_1 + d \cdot l_2 + \cdots + d \cdot l_n$$

则

$$S = d \cdot \sum_{i=1}^{n} l_i$$

图形面积 S 等于平行线间距乘以梯形各中位线的总长。最后，再根据图的比例尺将其换算为实地面积：

$$S = d \cdot \sum_{i=1}^{n} l_i \cdot M^2 \qquad (10.11)$$

式中　M——地形图比例尺分母。

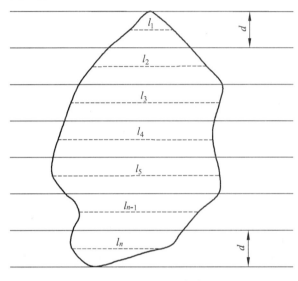

图 10.18　平行线法

【例 10.3】　在 1∶1 000 比例尺的地形图上，量得各梯形上、下底平均值的总和 $\sum l = 752$ mm，$d=2$ mm，求图形面积。

解：　$S = d \sum l M^2 = 0.002 \times 0.752 \times 1\ 000^2 = 1\ 504\ (\text{m}^2)$

10.3.7.5　求积仪法

求积仪是一种专门用来量算图形面积的仪器。其优点是量算速度快、操作简便，适用于各种不同几何图形的面积量算且能满足一定的精度要求。求积仪有机械求积仪和电子求积仪两种，在此仅介绍电子求积仪（图 10.19）。

电子求积仪具有操作简便、功能全、精度高等特点，分为定极式和动极式两种。现以 KP-90N 动极式电子求积仪为例说明其特点及量测方法。

1. 构　造

电子求积仪由三大部分组成：一是动极和动极轴，二是微型计算机，三是跟踪臂和跟踪放大镜。

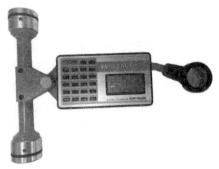

图 10.19　电子求积仪

2. 特点

电子求积仪具有自动显示量测面积结果、储存所得数据、计算周长、数据打印、边界自动闭合等功能，计算精度可以达到1/500。同时，可进行单位与比例尺的换算，并可通过接口直接与计算机相连，进行数据管理和处理。该仪器可进行面积累加测量、平均值测量和累加平均值测量。

3. 测量方法

（1）将图纸水平固定在图板上，把跟踪放大镜放在图形中央，并使动极轴与跟踪臂成90°。

（2）开机后，用"UNIT-1"和"UNIT-2"两功能键选择好单位，用"SCALE"键输入图的比例尺，并按"R-S"键，确认后，即可在欲测图形中心的左边周线上标明一个记号作为量测的起始点。

（3）然后按"START"键，蜂鸣器发出响声，显示零，用跟踪放大镜中心准确地沿着图形的边界线顺时针移动一周后，回到起点，其显示值即图形的实地面积。为了提高精度，对同一面积要重复测量3次以上，取其均值。

当测量面积较大时，可以采取将大面积划分为若干块小面积的方法，分别求这些小面积，最后把量测结果加起来。也可以在待测的大面积内划出一个或若干个规则图形（四边形、三角形等），用解析法求算面积，剩下的边、角小块面积用求积仪求取。

10.4 地形图的工程应用

地形图除前述基本用途之外，还可用于土木工程初步设计的图上线路选线，绘制断面图，确定汇水面积、填挖边界和填挖土石方量等方面。

10.4.1 绘制已知方向线的纵断面图

纵断面图是反映指定方向地面起伏变化的剖面图。在道路、管道、渠道等工程设计中，为进行填、挖土（石）方量的计算、合理确定线路的纵坡等，均需较详细地了解沿线路方向上的地面起伏变化情况，因此常根据大比例尺地形图的等高线绘制线路的纵断面图。

如图10.20（a）所示，欲绘制直线 ABC 纵断面图。其具体步骤如下：

（1）在图纸上绘出表示平距的横轴，过 A 点作垂线作为纵轴，表示高程。平距的比例尺与地形图的比例尺保持一直；为了明显表示地面起伏变化情况，高程比例尺往往比平距比例尺放大 10~20 倍。

（2）在平面图上依次标注出折线 ABC 与等高线的交点，即 b，c，…，l 点。在纵轴上标注高程，在图上沿纵断面方向量取两相邻等高线间的平距，依次在横轴上标出，得 b，c，d，…，B，…，l 及 C 等点。

（3）从各点作横轴的垂线，在垂线上按各点的高程，对照纵轴标注的高程确定各点在剖面上的位置。

（4）用光滑的曲线连接各点，即得已知方向线 A—B—C 的纵断面图，如图 10.20（b）所示。

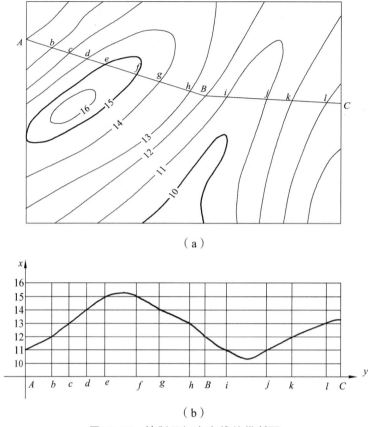

（a）

（b）

图 10.20　绘制已知方向线的纵断面

10.4.2　按规定坡度选定最短路线

对管线、渠道、道路等工程进行初步设计时，通常先在地形图上选线，一般要求按限制坡度选定一条最短路线。

如图 10.21 所示，设从公路旁 A 点到山头 B 点选定一条路线，限制坡度为 4%，地形图比例尺为 1 : 2 000，等高距为 1 m。具体方法如下：

（1）按照限制坡度确定线路上两相邻等高线间的最小等高线平距（图上距离）。

$$d = \frac{h}{iM} = \frac{1}{0.04 \times 2\,000} = 12.5 \text{ (mm)}$$

（2）先以 A 点为圆心、d 为半径，用圆规划弧，交 81 m 等高线与点 1，再以点 1 为圆心，以 d 为半径画弧，交 82 m 等高线于点 2，依次到 B 点。连接相邻点，便得同坡度路线 A—1—2—…—B。

在选线过程中，有时会遇到两相邻等高线间的最小平距大于 d 的情况，即所作圆弧不能与相邻等高线相交，说明该处的坡度小于指定的坡度，则以最短距离定线。

（3）另外，在图上还可以沿另一方向定出第二条线路 A—1′—2′—…—B，可作为方案的比较。

在实际工作中，还需在野外考虑工程上其他因素，如少占或不占耕地，减少房屋拆迁，避开不良地质构造，施工难易程度，减少工程费用等，最后确定一条最佳路线。

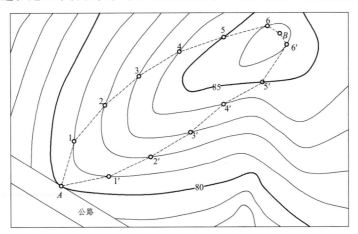

图 10.21　按规定坡度选定最短路线

10.4.3　确定汇水面积

修筑道路时，有时要跨越河流或山谷，这时就必须建设桥梁或涵洞；兴修水库则须筑坝拦水。桥梁、涵洞孔径的大小，水坝的设计位置与坝高，水库的蓄水量等，需要根据汇集于这个地区的水流量来确定。

汇集水流量的面积称为汇水面积。由于雨水是沿山脊线（分水线）向两侧山坡分流，所以汇水面积的边界线是由一系列的山脊线连接而成的。

如图 10.22 所示，一条公路经过山谷，拟在 P 处架桥或修涵洞，其孔径大小应根据流经该处的水流量决定，而水流量又与汇水面积有关。由山脊线和公路上的线段所围成的封闭区域 A—B—C—D—E—F—G—H—I 的面积，就是这个山谷的汇水面积。量出该面积的值，再结合当地的水文气象资料，便可进一步确定流经公路 P 处的水量，为桥梁或涵洞的孔径设计提供依据。

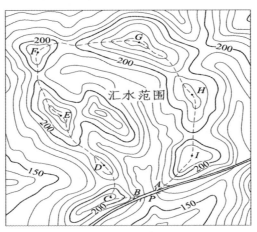

图 10.22　按规定坡度选定最短路线

确定汇水面积的边界线时，应注意以下几点：

（1）边界线（除公路 AB 段外）应与山脊线一致，且与等高线垂直。

（2）边界线是经过一系列的山脊线、山头和鞍部的曲线，并在河谷的指定断面（公路或水坝的中心线）闭合。

10.4.4 地形图在平整场地中的应用

将施工场地的自然地表按要求整理成一定高程的水平地面或一定坡度的倾斜地面的工作，称为平整场地。在场地平整工作中，为使填、挖土石方量基本平衡，常要利用地形图确定填、挖边界和进行填、挖土石方量的概算。场地平整的方法很多，其中，方格网法是最常用的一种。

10.4.4.1 将场地平整为水平地面

如图 10.23 所示为 1∶1 000 比例尺的地形图，拟将原地面平整成某一高程的水平面，使填、挖土石方量基本平衡。其具体方法如下：

（1）绘制方格网。在地形图上拟平整场地内绘制方格网，方格大小根据地形复杂程度、地形图比例尺以及要求的精度而定。一般方格的边长为 10 m 或 20 m。图 10.23 中方格为 20 m×20 m。各方格顶点号注于方格点的左下角，如图中的 A_1、A_2、…、E_3、E_4 等。

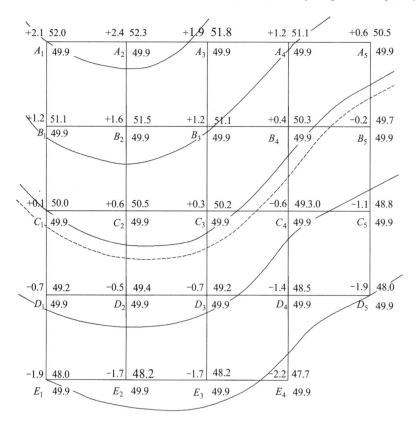

图 10.23 将场地平整为水平地面

（2）求各方格顶点的地面高程。根据地形图上的等高线，用内插法求出各方格顶点的地面高程，并注于方格点的右上角，如图10.23所示。

（3）计算设计高程。分别求出各方格4个顶点的平均值，即各方格的平均高程；然后，将各方格的平均高程求和并除以方格数 n，即得到设计高程 $H_设$。根据图10.23中的数据，求得的设计高程 $H_设 = 49.9$ m，注于方格顶点右下角。

（4）确定方格顶点的填、挖高度。各方格顶点地面高程与设计高程之差，为该点的填、挖高度，即：

$$h = H_地 - H_设 \tag{10.12}$$

h 为"＋"表示挖深，为"－"表示填高。将 h 值标注于相应方格顶点左上角。

（5）确定填挖边界线。根据设计高程 $H_设 = 49.9$ m，在地形图上用内插法绘出 49.9 m 等高线。该线就是填、挖边界线，如图10.23中用虚线绘制的等高线。

（6）计算填、挖土石方量。有两种情况：一种是整个方格全填或全挖方，另一种既有挖方，又有填方的方格。

现以方格 Ⅰ（$B_1B_2C_1C_2$）、Ⅱ（$C_1C_2D_1D_2$）、Ⅲ（$D_1D_2E_1E_2$）为例，说明其计算方法：

方格 Ⅰ（$B_1B_2C_1C_2$）为全挖方：

$$V_{1挖} = \frac{1}{4}(1.2 + 1.6 + 0.1 + 0.6) \times A_{1挖} = 0.875A_{1挖} \quad (\text{m}^3)$$

方格 Ⅱ（$C_1C_2D_1D_2$）既有挖方，又有填方：

$$V_{2挖} = \frac{1}{4}(0.1 + 0.6 + 0 + 0) \times A_{2挖} = 0.175A_{2挖} \quad (\text{m}^3)$$

$$V_{2填} = \frac{1}{4}(0 + 0 - 0.7 - 0.5) \times A_{2填} = -0.3A_{2填} \quad (\text{m}^3)$$

方格 Ⅲ（$D_1D_2E_1E_2$）为全填方：

$$V_{3填} = \frac{1}{4}(-0.7 - 0.5 - 1.9 - 1.7) \times A_{3填} = -1.2A_{3填} \quad (\text{m}^3)$$

式中 $A_{1挖}, A_{2挖}, A_{2填}, A_{3填}$ ——各方格的填、挖面积（m²）。

同法，可计算出其他方格的填、挖土石方量，最后将各方格的填、挖土石方量累加，即得总的填、挖土石方量。

10.4.4.2 将场地平整为一定坡度的倾斜场地

如图10.24所示，根据地形图将地面平整为倾斜场地，设计要求是：倾斜面的坡度，从北到南的坡度为 － 2%，从西到东的坡度为 － 1.5%。

倾斜平面的设计高程应使得填、挖土石方量基本平衡。其具体步骤如下：

（1）绘制方格网并求方格顶点的地面高程。与将场地平整成水平地面同法绘制方格网，并将各方格顶点的地面高程注于图上，图中方格边长实际为 20 m。

（2）计算各方格顶点的设计高程。根据填、挖土石方量基本平衡的原则，按与将场地平整成水平地面计算设计高程相同的方法，计算场地几何形重心点 G 的高程，并作为设计高程。

用图 10.24 中的数据计算得 $H_{设}$ = 80.26 m。

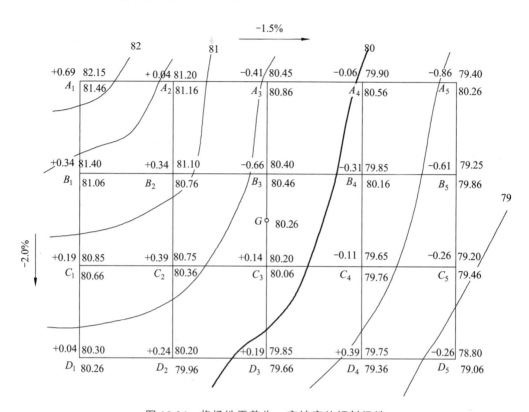

图 10.24　将场地平整为一定坡度的倾斜场地

确定重心点及设计高程以后，根据方格点间距和设计坡度，自重心点起沿方格方向，向四周推算各方格顶点的设计高程。

南北两方格点间的设计高差：20 m × 2% = 0.4 m；

东西两方格点间的设计高差：20 m × 1.5% = 0.3 m。

则 B_3 点的设计高程：80.26 m + 0.2 m = 80.46 m；

A_3 点的设计高程：80.46 m + 0.4 m = 80.86 m；

C_3 点的设计高程：80.26 m − 0.2 m = 80.06 m；

D_3 点的设计高程：80.06 m − 0.4 m = 79.66 m。

同理，可推算得其他方格顶点的设计高程，并将高程注于方格顶点的右下角。

推算高程时应进行以下检核：

（1）从一个角点起沿边界逐点推算一周后到起点，设计高程应闭合。

（2）对角线各点设计高程的差值应完全一致。

（3）计算方格顶点的填、挖高度。按式（10.12）计算各方格顶点的填、挖高度并注于相应点的左上角。

（4）计算填、挖土石方量。根据方格顶点的填、挖高度及方格面积，分别计算各方格内的填挖方量及整个场地总的填、挖方量。

10.5 数字地形图的应用

传统地形图通常是绘制在纸上的，具有直观性强、使用方便等优点，但也存在易损、不便保存、难以更新等缺点。数字地形图是以数字形式存储在计算机存储介质上的地形图。与传统的纸质地形图相比，数字地形图具有明显的优越性和广阔的发展前景。随着计算机和数字化测绘技术的迅速发展，数字地形图已广泛应用于国民经济建设、国防建设和科学研究的各个方面，如工程建设的设计、交通工具的导航、环境监测和土地利用调查等。

过去，人们在纸质地形图上进行的各种量测工作，利用数字地形图同样能完成，而且精度高、速度快。在计算机软件的支持下，利用数字地形图可以很容易地获取各种地形信息，如量测各个点的坐标，点与点之间的距离，直线的方位角、点的高程、两点间的坡度和在图上设计坡度线等。

地形表面是一个三维空间表面，但人们往往通过投影将三维现象表达描述在二维平面上，如等高线对地形起伏的表示。数字高程模型（DEM）是对二维地理空间上具有连续变化特征地理现象的模型化表达和过程模拟。简单地说，DEM是空间起伏连续变化现象的数字化表示和分析工具的集合。

利用数字地形图，可以建立DEM。利用DEM可以绘制不同比例尺的等高线地形图、地形立体透视图、地形断面图，确定汇水范围和计算面积，确定场地平整的填挖边界和计算土方量。在公路和铁路设计中，可以绘制地形的三维轴视图和纵、横断面图，进行自动选线设计。DEM也常应用于水利工程。通过库区DEM，可计算在不同条件下的水库库容，并自动绘制水位-库容、水位-面积曲线、水坝轴线断面图等内容，从而实现库区优化设计和坝址定位。

习　题

10.1 测图前有哪些准备工作？

10.2 如何有效合理地选择地物和地貌的特征点？

10.3 简述经纬仪测绘法测地形图的主要步骤。

10.4 如何进行地形图的描绘？

10.5 何为数字测图？包含哪些主要内容？数字地形图的数据采集主要有哪些方式？

10.6 地形图有哪些主要用途？

10.7 设习题图 10.1 为 1：10 000 的等高线地形图，图下绘有直线比例尺，用以从图上量取长度。根据该地形图，用图解法解决以下3个问题：

（1）求 A、B 两点的坐标及 AB 连线的坐标方位角。

（2）求 C 点的高程及 AC 连线的地面坡度。

（3）从 A 点到 B 点定出一条地面坡度 $i = 6.7\%$ 的线路。

10.8 根据习题图 10.2 所示的地形图等高线，沿图上 AB 方向，按图下已画好的高程比例，作出其地形断面图。

10.9 面积测量和计算有哪几种方法？

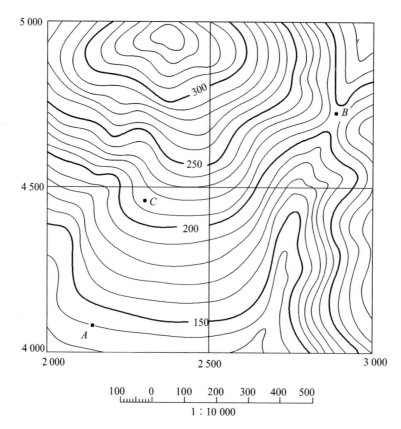

习题图 10.1 在图上量取坐标、高程、方位角及地面坡度

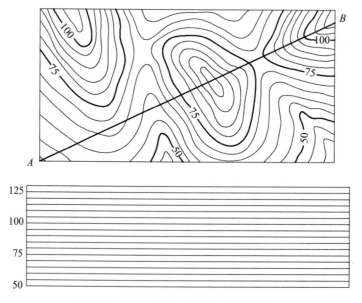

习题图 10.2 根据地形图等高线作断面

第 11 章　建筑施工测量

📖 内容提要

本章主要讲述测设的基本工作，点的平面位置的测设方法，建立施工控制网的方法，建筑场地的施工控制测量，工业与民用建筑施工测量，建筑物变形观测，竣工测量。

◎ 课程思政目标

（1）了解施工测量进步与发展，以及建筑工程的应用，培养学生的科学精神和创新意识。
（2）讲解测量技术对土木工程专业的重要性，培养学生的爱国主义精神和社会责任感。

施工测量是在工程施工的各个阶段中按照工程施工进度和质量的要求，使用测量仪器、工具和测量技术方法进行的各种测量工作。工程施工测量的基本任务是进行建（构）筑物的施工放样、竣工总平面图的编绘和建筑物的变形观测。在工程施工的各个阶段，其主要工作为：

开工前的测量工作——建立施工场地的施工控制网、建筑场地的平整测量、建（构）筑物的定位、放线测量。

施工进程中的测量工作——基础工程的施工测量、主体工程的施工测量、构件安装时的定位测量和标高测量、施工质量的检验测量。

完工后的测量工作——配合施工验收检查工程的测量、进行竣工图测量。

对一些重要的建（构）筑物，在施工或运营期间，往往还需要定期对建（构）筑物的沉降、倾斜、裂缝和平移等变形进行观测。

施工测量贯穿于工程施工全过程，是工程施工的一个重要组成部分。施工测量的质量和速度对于保证工程质量和工程进度起重要的作用。

11.1　测设的基本工作

根据给定的条件和有关数据，为工程施工做出符合一定精度要求的实地标志而进行的测量工作，称为测设（或称放样）。测设有 3 项基本工作，即已知水平距离的测设、已知水平角的测设和已知高程的测设。利用水平角度测设或水平角度和距离测设方法的结合，就可以完成点的平面位置的测设工作。

11.1.1 测设已知水平距离

已知水平距离的测设，是从地面上一个已知点出发，沿给定的方向量出已知（设计）的水平距离，并在地面上定出这段距离另一端点的位置。

11.1.1.1 使用钢尺

1. 一般方法

当测设精度要求不高时，从已知点出发，沿给定的方向，用钢尺直接丈量出已知水平距离，定出这段距离的端点。为了检核，应返测丈量一次，若两次丈量的相对误差在允许范围内，取平均位置作为该端点的最后位置。

2. 精确方法

当测设精度要求 1/10 000 以上时，则用精密方法，使用检定过的钢尺，用经纬仪定线，水准仪测定高差，根据已知水平距离 D 经过尺长改正 Δl_d、温度改正 Δl_t 和倾斜改正 Δl_h 后，用下列公式计算出实地测设长度 L，再根据计算结果，用钢尺进行测设。

$$L = D - \Delta l_d - \Delta l_t - \Delta l_h \tag{11.1}$$

【**例 11.1**】 如图 11.1 所示，已知待测设的水平距离 $D = 21.000$ m，在测设前进行概量定出端点，并测得两点间的高差 $h_{AB} = +0.850$ m，所用钢尺的尺长方程式为 $l_t = 30 + 0.005 + 0.000\,012 \times 30\,(t-20\,℃)$ m，测设时温度 $t = 25\,℃$，拉力与检定钢尺时拉力相同，求 L 的长度。

解 （1）尺长改正：

$$\Delta l_d = \frac{\Delta l}{l_0} D = \frac{0.005}{30.000} \times 21.000 = +0.003\,5 \text{ (m)}$$

（2）温度改正：

$$\Delta l_t = a(t-20)D = 0.000\,012 \times (25-20) \times 21.000 = +0.001\,3 \text{ (m)}$$

（3）倾斜改正：

$$\Delta l_h = -\frac{h^2}{2D} = -\frac{0.8^2}{2 \times 21} = -0.015\,2 \text{ (m)}$$

（4）L 的长度为：

$$L = D - \Delta l_d - \Delta l_t - \Delta l_h = 21.000 - 0.003\,5 - 0.001\,3 + 0.015\,2 = 26.010 \text{ (m)}$$

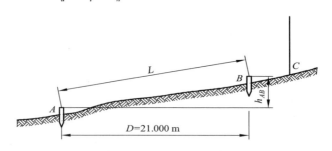

图 11.1 用钢尺测设已知水平距离的精确方法

测设水平距离 D 时，应在已知方向上量出 26.010 m 定出端点 B。通常需要测设两次，求其平均位置，并进行校核。

11.1.1.2　全站仪测设

见图 11.2，安置全站仪于 A 点，瞄准已知方向，启动跟踪测量功能，沿此方向移动棱镜位置，使仪器显示距离略大于应测设的水平距离 D，定出 C' 点。在 C' 点安置棱镜，启动测距功能，精确测出 AC' 的水平距离 D'，求得 C' 点位置的改正值 $\Delta D = D - D'$。根据 ΔD 的符号在实地用钢尺沿已知方向改正 C' 至 C 点。测设时应进行加常数、乘常数和气象改正。

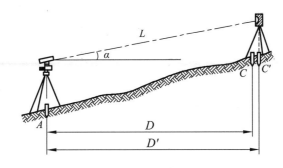

图 11.2　光电测距仪测设距离示意图

11.1.2　测设已知水平角

已知水平角的测设就是在已知角顶点并根据一个已知边方向，标定出另一边的方向，使两方向的水平角等于已知水平角角值。

11.1.2.1　一般方法

当测设水平角的精度要求不高时，可采用盘左、盘右取中的方法测设。如图 11.3 所示，OA 为已知方向，欲在 O 点测设已知角值 β，定出该角的另一边 OB，可按下列步骤进行操作。

（1）安置仪器于 O 点，盘左瞄准 A 点，读取水平度盘读数。

（2）顺时针旋转照准部，使水平度盘增加角值 β 时，在视线方向定出一点 B'。

（3）纵转望远镜成盘右，瞄准 A 点，读取水平度盘读数。

（4）顺时针旋转照准部，使水平度盘读数增加角值 β 时，在视线方向上定出一点 B''。若 B' 和 B'' 重合，则所测设的角为 β；若 B' 和 B'' 不重合，取 B' 和 B'' 中点 B，得到 OB 方向，则 $\angle AOB$ 就是所测设的 β 角。检核时，用测回法测量 $\angle AOB$，若与 β 值之差符合要求，则 $\angle AOB$ 为测设的 β 角。因为 B 点是 B' 和 B'' 中点，故此法亦称为盘左、盘右取中法。

11.1.2.2　精确方法

当水平角测设精度要求较高时，可采用垂线支距法进行改正。如图 11.4 所示，水平角测设步骤如下：

（1）在 O 点安置仪器，先用盘左、盘右取中的方法测设 β 角，在地面上定出 B' 点。

（2）用测回法对 $\angle AOB'$ 观测若干个测回（测回数根据要求的精度而定），求出各测回平

均值 β_1，并计算 $\Delta\beta = \beta - \beta_1$ 值。

（3）量取 OB' 的水平距离。

（4）计算垂直支距距离。

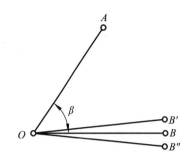

图 11.3　已知水平角测设的一般方法

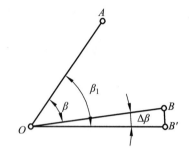

图 11.4　已知水平角测设的精度方法

$$BB' = OB\tan\Delta\beta \approx OB'\frac{\Delta\beta}{\rho''} \tag{11.2}$$

式中，$\rho'' = 206\ 265''$。

（5）自点 B' 沿 OB' 的垂直方向量出距离 BB'，定出 B 点，则 $\angle AOB$ 就是要测设的角度。

量取改正距离时，如 $\Delta\beta$ 为正，则沿 OB' 的垂直方向向外量取；如 $\Delta\beta$ 为负，则沿 OB' 的垂直方向向内量取。

【例 11.2】　已知地面上 A、O 两点，要测设直角 $\angle AOB$。

解　测设方法：在 O 点安置经纬仪，利用盘左、盘右取中方法测设直角，得中点 B'，量得 $OB' = 50$ m，用测回法测了 3 个测回，测得 $\angle AOB' = 89°59'30''$。

$$\Delta\beta = 89°59'30'' - 90°00'00'' = -30''$$

$$BB' = OB\frac{\Delta\beta}{\rho''} = 50 \times \frac{30''}{206\ 265''} = 0.007\ (\text{m})$$

过点 B' 沿 OB' 的垂直方向向外量出距离 $BB' = 0.007$ m，得 B 点，则 $\angle AOB$ 即直角。

11.1.3　测设已知高程

已知高程的测设是利用水准测量的方法，根据已知水准点，将设计高程测设到现场作业面上。

11.1.3.1　在地面上测设已知高程

如图 11.5 所示，设某建筑物室内地坪设计高程为 H_A，附近一水准点 R 的高程为 H_R，现要将室内地坪的设计高程测设在木桩 A 上，作为施工时控制高程的依据。其测设方法如下：

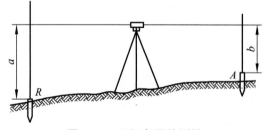

图 11.5　已知高程的测设

（1）安置水准仪于水准点 R 和木桩 A 之间，读取水准点 R 上水准尺读数 $a = 1.050$ m。

（2）计算木桩 A 水准尺上的应读读数 $b_{应}$：

$$H_{视} = H_R + a$$
$$b_{应} = H_{视} - H_A = H_R + a - H_A$$

（3）将水准尺靠在木桩 A 的一侧上下移动，当水准仪水平视线读数恰好为 $b_{应}$ 时，在木桩侧面沿水准尺底边画一条水平线，此线就是室内地坪设计高程 H_A 的位置。

11.1.3.2　高程传递与测设

当需要向低处或高处测设已知高程点时，由于水准尺长度有限，可借助钢尺进行高程的上、下传递和测设。

现以从高处向低处传递高程为例说明操作方法。

如图 11.6 所示，欲在一深基坑内设置一点 B，使其高程为 H。已知地面附近有一水准点 R，其高程为 H_R。

（1）在基坑一边架设吊杆，杆上吊一根零点向下的经检定的钢尺，尺的下端挂上一个与要求拉力相等的重锤，放在油桶内。

（2）在地面安置一台水准仪，设水准仪在 R 点所立水准尺上读数为 a_1，在钢尺上读数为 b_1。

（3）在基坑底安置另一台水准仪，设水准仪在钢尺上读数为 a_2。

（4）计算 B 点水准尺底高程为 H 时，B 点处水准尺的读数 b 应为：

$$b = (H_R + a_1) - (b_1 - a_2) - H \tag{11.3}$$

用同样的方法，亦可从低处向高处测设已知高程的点。

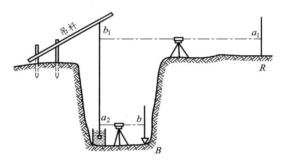

图 11.6　深坑高程测设

11.1.4　点的平面位置测设

测设点的平面位置的基本方法有直角坐标法、极坐标法、角度交会法和距离交会法等。这些方法，实际上是水平距离测设和水平角度测设方法的应用。工程中可根据施工控制网的布设形式、控制点的分布、地形情况、测设精度要求以及施工现场条件等，选用适当的测设方法。我们以几个实例分别说明这些方法。

11.1.4.1　直角坐标法

直角坐标法是根据直角坐标原理，利用纵横坐标之差，测设点的平面位置。直角坐标法适用于施工控制网为建筑方格网或建筑基线的形式且量距方便的建筑施工场地。

1. 计算测设数据

如图 11.7 所示，设Ⅰ、Ⅱ、Ⅲ、Ⅳ为建筑场地的建筑方格网点，a、b、c、d 为需测设的某建筑物的 4 个角点。根据设计图上的各点坐标，可求出建筑物的长度、宽度及测设数据。

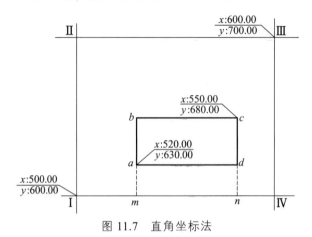

图 11.7 直角坐标法

建筑物的长度：$ad = y_c - y_a = 680.00 - 630.00 = 50.00$（m）

建筑物的宽度：$ab = x_c - x_a = 550.00 - 520.00 = 30.00$（m）

$$\Delta x = x_a - x_Ⅰ = 520.00 - 500.00 = 20.00（m）$$

$$\Delta y = y_a - y_Ⅰ = 630.00 - 600.00 = 30.00（m）$$

2. 点位测设方法

（1）在Ⅰ点安置仪器，瞄准Ⅳ点，沿视线方向测设距离 30.00 m，定出 m 点，继续向前测设 50.00 m，定出 n 点。

（2）在 m 点安置仪器，瞄准Ⅳ点，按逆时针方向测设 90°角，由 m 点沿视线方向测设距离 20.00 m，定出 a 点，作出标志；再向前测设距离 30.00 m，定出 b 点，作出标志。

（3）在 n 点安置仪器，瞄准Ⅰ点，按顺时针方向测设 90°角，由 n 点沿视线方向测设距离 20.00 m，定出 d 点，作出标志；再向前测设距离 30.00 m，定出 c 点，作出标志。

（4）检查建筑物四角是否等于 90°，各边长是否等于设计长度，其误差均在限差以内。

测设上述距离和角度时，可根据精度要求分别采用一般方法或精密方法。

11.1.4.2 极坐标法

极坐标法是根据一个水平角和一段距离测设点的平面位置。极坐标法适用于量距方便，且待测设点距离控制点较近的建筑施工场地。

1. 计算测设数据

如图 11.8 所示，A、B 为已知平面控制点，其坐标值为 A（x_A，y_A）、B（x_B，y_B），P 点为建筑物的一个角点，其坐标为 P（x_P，y_P）。现根据 A、B 两点，用极坐标法测设 P 点，其测设数据计算方法如下。

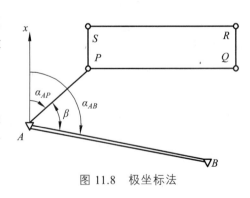

图 11.8 极坐标法

（1）计算 AB 边的坐标方位角。

α_{AB} 和 AP 边的坐标方位角 α_{AP}，按坐标反算公式计算。

$$\alpha_{AB} = \arctan \frac{\Delta Y_{AB}}{X_{AB}} \tag{11.4}$$

$$\alpha_{AP} = \arctan \frac{\Delta Y_{AP}}{X_{AP}} \tag{11.5}$$

计算每条边的方位角时，应根据 Δx 和 Δy 的正负情况，判断该边所属象限。

（2）计算 AP 与 AB 之间的夹角。

$$\beta = \alpha_{AB} - \alpha_{AP} \tag{11.6}$$

（3）计算 A、P 两点间的水平距离。

$$D_{AP} = \sqrt{(X_P - X_A)^2 + (Y_P - Y_A)^2} = \sqrt{\Delta X_{AP}^2 + \Delta Y_{AP}^2} \tag{11.7}$$

【例 11.3】 已知 $x_A = 348.758\text{m}$，$y_A = 433.570\ \text{m}$，$x_P = 370.000\ \text{m}$，$y_P = 458.000\ \text{m}$，$\alpha_{AB} = 103°48'48''$，试计算测设数据 β 和 D_{AP}。

解

$$\alpha_{AP} = \arctan \frac{\Delta Y_{AP}}{X_{AP}} = \arctan \frac{450.000 - 433.570}{370.000 - 348.758} = 48°59'34''$$

$$\beta = \alpha_{AB} - \alpha_{AP} = 103°48'48'' - 48°59'34'' = 54°49'14''$$

$$D_{AP} = \sqrt{(370.000 - 348.758)^2 + (458.000 - 433.570)^2} = 32.374\ (\text{m})$$

2. 点位测设方法

（1）在 A 点安置仪器，瞄准 B 点，按逆时针方向测设 β 角，定出 AP 方向。

（2）沿 AP 方向测设水平距离 D_{AP}，定出 P 点，作出标志。

（3）用同样的方法测设建筑物的另外 3 个角点。全部测设完毕后，检查建筑物四角是否等于 90°、各边长是否等于设计长度、其误差是否在限差以内。

在测设距离和角度时，可根据精度要求分别采用一般方法或精密方法。

11.1.4.3 角度交会法

角度交会法是在两个或多个控制点上安置仪器，通过测设两个或多个已知水平角角度，交会出待定点的平面位置。这种方法又称为方向交会法。角度交会法适用于待定点离控制点较远且量距较困难的建筑施工场地。

1. 计算测设数据

如图 11.9（a）所示，A、B、C 为已知平面控制点，P 为待测设点，其坐标均为已知，现根据 A、B、C 三点，用角度交会法测设 P 点，测设数据计算如下。

（1）按坐标反算公式，分别求出 α_{AB}、α_{AP}、α_{BP}、α_{CB} 和 α_{CP}。

（2）计算水平角 β_1、β_2 和 β_3。

2. 点位测设方法

（1）在 A、B 两点同时安置仪器，同时测设水平角 β_1 和 β_2 定出两条方向线，在两条方向线相交处钉一个木桩，并在木桩上沿 AP、BP 绘出方向线及其交点。

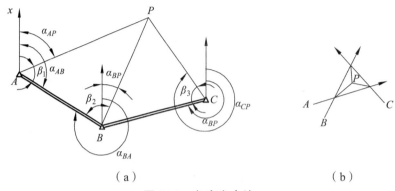

（a）　　　　　　　　　　　　（b）

图 11.9　角度交会法

（2）在 C 点安置仪器，测设水平角 β_3，同样在木桩上沿 CP 绘出方向线。

（3）如果交会没有误差，则此方向线应通过前两方向线的交点，此交点即待测点 p。由于测设有误差，往往 3 个方向的方向线不交于一点，而形成一个误差三角形，如图 11.9（b）所示。如果此三角形最长边不超过允许范围，则取三角形的重心作为 P 点的最终位置。

测设 β_1、β_2 和 β_3 时，视具体情况可采用一般方法或精密方法。

11.1.4.4　距离交会法

距离交会法是根据两个控制点测设两段已知水平距离，交会定出待测点的平面位置。距离交会法适用于场地平坦、量距方便且控制点离测设点不超过一尺段长的建筑施工场地。

1. 计算测设数据

如图 11.10 所示，A、B 为已知平面控制点，P、Q、R、S 为一建筑物的 4 个待测角点，其坐标均为已知。现根据 A、B 两点用距离交会法测设 P 点，其测设数据 D_{AP}、D_{BP} 根据 A、B、P 三点的坐标值分别计算。

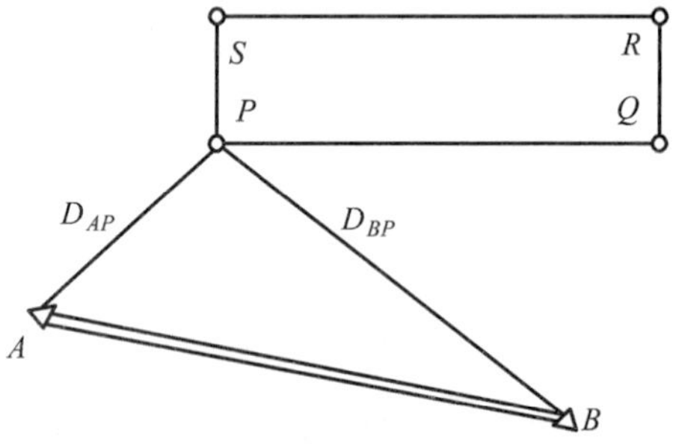

2. 点位测设方法

（1）将钢尺的零点对准 A 点，以 D_{AP} 为半径在地上画一圆弧。

图 11.10　距离交会法

（2）将钢尺的零点对准 B 点，以 D_{BP} 为半径在地上画一圆弧。两圆弧的交点即 P 点的平面位置。

（3）用同样方法测设出 Q、R、S 的平面位置。

（4）测量各条边的水平距离，与设计长度进行比较，其误差应在限差以内。

测设时如有两根钢尺，则可将钢尺的零点同时对准 A、B 点，由一人同时拉紧两根钢尺，使两根钢尺读数分别为 D_{AP}、D_{BP}，则此两读数相交处即为待测设的 P 点。

11.1.4.5　全站仪坐标法

全站仪具有坐标放样功能，用全站仪坐标法放样，不需要事先计算放样元素，只需提供坐标，操作十分方便。

在已知点上安置全站仪，进入主菜单，选择坐标放样测量模式。只要输入测站点、后视点和待放样点的坐标，瞄准后视点定向，全站仪会自动计算并显示当前仪器的旋转方向，应转动的水平角和棱镜前后移动的距离。按显示屏上提示操作仪器，指挥持棱镜者左右前后移动棱镜，直至显示的角度差和距离差值均为 0，此时棱镜位置即为放样点位置，并在实地标定出来。

用全站仪放样点位，可事先输入气象元素，仪器会自动进行气象改正。因此用全站仪放样点位既能保证精度，同时操作十分方便，无需做任何手工计算。

当控制点与放样点间不通视，可用自由设站法。在已有两个以上已知点的情况下，置全站仪于任一未知点上，启用自由设站程序，观测到已知点的距离、方向，仪器内置程序可求得测站点坐标，此法称自由设站法。在求得测站点坐标的同时也完成了测站定向，再根据测站点，已知点和放样点的坐标，采用全站仪坐标法可测设各放样点。

11.1.4.6　GPS RTK 法

GPS RTK 是一种全天候、全方位的测量系统,是目前实时、准确地确定待定点位置的最佳方式。它需要一台基准站接收机和一台或多台流动站接收机以及用于数据传输的电台。RTK 定位技术是将基准站的相位观测数据及坐标信息通过数据链方式及时传送给流动站，流动站将收到的数据链连同自采集的相位观测数据进行实时差分处理，从而获得流动站的实时三维 WGS-84 坐标，再通过与基准站相同的坐标转换参数自动将测点的 WGS-84 坐标转换为当地施工坐标。随机软件将实时位置与设计值相比较，进而指导放样。在确认定位精度指标满足放样精度后，将数据存储，并在地面设置点位标志。

应用 GPS RTK 定位技术放样速度快，放样各点精度基本一致、可全天候作业，能快速、高效率地完成测量放样任务，已经成为广泛使用的放样方法之一。

11.2　建筑场地的施工控制测量

为了限制误差的传播范围，保证测设精度与速度，施工测量也必须遵循"从整体到局部，先控制后碎部"的原则。在施工现场建立平面控制网和高程控制网，然后以此为基础，测设各个建筑物和构筑物的位置。施工平面控制网的布设形式，应根据建筑物的布置，场地大小和地形条件等因素来确定。高程控制网应根据场地大小和工程要求分级建立。有条件时，也可以利用原测图控制网作为施工控制网。

11.2.1　施工场地的平面控制测量

根据总平面图和施工场地的地形条件，施工平面控制网可以布设成三角网、导线网、建筑方格网和建筑基线等形式。下面介绍常用的两种方法。

11.2.1.1 建筑基线

在面积不大、地势较为平坦的建筑场地上，布设一条或几条基线，作为施工测量的平面控制，称为建筑基线。

1. 建筑基线的布设形式

建筑基线的布线形式，应根据建筑物的分布、现场地形条件等因素来确定。常用的形式有"一"字形、"L"形、"十"字形和"T"形，如图 11.11 所示。

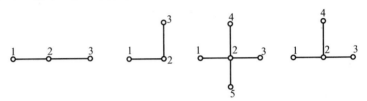

图 11.11　建筑基线布设形式

2. 建筑基线的布设要求

（1）建筑基线应尽可能靠近拟建的主要建筑物，并与其主要轴线平行或垂直，且长的基线尽可能布设在场地中央，以便使用比较简单的直角坐标法进行建筑物定位。

（2）建筑基线上基线点应不少于 3 个，以便相互检核。

（3）建筑基线应尽可能与施工场地的建筑红线相联系。

（4）基线点位应选在通视良好、不易被破坏的地方，为能长期保存，一般要求埋设永久性的混凝土桩。

3. 建筑基线的测设方法

建筑基线测设方法同建筑方格网主轴线点。

11.2.1.2 建筑方格网

对于地势较平坦、建筑物多为矩形且布置比较规则和密集的大、中型的施工场地，可以采用由正方形或矩形组成的施工控制网，称为建筑方格网，如图 11.12 所示。下面简要介绍其布设和测设步骤。

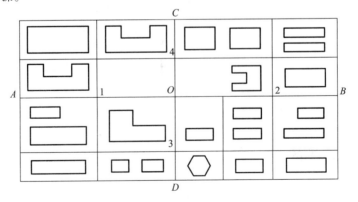

图 11.12　建筑方格网

1. 建筑方格网的布设

首先，应根据设计总图上的各建、构筑物，各种管线的位置，结合现场地形，选定方格网的主轴线 AOB 和 COD，其中 A、O、B、C、D 为主点；然后，布设其他格点。主轴线应尽量布设在建筑区中央，并与主要建筑物轴线平行或垂直，其长度应能控制整个建筑区；方格网可布设成正方形或矩形；格网点、线在不受施工影响条件下，应靠近建筑物；纵横格网边应严格垂直。建筑方格网的主要技术要求，应符合表 11.1 的规定。

表 11.1　建筑方格网的主要技术要求

等级	边长/m	测角中误差/(″)	边长相对中误差
一级	100～300	5	≤1/30 000
二级	100～300	8	≤1/20 000

2. 建筑方格网的测设

布设建筑方格网，可采用布网法或轴线法测设。布网法是一次整体布网，经统一平差后求得各点的坐标，然后改正至设计坐标位置。轴线法是先布设主轴线，然后再根据轴线测设其他方格网点。先测设主轴线 AOB 和 COD，按前述测设十字形建筑基线的方法，利用测量控制点将 A、O、B 和 C、O、D 点测设于实地，然后再测设各方格网点。

建筑方格网的主点，可依据场区的已知测量控制点和主点的设计坐标，用测设点位的方法进行测设，目前一般用全站仪按极坐标法测设。施测建筑方格网的主要技术要求如下：

（1）轴线宜位于场地的中央，与主要建筑物的基本轴线平行；一条轴线上的主点，一般不得少于 3 个；轴线点的点位中误差，不应大于 5 cm。

（2）放样后的主点，应进行角度观测，检查直线度；测定交角的测角中误差，不应超过 2.5″；直线度的限差，应在 180°±5″ 以内。

（3）两轴线交点，应在长轴线上丈量全长后确定。

（4）短轴线，应根据长轴线定向后测定，其测量精度应与长轴线相同，交角的限差应在 90°±5″ 以内。

测设出主轴线后，应分别对主轴线上的主点进行检测，若误差未超限，可进行归化改正，并在主点处埋设固定标志。主点设置后，再以主点为依据测设其他各方格点。

建筑方格网适用于地势平坦，建筑物、构筑物布置整齐的场区平面控制，最大优点是可用直角坐标法进行建筑物的定位，放样较为方便。但建筑方格网必须按总平面图布置，其图形比较死板，点位容易受施工影响而损坏，测设时工作量较大。现今全站仪和全球卫星导航定位技术已十分普及，且导线网、边角网特别是 GPS 网有很大的灵活性，选点时可以根据场地情况和需要确定点位。所以，建筑方格网正逐渐被取代。

11.2.2　施工场地的高程控制测量

为了减少误差和测设高程便捷，一般尽量安置一次水准仪就可将高程传递到待测设的建筑物上，所以高程控制点要靠近待建建筑物，这些高程控制点称为施工水准点。由于工地情况复杂，机械振动剧烈，施工水准点在施工阶段可能会产生变化，所以还应布设基本水准点，用来检测施工水准点的高程有无变化。这些水准点的个数应不少于 3 个，便于相互之间的检核。施工水准点可单独布设在易于保存、不受施工影响、便于施测的区域，也可设置在平面控制点的标石上。水准点间距宜小于 1 km，水准点距离建（构）筑物不宜小于 25 m，距离回填土边线不宜小于 15 m。当施工中水准点不易保存时，应将其高程引测到稳固的建（构）筑物上，引测的精度不低于原有水准点的精度。

通常建立由基本水准点和施工水准点组成的闭合水准路线或附合水准路线，采用四等水准测量的精度观测，即能满足一般建筑工程的高程测设需要。若需要对建筑物沉降观测，可另布设基本水准点作为起始点，二等水准测量精度可满足高层建筑的沉降观测需要。

11.2.3 施工控制点的坐标换算

11.2.3.1 施工坐标系统

为了工作上的方便，在建立施工平面控制网和进行建筑物定位时，多采用一种独立的直角坐标系统，称为建筑坐标系，也叫施工坐标系。该坐标系的纵横坐标轴与场地主要建筑物的轴线平行，坐标原点常设在总平面图的西南角，使所有建筑物的设计坐标均为正值。

为了与原测量坐标系统区别，规定施工坐标系统的纵轴为 A 轴，横轴为 B 轴。由于建筑物布置的方向受场地地形和生产工艺流程的限制，建筑坐标系通常与测量坐标系不一致。故在测量工作中，需要将一些点的施工坐标换算为测量坐标。

11.2.3.2 换算公式

如图 11.13 所示，测量坐标为 XOY，施工坐标为 $AO'B$，原点 O' 在测量坐标系中的坐标为 X'_O、Y'_O。设两坐标轴之间的夹角为 α，P 点的施工坐标为（A_p，B_p），测量坐标为（X_p，Y_p），则 P 点的施工坐标可按下式换算成测量坐标：

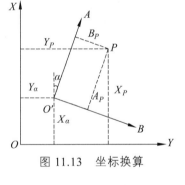

图 11.13 坐标换算

$$X_P = X'_O + A_P \cdot \cos \alpha - B_P \cdot \sin \alpha \qquad （11.8）$$
$$Y_P = Y'_O + A_P \cdot \sin \alpha + B_P \cdot \cos \alpha \qquad （11.9）$$

11.3 民用建筑施工测量

民用建筑是指供人们日常生活及进行各种社会活动的建筑物。民用建筑按用途可分为居住建筑和公共建筑，按建筑物层数可分为低层、多层、中高层、高层和超高层。

民用建筑施工测量的主要任务是配合施工进度，按设计要求测设建筑物的平面位置及高程，作为施工的依据，以保证所建工程符合设计要求。测设又称施工放样，简称放样。由于建筑物的类型不同，放样方法和精度要求也有所不同，但放样的过程和内容基本相同。其主要包括建筑物定位、放线、基础工程施工测量、墙体工程施工测量、轴线投测和高程传递等。

11.3.1 建筑物的定位测量

建筑物的定位测量就是在地面上确定建筑物的位置，即根据设计条件将建筑物外轮廓的各轴线交点测设在地面上。进行建筑物的定位放线，是确定建筑物平面位置和开挖基槽的关键环节，施测中必须保证精度、杜绝错误，否测后果难以处理。

11.3.1.1 根据原有建筑物定位

在原有建筑群内新建、改建、扩建时，设计资料一般会给出拟建建筑物与原有建筑物的相对位置关系。此时，可依据设计给定的条件定位。

【例 11.4】 如图 11.14 所示，拟建 3 号楼横轴线长 27.60 m、纵轴线长 12.00 m，该楼外墙厚 240 mm，轴线居中。3 号楼与原有 2 号楼外墙皮之间的间距为 15.00 m，南墙外墙皮齐平，3 号楼定位步骤如下：

（1）计算测设数据。

2 号楼东山墙外墙皮至 3 号楼西山墙轴线之间的间距为：

$$15.00 + \frac{0.24}{2} = 15.12 \ (m)$$

若以距 2 号楼南墙皮 2.00 m（应根据挖槽深度和土质情况而定）作平行线 ab，则 ab 与 3 号楼南墙轴线之间的间距为：

$$2.00 + \frac{0.24}{2} = 2.12 \ (m)$$

（2）绘制测设详图。

将测设数据标注于图中的相应位置，便得测设详图，如图 11.14 所示。

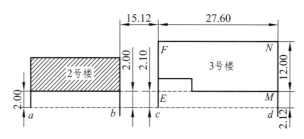

图 11.14 根据原有建筑物定位

（3）测设步骤。

① 设置辅助点 a、b，用顺小线法在延长 2 号楼西山墙方向，沿此方向线测设水平距离 2.00 m，标定 a 点；同法标定 b 点。

② 设置垂足 c、d，在测站 a 安装仪器，以 b 点定向，沿仪器视准轴方向先测设水平距离 bc = 15.12 m，标定 c 点；再测设水平距离 cd = 27.60 m，标定 d 点。

③ 桩钉角桩 E、F，在测站 c 安置仪器，以 d 点定向，反拨（逆时针旋转照准部测设）90°，沿仪器视准轴方向先测设水平距离 cE = 2.12 m，桩钉角桩 E；再测设水平距离 EF = 12.00 m，桩钉角桩 F。

④ 桩钉角桩 M、N，在测站 d 安置仪器，以 c 点定向，正拨（顺时针旋转照准部测设）

90°，沿仪器视准轴方向先测设水平距离 $dM = 2.12$ m，桩钉角桩 M；再测设水平距离 $MN = 12.00$ m，桩钉角桩 N。

⑤ 检测，一般是先检测最弱角，再检测最弱边。本例最弱角为 $\angle F$、$\angle N$，最弱边为 FN。分别实测最弱角，其值与设计值90°之较差不应大于限差。

实测最弱边 FN，其值与设计值之相对误差应符合要求。如实测值为 27.606 m，则其与设计值27.60 m 之相对误差为：

$$\frac{27.606 - 27.60}{27.60} = \frac{1}{4\ 600}$$

同时，也应按相同的方法检测边长 EM。

11.3.1.2 根据道路中心线定位测量

当新建工程与道路中心线平行，纵横距离均已知时，可根据道路中心线定位。

【例 11.5】 如图 11.15 所示，纵、横轴线长度为 $l_2 = 33$ m、$l_4 = 15$ m 的拟建建筑物 $EFMN$ 与道路中心线平行，间距为 $l_1 = 20$ m、$l_3 = 18$ m。其定位步骤具体如下：

（1）计算测设数据。

由图可知，测设之角度均为90°，边长为 $l_2 = 33$ m、$l_4 = 15$ m、$l_1 = 20$ m、$l_3 = 18$ m。

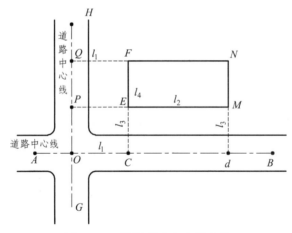

图 11.15 根据道路中心线定位

（2）测设步骤。

① 确定道路中心线。

由量宽取中法，确定 A、B、G 与 H 点，即得道路中心线 AB 与 GH。

② 标定道路中心线交点。

分别在 B 点、H 点安置经纬仪，以 A 点、G 点定向，用方向线交会法标定 O 点。在 O 点安置经纬仪，实测 $\angle HOB$，检核两条中心线的垂直度。必要时进行适当的调整，使 $\angle HOB = 90°$。

③ 设置垂足 c、d。

在 O 点安置经纬仪，以 B 点定向，沿经纬仪视准轴方向先测设水平距离 $Oc = 20.00$ m，标定 c 点，再测设 $cd = 33.00$ m，标定 d 点。

④ 桩钉角桩及检测。

具体操作方法与【例 11.4】同。

11.3.1.3 根据控制点定位测量

在施工场地内设有平面控制网时，可根据各控制点进行建筑物的定位测量。根据建筑布局和施工场地的地形情况，平面控制网有建筑方格网、建筑基线和导线网、三角网等形式。建筑物定位测量时，可依据给定的定位条件，采用直角坐标法、极坐标法定位、角度交会法定位、距离交会法进行定位测量。

1. 直角坐标法定位

当平面控制采用建筑基线、建筑方格网或建筑红线（由规划部门审批划定的建筑用地和道路用地的边界线）时，常运用直角坐标法定位。该法测设数据计算简便，测设的角度均为90°。其施测方便、精度高，是建筑物定位最常用的方法。

【例 11.6】 拟建建筑物 *EFMN*，在建筑坐标系中的设计坐标如图 11.16 所示。*O*、*A*、*B*、*G*、*H*、*K* 为已有的 6 个平面控制点，其坐标值见表 11.2。其定位步骤具体如下。

表 11.2 平面控制点坐标

	点号	O	A	B	G	H	K
坐标	A	400.00	600.00	400.00	400.00	400.00	500.00
	B	600.00	600.00	900.00	700.00	800.00	600.00

（1）计算测设数据。

$$EM = FN = 714.00 - 630.00 = 84.00 \text{（m）}$$
$$EF = MN = 457.30 - 430.00 = 27.30 \text{（m）}$$
$$Oa = 630.00 - 600.00 = 30.00 \text{（m）}$$
$$aE = bM = 430.00 - 400.00 = 30.00 \text{（m）}$$
$$Gb = 714.00 - 700.00 = 14.00 \text{（m）}$$

（2）绘制测设详图。

将测设数据标注于图中的相应位置，便得测设详图，如图 11.16 所示。

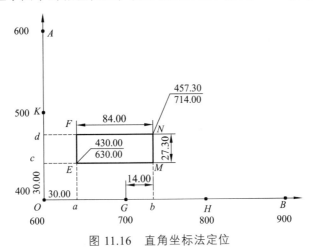

图 11.16 直角坐标法定位

（3）测设步骤。

① 设置垂足 a、b。

在 O 点安置仪器，以 B 点定向，沿仪器视准轴方向先测设水平距离 $Oa = 30.00$ m，标定 a 点；再测设水平距离 $Gb = 14.00$ m，标定 b 点。

② 桩钉角桩 E、F。

在 a 点安置仪器，以 B 点定向，反拨 $90°$，沿视准轴方向先测设水平距离 $aE = 30.00$ m，桩钉 E 点；再测设水平距离 $EF = 27.30$ m，桩钉 F 点。

③ 桩钉角桩 M、N 与检测。

2. 极坐标法定位

当拟建建筑物的轴线与平面控制点的连线不平行时，可以采用极坐标法定位。

【例 11.7】 如图 11.17 所示，导线点 A 的坐标为 $X_A = 205.09$ m，$Y_A = 406.94$ m，导线边 AB 的方向角 $\alpha_{AB} = 255°34'27''$。拟建建筑物 $EFMN$，其角桩设计坐标见表 11.3。

表 11.3　角桩设计坐标

点号		M	N	E	F
坐标	X	220.00	236.80	220.00	236.80
	Y	330.00	330.00	388.80	388.80

其定位步骤具体如下：

（1）计算测设数据。

由表 11.3 角桩设计坐标可知，拟建建筑物轴线与坐标轴平行，呈矩形，纵、横轴线长：

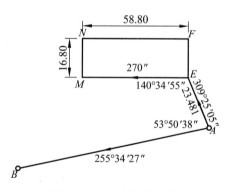

$$MN = EF = 236.80 - 220.00 = 16.80 （m）$$
$$ME = NF = 388.80 - 330.00 = 58.80 （m）$$

方向角　$\alpha_{EM} = 270°$

由 A、E 的坐标，可计算得：

边长　　$AE = 23.481 （m）$

图 11.17　极坐标法定位

方向角　$\alpha_{AM} = 309°25'05''$

而　　　$\angle BAE = \alpha_{AE} - \alpha_{AB} = 309°25'05'' - 255°34'37'' = 53°50'38''$

　　　　$\angle AEM = \alpha_{EM} - \alpha_{EA} = 270° - 129°25'05'' = 140°34'55''$

故水平角等于其右边方向角减去左边方向角。由位于角顶的计算者，面向欲求的水平角区分左、右边。

（2）绘制测设详图。

将测设数据注于图中相应位置，便得测设详图，如图 11.17 所示。

（3）测设步骤。

① 桩钉角桩 E。

在 A 点安置仪器，以 B 点定向，正拨 $53°50'38''$，沿仪器视准轴方向测设水平距离 $AE =$

23.481 m，桩钉角桩 E。

② 桩钉角桩 M、F。

在 E 点安置仪器，以 A 点定向，正拨 $140°34'55''$，沿视准轴方向测设水平距离 $EM =$ 58.80 m，桩钉角桩 M。然后，以 M 点定向，正拨 $90°$，沿视准轴方向测设水平距离 16.80 m，桩钉角桩 F。

③ 桩钉角桩 N。

在 M 点安置仪器，以 E 点定向，反拨 $90°$，沿视准轴方向测设水平距离 $MN =$ 16.68 m，桩钉角桩 N。

④ 检测。

极坐标法适用于测设距离较短的平坦场地。特别是当采用红外测距仪或全站仪定位时，此法的适应性更强，使用更为灵活、方便。

当测设距离较长或测设距离不便时，可采用角度交会法。角度交会法又称方向线交会法。如有条件，宜用两台仪器交会。当测设距离较短时也可采用距离交会法。

11.3.2 建筑物的放线

建筑物定位测量时，只是根据建筑物的外轮廓（或轴线）尺寸以控制网的形式把建筑物测设到地面上，很多轴线控制桩不能测出来。为满足施工的需要，还要进一步测设出各轴线交点的位置，并用白灰撒出开挖边界线。其具体放线内容如下。

11.3.2.1 设置龙门板

在民用建筑施工时，为了便于恢复轴线和抄平放线，可在房屋四角及各主要轴线处测设水平木板桩，将控制轴线引至水平木板上。水平木板称为龙门板，固定木桩称为龙门桩。设置龙门板的步骤如下。

（1）钉龙门桩。如图 11.18 所示，在基槽开挖边线外 1.5～2 m 处钉龙门桩，桩要钉得竖直、牢固，桩面与基槽平行。

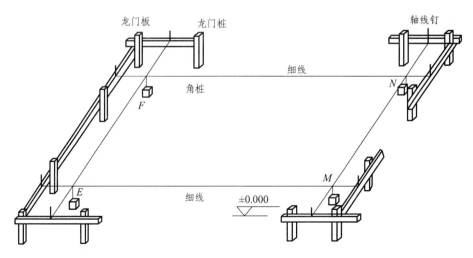

图 11.18　龙门板放样

（2）测设±0高程线。采用测设已知高程的方法，在每个龙门桩的外侧面测设±0高程线。若现场条件不允许，则可测设比±0稍高或稍低某一整分米数的高程线，并标明。

（3）钉龙门板。沿龙门板上±0高程线钉龙门板，并检核龙门板上沿高程。

（4）设置轴线钉。采用经纬仪定线法或顺小线法，将轴线引测至龙门板上沿，并用小钉标定，该钉称为轴线钉。沿龙门板上沿实测相邻轴线钉之间的距离，其值与设计值的相对精度应符合要求。

（5）设置施工标志。以轴线钉为准，将墙边线、基础边线与基槽开挖边线等标定于龙门板上沿。

（6）检查限差。

龙门板的优点是标志明显、使用方便、可以控制±0高程、控制轴线，以及墙、基础与基槽的宽度等。但是，龙门板要用较多的木材，占用场地又有碍施工，尤其是采用机械挖槽时龙门板不易保存。因此，近些年来较为普遍地采用轴线控制桩。

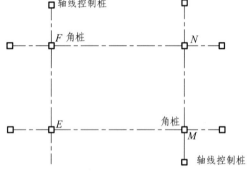

图11.19 设置轴线控制桩

11.3.2.2 设置轴线控制桩

轴线控制桩又称引桩或保险桩，其必须设在不受施工干扰又便于引测的地方。当现场条件许可时，也可以在轴线延长线两端的固定建筑物上直接做上标记。如图11.19所示，一般轴线控制桩设在基槽外2~4 m处，如系多层建筑；有时为便于向上引测，也可设置得更远些。

为了保证轴线控制桩的精度，设置轴线控制桩最好与测设轴线同时进行。当单独设置轴线控制桩时，可采用经纬仪定线法或者顺小线法。

11.3.2.3 确定开挖边界线

开挖基槽时，应按土质情况、设计开挖深度和施工方式确定挖土放坡。如图11.20所示，设 i 为土方边坡坡度，h 为挖方深度，D 为边坡底宽，则：

$$i = \frac{h}{B} = \frac{1}{M}$$

$$M = \frac{B}{H}$$

$$B = MH$$

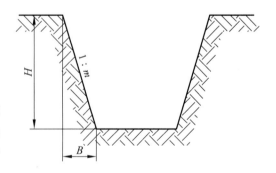

图11.20 确定开挖边界线

按照基础平面图上标注的基槽开挖边线和轴线的尺寸关系，并考虑上口放坡距离，以轴线控制桩为准，或者以龙门板上的轴线钉为准，沿龙门板上口，向两侧标定基槽开挖边线标志。以轴线两端的基槽开挖边线标志为准，拉直细线绳，沿线绳撒出白灰线，在实地标明基槽开挖边线作为施工开挖的依据。

11.3.3 基础工程施工测量

11.3.3.1 控制基槽开挖深度

1. 标杆法

当基槽将要挖到设计高程时，可利用两端龙门板拉小线，按龙门板顶面与槽底设计高程差，在标杆上画出横线标记。检查时，将标杆上的横线与小线相比较，横线与小线对齐时，即得要求的基槽深度。如图 11.21 所示，槽底设计高程 –1.800 m，龙门板顶面高程 – 0.300 m，高差 1.500 m，在小木杆 1.500 m 处画横线，就可将小木杆立于槽底逐点进行检查。

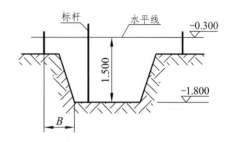

图 11.21　标杆法基础施工测量

2. 抄平法

当基槽将要挖到设计高程时，用水准仪在槽壁上每隔 3~4 m 测设一水平桩，水平桩的上皮至槽底设计高程应为一固定值，如 0.5 m。必要时，还可沿水平桩上皮拉小线，作为挖槽及打垫层时控制高程的依据。如图 11.22 所示，槽底设计高程 – 1.800 m，龙门板高程 0.000 m。欲测比槽底高 0.500 m 水平桩，其具体步骤如下：

（1）水平桩与龙门板高差 1.800 – 0.500 = 1.300 m。

（2）立尺于龙门板上，测得后视读数 1.100 m。

（3）前视应读读数 b = 1.300 + 1.100 = 2.400 m。

（4）立尺于槽壁，上下移动尺身，当视线正照准 2.400 m 时停住，沿尺底钉木桩。

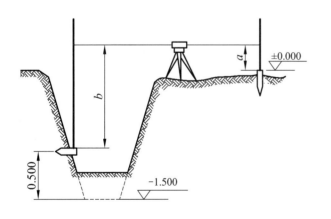

图 11.22　抄平法基础施工测量

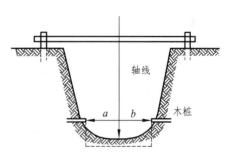

图 11.23　基础槽底宽度检核

11.3.3.2 槽底宽度检核

如图 11.23 所示，先利用轴线钉拉小线，然后用线坠将轴线引测至槽底，根据轴线检查两侧挖方是否符合槽底设计宽度。如果因挖方尺寸小于应挖宽度而需要修整时，可在槽壁上钉木桩，使木桩顶端对齐槽底应挖边线，然后再按木桩连线进行修边清底。

11.3.3.3 垫层高程控制

基槽挖土完成以后，在槽底敷设垫层。垫层施工结束后，在垫层上用墨线弹出轴线和基础边线等，以便进行基础施工。垫层施工高程的控制可采用水平线控制法或槽底桩顶控制法。

1. 水平线控制法

沿基槽水平桩顶面，在槽壁弹一条水平墨线，该线既是清理槽底又是控制垫层高程的依据。

2. 槽底桩顶控制法

采用测设已知高程方法，用水准仪抄平，并在槽底设置小木桩，使桩顶高程为垫层顶面的设计高程。通常小木桩间距为 2～3 m，呈行列式或梅花形排列。

当然，也可根据 ±0 水准点，如龙门板上沿高程，直接控制基础垫层高程。若垫层需要支模，则可采用测设已知高程的方法，直接在模板上标定高程控制线。

11.3.3.4 基础放线

垫层施工完成后，根据轴线控制桩或者龙门板上的轴线钉，将外部轮廓轴线投测至垫层上。投测时，可采用经纬仪定线法，或者用顺小线悬挂锤球。为了便于弹线，宜先沿外部轮廓轴线方向从垫层边缘开始相间 10～15 m 用红铅笔标定一点，再按红点分段弹出墨线。

根据已弹出的外部轮廓轴线，按设计图纸上所标注的尺寸，先沿已弹出的外部轮廓轴线测设水平距离，标定各轴线的交点，再沿内部轴线的两个端点在垫层上弹出墨线，标定各内部轴线。测设水平距离时，应按整尺内分。

在垫层上放完轴线后，便可根据设计图纸上基础宽度，由轴线向两侧测设设计距离标定边界点，沿相应边界点弹墨线，在垫层上标出基础边界线。假若采用龙门板，也可直接按龙门板上的基础边线标志弹线。在弹基础边界线时，应将基础预留孔洞位置弹出。图 11.24 所示为基础砌砖线一角的示意图。

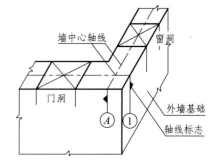

图 11.24 基础砌砖线

11.3.4 墙体工程施工测量

11.3.4.1 墙体弹线定位

根据轴线控制桩或龙门板上的轴线和墙边线标志，采用经纬仪定线法或顺小线悬挂锤球投测轴线到基础顶面或防潮层上，投点容许误差为 ±5 mm，然后用墨线弹出墙轴线。同时，依据墙轴线弹出墙身边线，并定出洞口位置。检测轴线长度与轴线交角，当符合设计要求时，把轴线延伸，在基础墙立面上画红色三角形将其标定（图 11.25），作为向上投测轴线的依据。

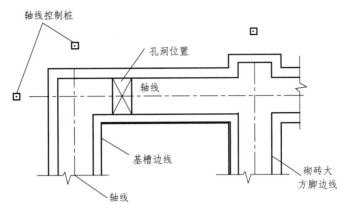

图 11.25　墙体弹线定位

11.3.4.2　墙体高程控制

1. 墙身皮数杆

立墙身皮数杆可以控制每匹砖砌筑的竖向尺寸，使铺灰、砌砖的厚度均匀，并保持砖皮水平。自 ±0 高程起，皮数杆上划有每匹砖和灰缝的厚度以及门窗洞、过梁、楼板等的高程。通常将墙身皮数杆立在建筑物的转角和内墙处（图 11.26），采用里脚手架时立在墙外侧，采用外脚手架时立在内侧。为使皮数杆稳定，可加钉斜撑。

立墙身皮数杆的方法与基础皮数杆类同，先在立杆处打一木桩，使墙身皮数杆与木桩上 ±0 高程线对齐、钉牢即可。用水准仪在木桩上测设 ±0 高程线的容许误差为 ±3 mm。

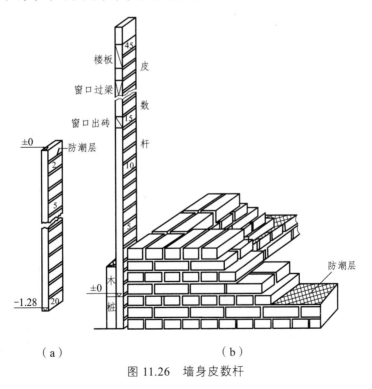

（a）　　　　　　　　　　（b）

图 11.26　墙身皮数杆

2. +50 高程线

当砖墙砌筑至一步架高时，宜随即按测设已知高程的方法用水准仪在墙内进行抄平，测设 + 0.50 m 水平线，并弹出墨线。这条高程线是各层控制层高与门窗过梁高程的依据，也是室内装饰施工、做地坪、踢脚线、窗台等的高程依据。

3. 层高控制线

在一层砌砖完成之后，根据室内 + 50 高程线，用钢尺向墙上端测设垂距，通常是测设出比搁置楼板板底设计高程低 0.10 m 的高程线，并在墙上端弹出墨线。瓦工依据这条层高控制线，把长靠尺用钢筋卡子贴卡在墙顶端两侧，控制找平层顶面高程，以保证吊装之楼板板面平整，便于地面抹平的施工。

首层楼板搁置灌缝后，便可进行二层的抄平放线；二层、三层……的抄平放线方法与首层类同，其差异主要在于如何把首层的轴线和高程传递至各层施工面。

11.3.5　轴线投测

在高层建筑物施工中，各层轴线交点的平面坐标应该与地坪层轴线交点的平面坐标完全相等，也就是各层轴线应精确地向上投测。建筑物越高，轴线投测的精度要求也越高。高层建筑物轴线的投测，一般可选用垂球法、经纬仪引桩投测法和激光铅垂仪投测法。

1. 垂球法

垂球法是利用悬挂重锤的钢丝，竖向传递轴线。重锤的质量随施工面高度而异：高度在 50 m 以内时为 10 ~ 20 kg；100 m 以内时为 20 ~ 30 kg；100 m 以上时为 30 ~ 50 kg。钢丝的直径为 1 mm，且最好采用轻钢丝。宜将重锤沉浸于废机油或水中，以减少摆动。该法简便、有效，不受场地限制，至今仍广泛应用于高耸建筑物与构筑物施工中，但工作效率低；若不采取挡风措施，则垂线越长精度越低。

2. 经纬仪引桩投测法

此方法主要用在施工场地比较开阔的现场，主要是将经纬仪安置在建筑物周围的地面上进行竖向投测。通常，首先将基础中心两条相互垂直的轴线（图 11.27）作为主轴线，将原轴线控制桩引测到离建筑物较远的安全地点，如 A、A' 与 B、B' 点，以防止控制桩被破坏；同时，避免轴线投测时仰角过大，以便减小误差，提高投测精度。

然后把经纬仪安置在 A、A'、B、B' 点上，严格对中、整平。用望远镜照准已在墙角弹出的轴线标准点 a、a'、b、b'，用正倒镜取中法将主轴线向上投测至各楼层的施工面上，得投影点 a_1、a_1'、b_1、b_1'，再精确测出 $a_1 a_1'$ 和 $b_1 b_1'$ 两条直线的交点 O_1'，主轴线 $a_1 O_1 a_1'$ 和 $b_1 O_1 b_1'$ 为楼层细部放线的依据。按照上述步骤逐层向上投测，即可获得其他各楼层的轴线。

依次逐层向上投测主轴线，当楼层升到相当高度（一般为 10 层以上）时，往往因施工场地狭窄，继续用原引桩设站仰角过大，既会降低精度又不便于操作，故可将引桩延伸至远处或附近高处。如图 11.27 所示，在第 10 层楼面轴线 $a_{10} a_{10}'$ 与 $b_{10} b_{10}'$ 上分别安置经纬仪，以原引桩 A、A_1 与 B、B_1 点定向，用正倒镜取中法将轴线延伸至点 A_1、A_1' …并标定这些新设置的引桩作为继续向上投测主轴线时的测站点。

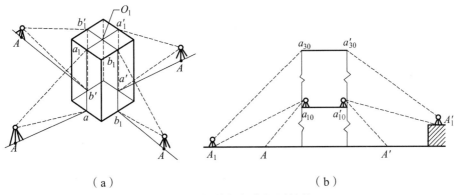

（a）　　　　　　　　　　（b）

图 11.27　经纬仪竖向投测轴线

经纬仪延伸引桩投测法操作简便，不需要专用的仪器与配件。但由于该法作业时仰角较大，所以投测前应认真检校经纬仪，尤其是应使照准部水准管轴垂直于竖轴。在投测时，应仔细地安置仪器，严格整平。

3. 激光铅垂仪投测法

激光铅垂仪是一种专用的竖直定位仪器，适用于高耸建筑物、构筑物的铅直定位。

如图 11.28 所示，激光铅垂仪的竖轴是空心筒轴，上、下两端分别连接着望远镜与氦氖激光器套筒，可按需要对调两者的位置，构成向上或向下发射的激光铅垂仪。

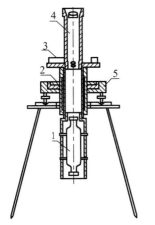

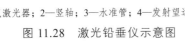

1—氦氖激光器；2—竖轴；3—水准管；4—发射望远镜；5—基座。

图 11.28　激光铅垂仪示意图

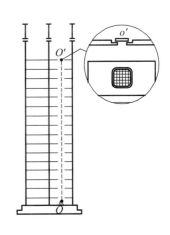

图 11.29　激光铅垂仪投测轴线

使用时利用激光器底端所发出的激光束进行对中，通过调节基座整平螺旋，使管水准器气泡严格居中，然后开启激光电源、启动激光器，便可竖直地发射激光束。经发射望远镜调焦，使激光束会聚成光点，白天数百米处可见，夜间可照射至数千米远。

将激光铅垂仪安置于高层建筑物内投测轴线时，可利用电梯间、楼梯间、通风道等竖直空间，或者在各层楼面的投测点处预留孔洞（洞口大小一般为 200 mm × 200 mm）。当采用预留空洞时，应在基础施工完成后，于首层上适当位置设置与主轴线平行的辅助轴线。辅助轴线宜距主轴线 500 ~ 800 mm，并在辅助轴线端点处预埋标志，在每层楼面的相应处都预留空洞。如图 11.29 所示，在首层测站 O 安装仪器，待仔细对中和整平后向上发射竖直激光束，在施工面的相应处水平放置绘有坐标格网的接收靶，其激光光斑所显示的点位 O' 便是 O 点的铅垂投影。

对于电视塔、烟囱等高耸构筑物施工放样，可将激光铅垂仪安置在构筑物底部中心，施工面的相应中心位置设置接收靶，便可测设竖直的中心线作为施工的依据。

采用激光铅垂仪投测轴线，投测速度快、精度高、基本不受场地限制，是一种广泛应用的先进投测方法。

11.3.6 高程传递

高层建筑物的高程传递通常可采用悬挂钢尺法和全站仪天顶测距法两种。

1. 悬挂钢尺法

如图 11.30 所示，在楼梯间、电梯间等竖直空间悬吊检定过的钢尺，钢尺零点一端在下面，挂重锤后浸于废油桶中，用水准仪引测传递。楼层 B 点的高程为：

$$H_B = \pm 0.000 + a - b + c - d \qquad (11.10)$$

式中 a，b，c，d——水平视线在尺上读数。

为了方便检核，可改变悬吊钢尺位置后再按上述方法传递，两次测定的高程较差不宜大于 3 mm。

除此以外，还可以使用水准仪和水准尺，按水准测量方法沿楼梯间将高程传递至各楼层的施工面。

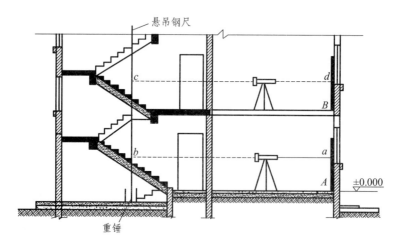

图 11.30　高层建筑高程传递

2. 全站仪天顶测距法

在底层垂准孔下安置全站仪，使望远镜水平(竖直角为 0°)向水准尺读得仪器相对于底层标高线的高度，然后使望远镜朝上(竖直角为 90°)，分别在各层垂准孔上安置有孔铁板及反射棱镜，仪器瞄准棱镜后，按测距键测定垂直距离。仪器高程加垂直距离得到铁板面的高程，再用水准仪按铁板面高程测设该层的标高线。

11.4　工业建筑施工测量

工业厂房一般规模较大，厂房又多为柱网结构，跨距和间距大、隔墙少、平面布置简单，但内部设施复杂。因此，对厂房位置和各轴线尺寸都有较高的精度要求。为确保精度，工业厂房的测设，通常在施工控制网的基础上测设厂房控制网，以直接控制厂房位置和内部各轴线，并保证厂房的预制构件（柱子、吊车梁、屋架等）的安装要求。所以，施工中多采用由柱列轴线控制桩组成的矩形控制网作为厂房控制网。

11.4.1　厂房矩形控制网测设

1. 厂房矩形控制网的建立

厂房的定位多是根据现场建筑方格网进行的。如图 11.31 所示，Ⅰ、Ⅱ、Ⅲ、Ⅳ为建筑方格网点，a、b、c、d 为厂房最外边的 4 条轴线的交点，其设计坐标为已知。A、B、C、D 为布置在基坑开挖范围以外的厂房矩形控制网的 4 个角点，称为厂房控制点，其点位距基坑开挖边线不小于 1.5 m，即厂房矩形控制网的边线到厂房轴线的距离大致为 4 m。据此，根据厂房角点的设计坐标，便可确定矩形控制网角点的坐标。

2. 计算测设数据

根据厂房控制点 A、B、C、D 的坐标，计算利用直角坐标法进行测设时，所需测设数据，计算结果标注在图 11.31 中。

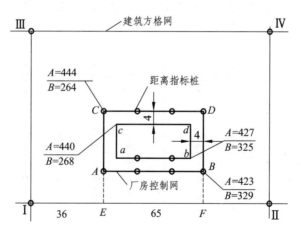

图 11.31　厂房矩形控制网

3. 厂房控制点的测设

（1）如图 11.31 所示，从Ⅰ点起沿Ⅰ、Ⅱ方向量取 36 m，定为 E 点；量出（36 + 65）m，定为 F 点。

（2）在 *E* 点与 *F* 点上安置仪器，分别瞄准Ⅰ点与Ⅱ点，顺时针（逆时针）方向测设 90°，得两条视线方向；分别沿两视线方向量取 19 m，定出 *A*、*B* 点；再向前量取 21 m，定出 *C*、*D* 点。

（3）为了便于细部定位，沿控制网四边每隔几个柱子的间距还需设置控制桩，称为距离指标桩。

4. 检 查

（1）检查∠*DCA*、∠*BDC* 是否等于 90°，其误差不得超过 ± 10″。

（2）检查 *CD* 边长是否等于设计长度，其误差不得超过 1/10 000。

对于小型厂房也可采用民用建筑的测设方法直接测设厂房的 4 个角点，再将轴线投测到龙门板或控制桩上。而对于大型或设备基础复杂的厂房，则应先精确测设厂房控制网的主轴线，再根据主轴线测设厂房控制网。

11.4.2 厂房柱列轴线与柱基施工测量

11.4.2.1 厂房柱列轴线的测设

根据厂房平面图上所标注的柱间距和跨距尺寸，以距离指标桩为准，用钢尺沿矩形控制网各边量出各柱列轴线控制桩的位置。如图 11.32 中的 1′、2′、…，并打入大木桩，桩顶用铁钉标出点位，以作为柱基测设和施工安装的依据。

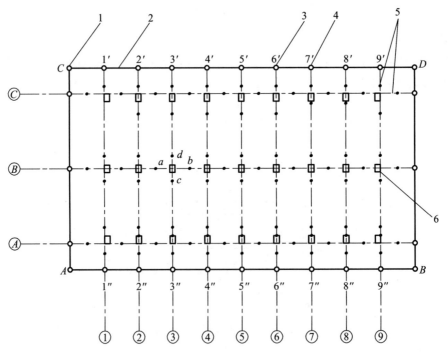

1—厂房控制桩；2—厂房矩形控制网；3—柱列轴线控制桩；4—距离指标桩；5—定位小木桩；6—柱基。

图 11.32　厂房柱列轴线和柱基测设

11.4.2.2　柱基定位和放线

（1）将两台仪器置于正交柱列轴线的控制桩上，交会出各柱基的位置（即定位轴线的交点）。

（2）在柱基的四周轴线上，离柱基开挖线外 0.5～1.0 m 处打 4 个定位小木桩（图 11.32），桩上钉小钉，作为修坑和立模的依据。

（3）按照基础施工大样图所标注尺寸和基坑放坡宽度（图 11.33），用皮尺或特制的角尺放出基坑开挖边界线，并撒白灰标明以便开挖，此项工作称为基础放线。

（4）在进行柱基础测设时，应注意柱列轴线不一定都是柱基的中心线，而一般立模，吊装等习惯用中心线，此时，应将柱列轴线平移，定出柱基中心线。

11.4.2.3　柱基施工测量

（1）基坑开挖深度的控制。

当基坑开挖到一定深度时，应在坑壁四周离基坑底设计高 0.3～0.5 m 处测设几个水平桩作为清底依据。基坑挖到设计高程后，还应在坑底四角设置垫层高程桩，以控制垫层施工。如图 11.34 所示。

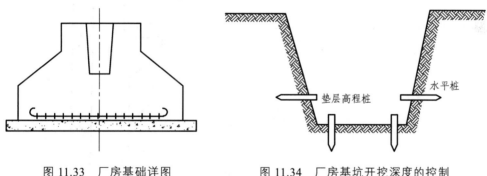

图 11.33　厂房基础详图　　　　图 11.34　厂房基坑开挖深度的控制

（2）杯形基础立模测量。

① 基础垫层打好后，根据基坑周边定位小木桩，用拉线吊垂球的方法，把柱基定位线投测到垫层上，并弹出墨线，用红漆画出标记，作为桩基立模板和布置基础钢筋的依据。

② 立模时，将模板底线对准垫层上的定位线，并用垂球检查模板是否竖直。

③ 将柱基顶面设计高程测设在模板内壁，并画线标明，作为浇灌混凝土的高度依据。

④ 在支杯底模板时，应注意使浇灌后的杯底高程比设计高程略低 3～5 cm，以便拆模后填高修平杯底。

11.4.3　厂房预制构件安装测量

装配式单层厂房主要由柱子、吊车梁、屋架、天窗架和屋面板等主要构件组成。一般工业厂房都采用预制构件在现场安装的办法施工。下面着重介绍柱子、吊车梁和吊车轨等构件在安装时的校正工作。

11.4.3.1　柱子安装测量

（1）柱子安装应满足的要求。

① 柱子中心线与相应的柱列轴线一致，允许偏差为 ± 5 mm。

② 牛腿顶面和柱顶面的实际高程与设计高程一致，允许误差为 ± 5 ~ 8 mm，柱高 5 ~ 10 m 时为 ± 10 mm。

③ 柱身垂直允许误差：当柱高 ≤ 5 m 时，为 ± 5 mm；当柱高 5 ~ 10 m 时，为 ± 10 mm；当柱高 > 10 m 时，则为柱高的 1/1 000，但不得大于 20 mm。

（2）柱子安装前的准备工作。

① 柱基弹线。

柱基拆模后，应根据轴线控制桩，用经纬仪把定位轴线投测到杯形基础顶面上，并用红漆画上"▶"标志，作为柱子中心的定位线，如图 11.35 所示。当柱列轴线不通过柱子中心线时，应在基础顶面加弹柱子中心定位线，并用红漆画上"▶"标志。同时，用水准仪在杯口内壁测设 − 0.600 m 的高程线（一般杯口顶面高程为 − 0.500 m），并画出"▼"标志（图 11.35），作为杯底找平的依据。

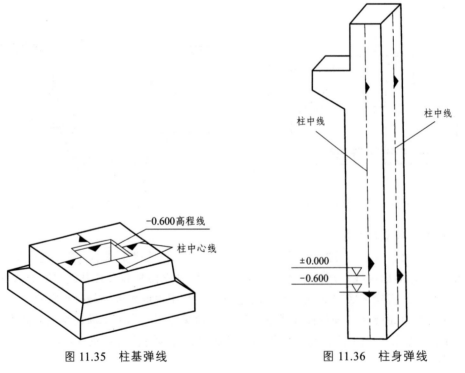

图 11.35　柱基弹线　　　　　　　图 11.36　柱身弹线

② 柱身弹线。

a. 柱子安装前，应将每根柱子按轴线位置进行编号，在柱身 3 个侧面上弹出柱中心线，并在每条线的上端和下端近杯口处画"▶"标志，见图 11.36。

b. 根据牛腿面的设计高程，从牛腿面向下用钢尺量出 ± 0.000 m、− 0.600 m 高程线，并画出"▼"标志，见图 11.36。

③ 杯底找平。

先量出柱子－0.600 m 高程线至柱底面的高度，再在相应柱基杯口内，量出－0.600 m 高程线至杯底的高度，并进行比较，以确定杯底找平层厚度；然后用 1∶2 水泥砂浆在杯底进行找平，使牛腿面符合设计高程。

（3）柱子的安装测量。

柱子安装测量的目的是保证柱子平面和高程位置符合设计要求、柱身竖直。

① 预制的钢筋混凝土柱子插入杯口后，应使柱子三面的中心线与杯口中心线对齐，如图 11.35 所示，并用木楔或钢楔临时固定。

② 柱子立稳后，立即用水准仪检测柱身上的 ± 0.000 m 高程线。

③ 如图 11.37（a）所示，用两台全站仪，分别置于柱基纵横轴线上，离柱子的距离不小于柱高的 1.5 倍处同时观测。先用望远镜瞄准柱底的中心线标志，固定照准部后，再缓慢抬高望远镜直至柱顶，观察柱子偏离十字丝竖丝的方向，指挥用钢丝绳拉直柱子，直至从两台全站仪中，观测到柱子中心线都与十字丝竖丝重合为止。

④ 在杯口与柱子的缝隙中浇入混凝土，以固定柱子的位置。

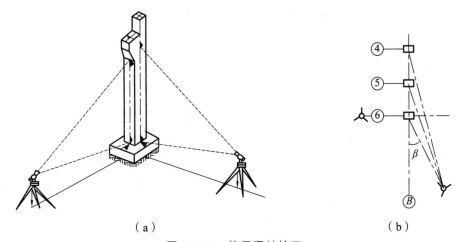

（a）   （b）

图 11.37　柱子竖轴校正

⑤ 在实际安装时，一般是一次性把许多柱子都竖起来，然后进行垂直校正。这时，可将两台全站仪分别置于纵横轴线的一侧，一次可校正几根柱子，如图 11.37（b）所示。但仪器偏离轴线的角度，应在 15°以内。

（4）柱子安装测量的注意事项。

① 校正前，应严格校正全站仪。操作时还应注意使照准部水准管气泡严格居中。

② 柱子在两个方向的垂直度都校正好后，应再复查柱子下部的中心线是否对准基础的轴线，以防止柱子安装后产生水平位移。

③ 在校正变截面的柱子时，全站仪必须安置在柱列轴线上，以免产生差错。

④ 当气温较高时，在日照下柱子垂直度应考虑日照使柱子向阴面弯曲，柱顶产生位移的影响。故在垂直度要求较高、温度较高、柱身较高时，应利用早晨或阴天进行校正。

11.4.3.2　吊车梁安装测量

目的：保证吊车梁的上、下中心线位置和吊车梁的梁面高程符合设计要求。

（1）吊车梁安装前的准备工作。

① 在柱面上量出吊车梁顶面高程。

根据柱子上的 ±0.000 m 高程线，用钢尺沿柱面向上量出吊车梁顶面设计高程线，作为调整吊车梁高程的依据。

② 在吊车梁上弹出梁的中心线。

如图 11.38 所示，在吊车梁的顶面和两端面上，用墨线弹出梁的中心线，作为安装定位的依据。

③ 在牛腿面上弹出梁的中心线（也是吊车轨道中心线）。根据厂房中心线，将吊车轨道中心线引测到牛腿面上。引测方法如下：

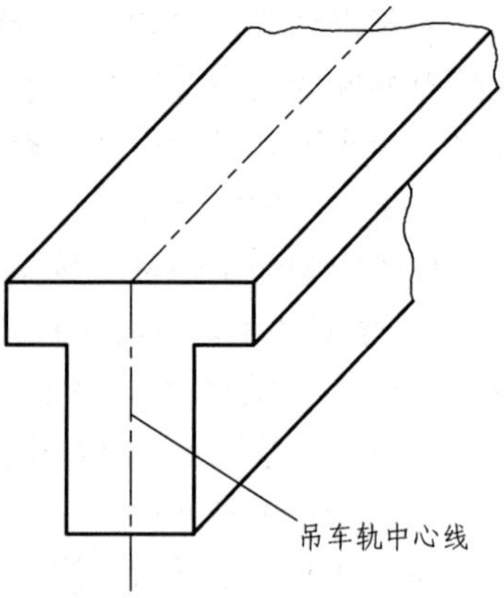

a. 如图 11.39（a）所示，利用厂房中心线 A_1A_1，根据设计轨道间距，采用平移轴线的方法，在地面上测设出吊车梁中心线 $A'A'$ 和 $B'B'$。

b. 在吊车梁中心线的一个端点 A'（或 B'）上安置仪器，瞄准另一个端点 A'（或 B'）固定照准部，抬高望远镜，即可将吊车梁中心线引测到每根柱子的牛腿面上，并用墨线弹出梁的中心线，以此作为安装吊车梁的依据。

（2）吊车梁的安装测量。

① 吊车梁被吊起并接近牛腿面时，应进行梁端面中心线与牛腿面上的轨道中心线对位，两线平齐后，将梁放置在牛腿上，则初步定位完成。

② 利用平行线法，对吊车梁的中心线进行检测，校正方法是：

a. 如图 11.39（b）所示，在地面上，从吊车梁中心线向厂房中心线方向量出长度 a（1 m），得到平行线 $A''A''$ 和 $B''B''$。

图 11.38 弹吊车梁的中心线

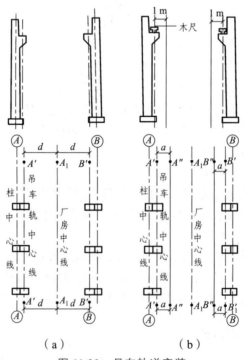

（a）　　　　　　（b）

图 11.39 吊车轨道安装

b. 在平行线一端点 A''（或 B''）上安置仪器，瞄准另一端点 A''（或 B''），固定照准部，抬高望远镜进行测量。

c. 此时，另外一个人在梁上移动横放的木尺，当视线正对准尺上 1 米刻划时，尺的零点应与梁面上的中心线重合；如不重合，可用撬杆移动吊车梁，使吊车梁中心线到 $A''A''$（或 $B''B''$）的间距等于 1 m 为止。

③ 吊车梁安装就位后，先按柱面上定出的吊车梁设计高程线对吊车梁面进行调整，然后将水准仪安置在吊车梁上，每隔 3 m 测一点高程，并与设计高程比较，要求误差应在 3 mm 以内。此外，还应吊垂球检查吊车梁端面中心线的垂直度。高程和垂直度存在的误差，可在梁底支座处加垫板纠正。

11.4.3.3 屋架的安装测量

屋架安装是以安装后的柱子为依据，使屋架中心线与柱子上相应中心线对齐。为保证屋架竖直，可用吊垂球的方法或用全站仪进行校正。

11.5 建筑物的变形观测

在建筑物的修建过程中，建筑物的基础和地基所承受的荷载不断增加，从而引起基础及其四周地层变形，而建筑物本身因基础变形及外部荷载与内部应力的作用，也要发生变形，主要包括建筑物的沉降、倾斜和开裂。如果这些变形不超过一定的限度也不影响建筑物的正常使用，可视为正常现象；但如果变形严重可视为异常现象，这将会影响建筑物的正常使用，甚至会危及建筑物的安全。为了建筑物的安全使用，在建筑物施工各阶段及使用期间，对建筑物进行有针对性的变形观测，通过变形观测，可以分析和监视建筑物的变形情况。当发现异常变形时，应及时分析原因，采取相应的技术措施，确保建筑物的施工质量和安全使用；同时，通过变形观测，可以研究变形的原因和规律，为建筑物的设计、施工、管理和科学研究提供可靠的资料。

11.5.1 建筑物的沉降观测

建筑物沉降观测是用水准测量的方法，周期性地观测建筑物上的沉降观测点和水准基点之间的高差变化值。

11.5.1.1 水准基点和沉降观测点的布设

1. 水准基点的布设

水准基点是沉降观测的依据，它的形式和埋设的要求与永久性水准点相同——必须保证稳定不变和长久保存。为了互相检核，水准基点最少应布设 3 个，以便组成水准网，对水准基点要定期进行高程检查，防止水准基点本身发生变化，确保沉降观测的准确性。

水准基点应布设在建筑物沉降影响范围之外，距沉降观测点 20～100 m，方便观测，且不受施工影响的地方。对于拟测工程规模较大者，水准基点要统一布设在建筑物周围，便于缩短水准路线，提高观测精度。

图 11.40 所示是水准基点的一种形式，在有条件的情况下，基点可筑在基岩或永久稳固建筑物的墙角上。

城市地区的沉降观测水准基点可用二等水准与城市水准点连测，可以采用假定高程。

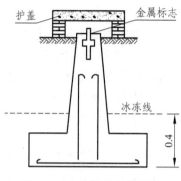

图 11.40　水准基点的埋设

2. 沉降观测点的布设

为了全面地、精确地反映整个建筑物沉降变化情况，必须合理布设沉降观测点。观测点应布设在最有代表性的地点，埋设时要与建筑物联结牢靠。

对于民用建筑，通常在它的四角点、中点、转角处布设观测点；沿建筑物的周边每隔 10 ~ 20 m 布设 1 个观测点；对于宽度大于 15 m 的建筑，在其内部有承重墙和支柱时，应尽可能布设观测点。对于工业建筑，可在转角、柱及承重墙上布设观测点；在大型设备基础的周围布设观测点。此外，设有沉降缝的建筑物，在其两侧应布设观测点；在基础形式改变处及地质条件改变处也应布设观测点。

沉降观测点的埋设形式如图 11.41 所示，图 11.41（a）、（b）分别为承重墙和柱上的观测点，图 11.41（c）为基础上的观测点。

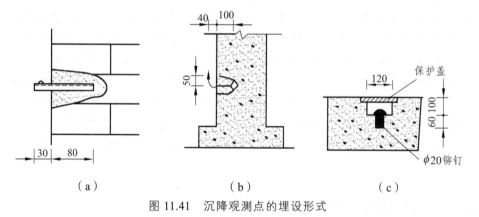

（a）　　　　　　　　　（b）　　　　　　　　　（c）

图 11.41　沉降观测点的埋设形式

11.5.1.2　沉降观测

沉降观测采用的是水准测量的方法。对精度要求较低的建筑物可采用三等水准施测；对大型厂房和高层建筑，应采用精密水准测量方法。沉降观测的水准路线（从一个水准基点到另一水准基点）应形成符合线路，观测中仪器前、后视距应尽可能相等，前、后视应采用一根水准尺。观测时应先后视水准基点，然后依次前视各观测点，最好重复观测一次，但两次高差之差不应超计划过 ± 1 mm。为了提高观测精度，可采用"三固定"的方法，即固定人员、固定仪器和固定施测路线、镜位转点。

当埋设的观测点稳固后，即可进行第一次观测。施工期间，一般建筑物每升高 1 ~ 2 层或每增加一次荷载就要观测一次；如果中途停工时间较大，应在停工时和复工前各观测一次。

在发生大量沉降或严重裂缝时，应进行逐日或几天一次的连续观测。竣工后应根据沉降量的大小及沉降速度来确定观测周期。开始时可隔 2~3 月观测一次，之后，随着沉降量的减少，再逐渐延长观测周期，直至沉降稳定为止。

11.5.1.3　观测的成果整理

1. 整理原始记录

每次观测结束后，应检查记录的数据和计算是否正确、精度是否合格，然后调整闭合差，推算各沉降观测点的高程，并将观测日期和荷载情况一并记入沉降量统计表内（表 11.4）。

表 11.4　沉降观测记录表

观测次序	观测时间	各观测点的沉降情况						...	施工进展情况	荷载情况/（t/m²）
		1			2			...		
		高程/mm	本次下沉/mm	累计下沉/mm	高程/m	本次下沉/mm	累计下沉/mm	...		
1	2005-1-10	50.454	0	0	50.473	0	0	...	一层平	40
2	2005-2-23	50.448	−6	−6	50.467	−6	−6		三层平	60
3	2005-3-16	50.443	−5	−11	50.462	−5	−11		五层平	70
4	2005-4-14	50.440	−3	−14	50.459	−3	−14		七层平	80
5	2005-5-14	50.438	−2	−16	50.456	−3	−17		九层平	110
6	2005-6-4	50.434	−4	−20	50.452	−4	−21		主体完	
7	2005-8-30	50.429	−5	−25	50.447	−5	−26		竣工	
8	2005-11-6	50.425	−4	−29	50.445	−2	−28		使用	
9	2006-2-28	50.423	−2	−31	50.444	−1	−29			
10	2006-5-6	40.422	−1	−32	50.443	−1	−30			
11	2006-8-5	40.421	−1	−33	50.443	0	−30			
12	2006-12-25	40.421	0	−33	50.443	0	−30			

2. 计算沉降量

根据观测结果计算各观测点本次沉降量和累计沉降量。

观测点的本次沉降量：用观测点本次观测所得的高程减去上次观测高程。

观测点的累计沉降量：观测点每次沉降量相加。

将计算结果记入沉降量统计表内（表 11.4）。

3. 绘制沉降曲线

为了能直观地表达建筑物沉降变形的变化规律，我们可以依据沉降观测的成果，分别绘制时间-沉降量关系曲线以及时间-荷载关系曲线。根据这些曲线，就可以预估下一观测点沉降的大致数值以及判断沉降过程是否渐趋稳定或已经稳定。

时间-沉降量关系曲线，是以沉降量 s 为纵轴，时间 t 为横轴，根据每次观测日期和相应的沉降量按比例画出各点位置，然后将各点连接起来，并在曲线一端注明观测点号码，构成 s-t 曲线图（图 11.42）。

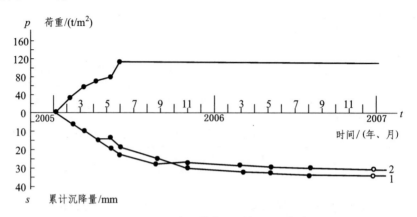

图 11.42　沉降、荷载、时间关系曲线

同理，时间-荷载关系曲线是以荷载 p 为纵轴，时间 t 为横轴，根据每次观测时期和相应的荷载画出各点，将各点连接起来，构成 p-t 曲线图（图 11.42）。

11.5.2　建筑物的倾斜观测

测定建筑物倾斜度随时间而变化的工作称为倾斜观测。一般用建筑物的顶部观测点或中间各层观测点相对于底部观测点的偏移值（倾斜值）与建筑物的垂直高度之比表示（$i = \Delta D / h$）；对具有刚性建筑物的整体倾斜，也可以通过利用水准仪精确测定顶部或基础不同部位的高程变化和两点的水平距离来求出建筑物的倾斜度。

1. 经纬仪投点测距法

在进行观测时，首先在建（构）筑物相互垂直的两个立面上，分别设置同一竖直线上的上下两点作为倾斜观测点。如图 11.43 所示，将仪器安置在离建筑物的距离大于其高度的 1.5 倍的固定测站上，瞄准上部的观测点 M，用盘左和盘右分中投点法定出下面的观测点 N。用同样方法，在与原观测方向垂直的另一方向，定出上观测点 P 与下观测点 Q。然后，相隔一段时间，就分别在原固定测站上安置经纬仪，瞄准上观测点 M 与 P，仍用盘左和盘右分中投点法得 N' 与 Q'，若 N' 与 N、Q' 与 Q 不重合，说明建筑物发生了倾斜。用尺量出倾斜位移分量 ΔA、ΔB，然后求得建筑物的总倾斜位移量，即：

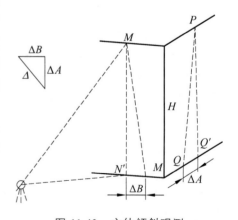

$$\Delta = \sqrt{(\Delta A)^2 + (\Delta B)^2} \qquad (11.11)$$

建筑物的倾斜度 i 用下式表示：

图 11.43　方体倾斜观测

$$i = \frac{\Delta}{H} = \tan\alpha \qquad\qquad\qquad (11.12)$$

式中　H——建筑物高度；

　　　α——倾斜角。

2. 垂线法

垂准线的建立，可以利用悬挂垂球或垂准仪。利用悬挂垂球时，是在高处的某点，如墙角或建筑物的几何中心处悬挂垂球。垂球线的长度应使垂球尖端刚刚不与底部接触，用尺子量出垂球尖至高处该点在底部的理论投影位置的距离，即高处该点的水平位移值 ΔD；当垂准仪整平后，即形成一条铅垂视线。观测时，在底部安置仪器，而在顶部量取相应点的偏移距离 ΔD 比较方便。

3. 全站仪投点法

在墙面的延长线上安置无棱镜测距全站仪，瞄准墙面某处，设置该视线方向为 0°。先后瞄准建筑顶面墙角点和底面墙角点，测量其三维坐标，可以计算出顶点和底点在水平方向的位置差 ΔD 和高差，进而计算出建筑物的倾斜度。

4. 圆形建（构）筑物的倾斜观测

要测定圆形构筑物如烟囱、水塔等的倾斜度，首先要测出顶部中心对底部中心的偏心距。现以烟囱的倾斜观测为例，说明圆形建（构）筑物的倾斜观测方法。

如图 11.44 所示，O 为烟囱底部的中心点，O' 为烟囱顶部的中心点，OO' 为偏心距，也就是倾斜偏移量。其观测方法是：在距离烟囱底部约为烟囱高度 1.5 倍以外的地方，分别选定方向相互垂直的两个测站点 A、B。先在测站点 A 安置经纬仪，对中、整平仪器后，分别瞄准视线与烟囱底部相切的切点处点 1、2，设点 1、2 方向的水平度盘读数分别为 a_1、a_2，可得点 1、2 方向的水平角 $\angle 1A2$。仰起望远镜，用同样的方法测出视线与烟囱顶部相切的切点

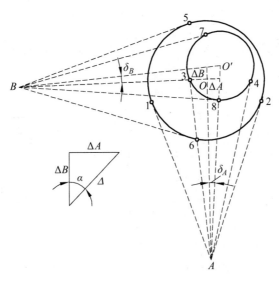

图 11.44　圆形建筑倾斜观测

处点 3、4，设点 3、4 方向的水平度盘读数分别为 a_3、a_4，可得点 3、4 方向的水平角 $\angle 3A4$。然后，计算出 $\angle 1A2$ 的角平分线与 $\angle 3A4$ 的角平分线的水平夹角 δ_A，即：

$$\delta_A = \frac{(a_2 - a_1) - (a_4 - a_3)}{2} \tag{11.13}$$

同理，在测站 B 用上述观测方法可得 $\angle 5B6$ 的角平分线与 $\angle 7B8$ 的角平分线之间的水平夹角 δ_B，即：

$$\delta_B = \frac{(a_6 - a_5) - (a_8 - a_7)}{2} \tag{11.14}$$

则 O 与 O' 点的倾斜偏移分量为：

$$\Delta_A = \frac{\delta_A (L_A + R)}{\rho} \tag{11.15}$$

$$\Delta_B = \frac{\delta_B (L_B + R)}{\rho} \tag{11.16}$$

式中 L_A——A 点至烟囱底部外墙最短距离；

L_B——B 点至烟囱底部外墙最短距离；

R——烟囱底部的半径（可量出圆周计算出 R）；

$\rho = 206\ 265''$。

根据 Δ_A、Δ_B 以及烟囱的高度 H，分别由式（11.15）和式（11.16）即可求得烟囱的总倾斜位移量 Δ 和倾斜度 i。

11.5.3 建筑物的裂缝观测

裂缝是在建筑物不均匀沉降情况下产生不容许应力及变形的结果。当建筑物中出现裂缝，为了安全应立即进行裂缝观测。裂缝观测通常是测定建筑物某一部位裂缝发展情况。

观测时，应先分别在裂缝两侧各设置一个固定的观测标志，然后定期量取两观测标志的间距，间距的变化即反映了裂缝发展情况。其具体方法是：如图 11.45 所示，用两块大小不同的矩形薄白铁板钉在裂缝两侧，使内外两块白铁板的边缘相互平行。将两铁板的端线相互投到另一块的表面上。用红油漆画成两个 "▶" 标记。如裂缝继续发展，则铁板端线与三角形边线逐渐离开，定期分别量取两组端线与边线之间的距离，取其平均植，即得裂缝扩大的宽度。将宽度值连同观测时间一并记入手簿内。此外，还应观测裂缝的走向和长度等项目。

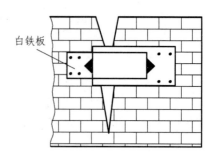

图 11.45 裂缝观测

对重要的裂缝以及大面积的多条裂缝，应在固定距离及高度设站，进行近景摄影测量。通过对不同时期摄影照片的量测，可以确定裂缝变化的方向及尺寸。

11.6　竣工测量

11.6.1　编绘竣工总平面图的目的

任何工业企业和民用建筑，都是按照设计总图进行施工的。但是，在施工过程中，可能由于设计时没有考虑到一些因素，而使设计位置发生变更；同时，还有施工误差和建筑物的变形等原因，使得建（构）筑物的竣工位置往往与原设计位置不完全相符。为了确切地反映工程竣工后的现状，为工程验收和以后的管理、维修、扩建、改建、事故处理提供依据，需要进行竣工测量和编绘竣工总平面图或测绘现状总图。

竣工总平面图一般应包括坐标系统，竣工建（构）筑物的位置和周围地形，主要地物点的解析数据，此外还应附必要的验收数据、说明、变更设计书及有关附图等资料。竣工总平面图的编绘包括竣工测量和资料编绘两方面内容。

11.6.2　竣工测量

在每一个单项工程完成后，必须由施工单位进行竣工测量，提出工程的竣工测量成果，以作为编绘竣工总平面图的依据。竣工测量的内容包括：

（1）工业厂房及一般建筑物：各房角坐标、几何尺寸，地坪及房角高程，附注房屋结构层数、面积和竣工时间等。

（2）地下管线：测定检修井、转折点、起终点的坐标，井盖、井底、沟槽和管顶等的高程，附注管道及检修井的编号、名称、管径、管材、间距、坡度和流向。

（3）架空管线：测定转折点、结点、交叉点和支点的坐标，支架间距、基础高程等。

（4）特种构筑物：测定沉淀池、烟囱、煤气罐等及其附属构筑物的外形和四角坐标，圆形构筑物的中心坐标，基础面高程，烟囱高度和沉淀池深度等。

（5）交通线路：测定线路起终点、交叉点和转折点坐标，曲线元素，路面、人行道、绿化带界线等。

（6）室外场地：测定围墙拐角点坐标、绿化地边界等。

竣工测量与地形图测量的方法相似，不同之处主要是竣工测量要测定许多细部点的坐标和高程，因此图根点的布设密度要大一些，细部点的测量精度要精确至 cm。

11.6.3　竣工总平面图的编绘

编绘竣工总平面图时需掌握的资料有设计总平面图、系统工程平面图、纵横断面图及变更设计的资料、施工放样资料、施工检查测量及竣工测量资料。

编绘时，先在图纸上绘制坐标格网，再将设计总平面图上的图面内容，按其设计坐标用铅笔展绘在图纸上，以此作为底图，并用红色数字在图上表示出设计数据。每项工程竣工后，根据竣工测量成果用黑色绘出该工程的实际形状，并将其坐标和高程注在图上。黑色与红色之差，即施工与设计之差。随着施工的进展，逐步在底图上将铅笔线都绘成黑色线。经过整饰和清绘，即可成为完整的竣工总平面图。

厂区地上和地下所有建筑物、构筑物如果都绘在一张竣工总平面图上，线条过于密集而不便于使用时，可以采用分类编图，如综合竣工总平面图、交通运输竣工总平面图、管线竣工总平面图等。比例尺一般采用 1∶1 000，如不能清楚地表示某些特别密集的地区，也可局部采用 1∶500 的比例尺。

如果施工单位较多、多次转手，造成竣工测量资料不全，图面不完整或现场情况不符时，需进行实地施测，再编绘竣工总平面图。

竣工总平面图的符号应与原设计图的符号一致。原设计图没有的图例符号，可使用新的图例符号，但应符合现行总平面设计的有关规定。在竣工总平面图上一般要用不同的颜色表示不同的工程对象。

竣工总平面图编绘完成后，应附必要的说明及图表，并连同原始地形图、地址资料、设计图纸文件、设计变更资料、验收记录等合编成册，但应经原设计及施工单位技术负责人审核、会签。

习　题

11.1　简述施工测量的特点。

11.2　测设点的平面位置有哪些方法？各适用于什么场合？

11.3　建筑场地平面控制网有哪几种形式？它们各适用于哪些场合？

11.4　什么叫轴线控制桩？什么叫龙门板？它们的作用是什么？应如何设置？

11.5　在测设三点"一"字形的建筑基线时，为什么基线点不应少于 3 个？当 3 点不在同一条直线上时，为什么横向调整量是相同的？

11.6　在工业厂房施工测量中，为什么要专门建立独立的厂房控制网？为什么在控制网中要设立距离指标桩？

11.7　设放样的角值 $\beta = 56°28'18''$，初步测设的角 $\beta' = \angle BAP = 56°27'30''$，$AP$ 边长 $S = 35$ m。试计算角差 $\Delta\beta$ 及 P 点的横向改正数，并画图说明其改正的方向。

11.8　设 A、B 为已知平面控制点，其坐标值分别为 A（20.00，20.00）、B（20.00，60.00），P 为设计的建筑物特征点，其设计坐标为 P（40.00，40.00）。试计算用极坐标法测设 P 点的测设数据，并绘出测设略图。

11.9　用极坐标法如何测设主轴线上的 3 个定位点？试绘图说明。

11.10　如何进行厂房柱子的垂直度矫正？应注意哪些问题？

11.11　建筑物变形观测的意义是什么？主要包括哪些内容？竣工测量的意义是什么？

第 12 章　线路工程测量

📖 内容提要

线路工程测量是指长宽比很大的工程，包括铁路、公路、供水明渠、输电线路、各种用途的管道等工程在建设过程中需要进行的测量工作。本章重点介绍了线路中线测量、线路纵横断面的测绘，同时介绍了道路、管道、桥梁、隧道施工测量。

◎ 课程思政目标

（1）通过贵州桥梁工程实际案例解析，培养学生专业自信、文化自信、高质量人才的责任感和集体主义精神，调动学习积极性和独立自主的精神，价值引领、责任担当、民族自豪、团结协作、辩证思维、能力培养和素质提升。

（2）线路工程对自然环境的影响比较大，测量是实现对工程控制的重要手段，通过线路工程测量与环境的关系的讲解，培养生态文明观念，使学生在学习和实践中理解和尊重自然，保护环境，推动可持续发展。

（3）通过讲解隧道、桥梁隧道施工中的控制测量对于施工安全的影响，培养学生的责任意识和安全生产意识。

12.1　线路中线测量

线路工程是指长宽比很大的工程，包括铁路、公路、供水明渠、输电线路、各种用途的管道工程等。这些工程的主体一般是在地表上，但也有在地下的，还有的在空中，如地铁、地下管道、架空索道和架空输电线路等。用发展的眼光看，地下工程会越来越多。在线路工程遇到障碍物时，要采取不同的工程手段来解决，如遇山打隧道，过江河峡谷架桥梁等。线路工程建设过程中需要进行的测量工作，称为线路工程测量，简称线路测量。线路设计与测量的关系如图 12.1 所示。

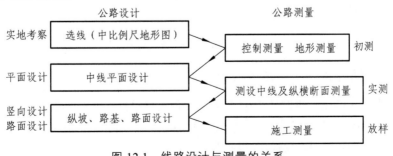

图 12.1　线路设计与测量的关系

线路工程的中心线由直线和曲线构成，中线测量就是通过线路的测设，将线路工程中心线标定在实地上。中线测量主要包括测设中心线起点、终点，各交点（JD）和转点（ZD），量距和钉桩，测量线路各偏角（α），测设圆曲线等，如图 12.2 所示。

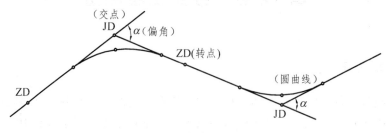

图 12.2　线路中线测量

12.1.1　交点的测设

线路的转折点称为交点，它是布设线路、详细测设直线和曲线的控制点。对于低等级的线路，常采用一次定测的方法直接在现场测设出交点的位置；对于等级高的线路或地形复杂的地段，一般先在初测的带状地形图上进行纸上定线，然后实地标定交点位置。

定线测量中，当相邻两交点互不通视或直线较长时，需要在其连线上测定一个或几个转点，以便在交点测量转折角和直线量距时作为照准和定线的目标。直线上一般每隔 200～300 m 设一转点，此外，在线路与其他线路交叉处以及线路上需设置构筑物（如桥、涵等）时也要设置转点。

由于定位条件和现场情况的不同，交点测设的方法也需灵活多样，工作中应根据实际情况合理选择测量方法。

12.1.1.1　根据地物测设交点

根据交点与地物的关系测设交点，如图 12.3 所示，交点 JD_{12} 的位置已在地形图上确定，可在图上量出交点到两房角和电杆的距离，在现场根据相应的房角和电杆，用皮尺分别量取相应尺寸，用距离交会法测设出 JD_{12} 交点。

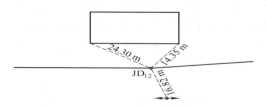

图 12.3　根据地物测设交点

12.1.1.2　根据导线点和交点的设计坐标测设交点

根据附近导线点和交点的设计坐标，反算出有关测设数据，按坐标法、角度交会法或距离交会法测设出交点。如图 12.4 所示，根据导线点 6、7 和 JD_1 三点的坐标，反算出方位角和 6 点到 JD_1 之间的距离 D，按极坐标法测设 JD_1。

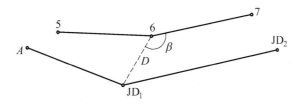

图 12.4　根据导线点测设交点

按上述方法依次测设各交点时，由于测量和绘图都带有误差，测设交点越多、距离越远，误差积累就越大。因此，在测设一定里程后，应和附近导线点联测。联测闭合差限差与初测导线相同。限差符合要求后，应进行闭合差的调整。

12.1.1.3　穿线交点法测设交点

穿线交点法是利用图上就近的导线点或地物点与纸上定线的直线段之间的角度和距离关系，用图解法求出测设数据，通过实地的导线点或地物点，把中线的直线段独立地测设到地面上，然后将相邻直线延长相交，定出地面交点桩的位置。其程序是：放点、穿线、交点。

1. 放　点

放点常用的方法有极坐标法和支距法。

1）极坐标法

P_1、P_2、P_3、P_4 为纸上定线的某直线段欲放的临时点。如图 12.5 所示，以附近的导线点 4、5 为依据，用量角器和比例尺分别量出放样数据。实地放点时，可用经纬仪和皮尺分别在点 4、5 按极坐标法定出各临时点的位置。

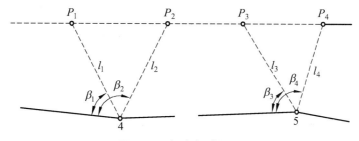

图 12.5　极坐标法放点

2）支距法

如图 12.6 所示，要放中线上的各临时点 P_1、P_2、P_3、P_4，需从导线点 14、15、16、17 作导线边的垂线，分别与中线相交得各临时点，用比例尺量取各相应的支距和。在现场以相应导线点为垂足，用方向架标定垂线方向，按支距测设出相应的各临时点。

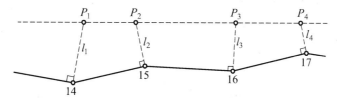

图 12.6　支距法放点

2. 穿 线

放出的临时各点理论上应在一条直线上，由于图解数据和测设工作均存在误差，实际上并不严格在一条直线上。在这种情况下可根据现场实际情况，采用目估法穿线或经纬仪视准法穿线，通过比较和选择，定出一条尽可能多的穿过或靠近临时点的直线 AB（图 12.7），最后在 A、B 或其方向上打下两个以上的转点，取消临时点桩。

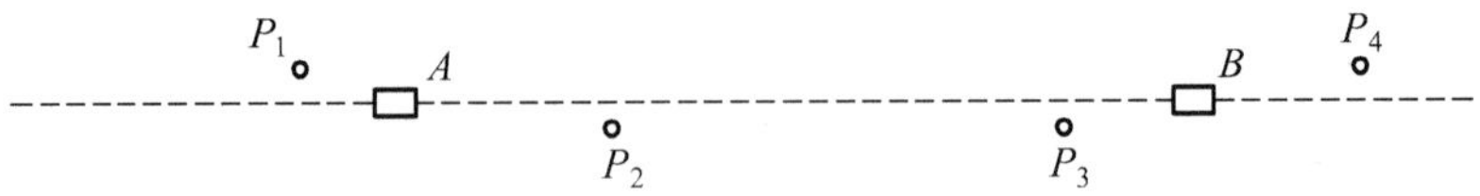

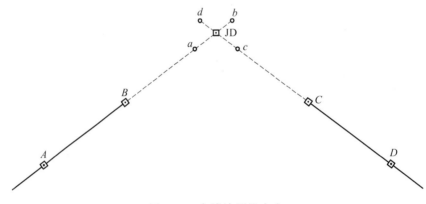

图 12.7 穿 线

3. 交 点

当两条相交的直线 AB、CD 在地面上确定后，可进行交点。将经纬仪置于 B 点瞄准 A 点，倒镜，在视线上接近交点 JD 的大概位置前后打下两桩（骑马桩）。采用正倒镜分中法在该两桩上定出 a、b 两点，并钉以小钉、挂上细线。仪器搬至 C 点，同法定出 c、d 点，挂上细线，两细线的相交处打下木桩，并钉以小钉，得到 JD 点，如图 12.8 所示。

图 12.8 穿线法测设交点

12.1.2 转点的测设

当相邻两交点互相不通视时，需要在其连线上，测设一点或数点，以供交点、测转折点、量距或延长直线时瞄准之用。这样的点称为转点（ZD），其测设方法如下。

1. 两交点间设转点

图 12.9 中，JD$_5$ 和 JD$_6$ 为相邻而互不通视的两个交点，ZD′ 为初定转点。欲检查 ZD′ 是否在两交点的连线上，可将经纬仪安置在 ZD′ 上，用正倒镜分中法延长直线 JD$_5$—ZD′—JD$_6$′。设 JD$_6$′ 与 JD$_6$ 的偏差为 f，用视距法测定距离 a、b，则 ZD′ 应横向移动的距离 e 可按下式计算：

$$e = \frac{a}{a+b} \times f \qquad (12.1)$$

将 ZD′ 按 e 值移至 ZD，再将仪器移至 ZD，按上述方法逐渐趋近，直至符合要求为止。

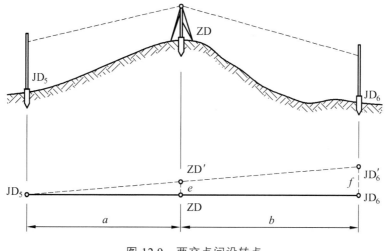

图 12.9　两交点间设转点

2. 延长线上设转点

在图 12.10 中，JD_8、JD_9 互不通视，但可在其延长线上初定转点 ZD'。在 ZD'上安置经纬仪，用正倒镜照准 JD_8，固紧水平制动螺旋俯视 JD_9，两次取中得到中点 JD_9'。若 JD_9' 与 JD_9 重合或偏差值 f 在容许范围内，即可将 JD_9' 作为转点；否则应重设转点，量出 f 值，用视距法定出 a、b，则 ZD'应横向移动的距离 e 可按下式计算：

$$e = \frac{a}{a-b} \times f \qquad (12.2)$$

将 ZD'按 e 值移至 ZD；重复上述方法，直至符合要求为止。

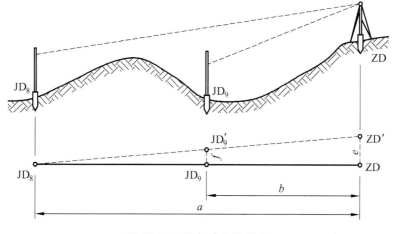

图 12.10　延长线上设转点

12.1.3　转角测定

线路的交点和转点确定后，可测量各交点的转向角。通常是测定线路前进方向的右角 β（图 12.11）。用 DJ_6 经纬仪按测回法观测一个测回。为了测设曲线，还要通过所测的右角 β

计算出线路交点处的偏角 α, 当 $\beta < 180°$ 时为右偏角 (线路向右转), 当 $\beta > 180°$ 时为左偏角 (线路向左转)。右偏角或左偏角的计算按下式进行:

$$\alpha_{右} = 180° - \beta \qquad\qquad (12.3)$$

$$\alpha_{左} = \beta - 180° \qquad\qquad (12.4)$$

在转角测定后, 定出其分角线方向 C, 在此方向上钉临时桩, 以便日后测设线路曲线的中点, 如图 12.12 所示。

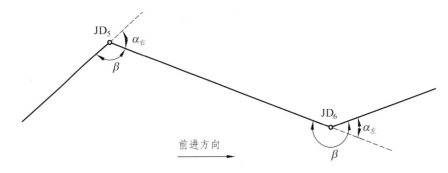

图 12.11　线路的转折角和偏角

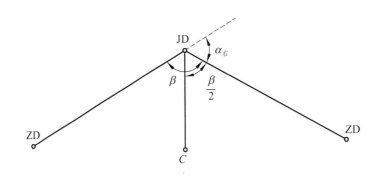

图 12.12　定转折角的分角线方向

12.1.4　里程桩设置

为了测定线路的长度、进行线路中线测量和测绘纵横断面图, 需从线路起点开始, 沿线路方向在地面上设置里程桩。设置里程桩的工作主要是定线、量距和打桩。

里程桩分为整桩和加桩。从起点开始, 按规定每隔某一整数设一桩, 此为整桩。根据不同的线路, 整桩之间的距离也不同, 一般为 20 m、30 m、50 m 等 (曲线上根据不同半径 R, 每隔 5 m、10 m 或 20 m) 设置一桩[图 12.13 (a)]。在相邻整桩之间线路穿越的重要地物处 (如铁路、公路、管道等) 及沿中线地面起伏突出处、横向坡度变化处要增设加桩, 因此, 加桩又分为地形加桩、地物加桩、曲线加桩和关系加桩等[图 12.13 (b)、(c)]。

(1) 地形加桩是指沿中线地面起伏突出处、横向坡度变化处以及天然河沟处等所设置的里程桩。

(2) 地物加桩是指有人工构筑物的地方 (如桥梁、涵洞处, 路线与其他公路、铁路、渠道、高压线等交叉处, 拆迁建筑物处以及土壤地质变化处) 加设的里程桩。

（3）曲线加桩是指曲线上设置的主点桩，如圆曲线起点（简称直圆点 ZY）、圆曲线中点（简称曲中点 QZ）、圆曲线终点（简称圆直点 YZ），分别以汉语拼音缩写为代号。

为了便于计算，每个桩均按起点到该桩的里程进行编号，并用红油漆写在木桩侧面，如整桩号为 0 + 100，即此桩距起点 100 m（"＋"号前的数为千米数）。如图 12.13（a）、（b）、（c）。

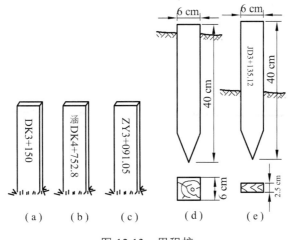

图 12.13　里程桩

为避免测设中桩错误，量距时一般用钢尺丈量两次，精度为 1/1 000。

在钉桩时，对于交点桩、转点桩、距线路起点每隔 500 m 处的整桩、重要地物加桩（如桥、隧道位置桩）以及曲线主点桩，都要打下方桩[图 12.13（d）]，桩顶露出地面约 20 cm，在其旁边钉一指示桩[图 12.13（e）]，指示桩为板桩。交点桩的指示桩应钉在曲线圆心和交点连线外距交点 20 cm 的位置，字面朝向交点。曲线主点的指示桩字面朝向圆心。其余的里程桩一般使用板桩，一半露出地面，以便书写桩号，且字面一律背向线路前进方向。

12.1.5　圆曲线里程桩测设

当线路由一个方向转向另一个方向时，必须用曲线来连接。曲线的形式有多种，如圆曲线、缓和曲线及回头曲线等。本节主要介绍圆曲线里程桩的具体放样方法。圆曲线是最常用的一种平面曲线，又称单曲线，一般分两步放样。先测设出圆曲线的主点，即起点、中点和终点（ZY、QZ、YZ），然后在主点间进行加密，在加密过程中同时测设里程桩，也称圆曲线细部放样。具体选用何种方法，应根据实际工程要求和条件选择。现以某公路圆曲线放样为例，介绍用偏角法测设圆曲线的过程。

12.1.5.1　圆曲线主点测设

1. 主点测设元素计算

为了在实地测设圆曲线的主点，需要知道切线长 T、曲线长 L 及外矢距 E，这些元素称为主点测设元素。从图 12.14 可以看出，若 α、R 已知，则主点测设元素的计算公式为：

切线长	$T = R \tan \dfrac{\alpha}{2}$	（12.5）
曲线长	$L = R\alpha \dfrac{\pi}{180°}$	（12.6）
外矢距	$E = \dfrac{R}{\cos \dfrac{\alpha}{2}} - R = R\left(\dfrac{1}{\cos \dfrac{\alpha}{2}} - 1 \right)$	（12.7）
切曲差	$J = 2T - L$	（12.8）

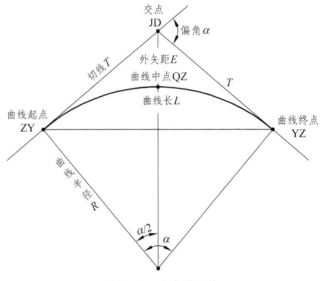

图 12.14　圆曲线要素

【例 12.1】　已知 JD 的桩号为 K3 + 135.12，偏角 $\alpha = 40°20'$（右偏），设计圆曲线半径 $R = 120$ m，求各测设元素。按上述公式可得：

$$T = 120 \tan 20°10' = 44.072 \quad (m)$$

$$L = 120 \times 40.333\ 3 \times \frac{\pi}{180°} = 84.474 \quad (m)$$

$$E = 120 \times \left(\frac{1}{\cos 20°10'} - 1 \right) = 7.837 \quad (m)$$

$$J = 2 \times 44.072 - 84.474 = 3.670 \quad (m)$$

2. 主点桩号计算

由于线路中线不经过交点，所以，圆曲线中点和终点的桩号，必须从圆曲线起点的桩号沿曲线长度推算而得。而交点桩的里程已由中线丈量获得，因此，可根据交点的里程桩号及圆曲线测设元素计算出各主点的里程桩号。主点桩号计算公式为：

$$\left. \begin{array}{l} \text{ZY 桩号} = \text{JD 桩号} - T \\[2mm] \text{QZ 桩号} = \text{ZY 桩号} + \dfrac{L}{2} \\[2mm] \text{YZ 桩号} = \text{QZ 桩号} + \dfrac{L}{2} \end{array} \right\}$$

（12.9）

为了避免计算中的错误，可用下式进行计算检核：

$$\text{YZ 桩号} = \text{JD 桩号} + T - J \tag{12.10}$$

用【例 12.1】的测设元素及 JD 桩号 K3 + 135.12 按式（12.9）算得：

ZY 桩号 = K3 + 135.12 – 44.07 = K3 + 091.05
QZ 桩号 = K3 + 091.05 + 42.24 = K3 + 133.29
YZ 桩号 = K3 + 133.29 + 42.23 = K3 + 175.52

检核计算，按式（12.10）算得：

YZ 桩号 = K3 + 135.12 – 44.07 – 3.67 = K3 + 175.52

两次算得 YZ 桩号相等，证明计算正确。

3. 主点测设

将经纬仪（全站仪）置于 JD 上，望远镜照准后视相邻交点或转点，沿此方向线量取切线长 T，得曲线起点 ZY，插上一测针。丈量 ZY 点至最近一个直线桩距离，如两桩号之差等于这段距离或相差在容许范围内，即可用方桩在测钎处打下 ZY 桩；否则，应查明原因，进行处理，以保证点位的正确性。用望远镜照准前进方向的交点或转点，按上述方法，定出终点 YZ 桩，并进行检核。

12.1.5.2 圆曲线详细测设

一般情况下，当地形变化不大、曲线长度小于 40 m 时，测设曲线的 3 个主点已能满足设计和施工的需要。如果曲线较长，地形变化大，则除了测定 3 个主点以外，还需要按照一定的桩距 l 在曲线上测设整桩和加桩，称为圆曲线的详细测设。圆曲线的测设方法很多，下面介绍两种常用的方法。

1. 偏角法

如图 12.15 所示，偏角法就是以曲线起点（或终点）至任一曲线点的弦长和偏角，作距离和方向交会，放样曲线细部点的方法。

（1）弦长和偏角计算。

偏角在几何学上称为弦切角。根据弦切角等于弧长所对圆心角的一半的关系，则：

$$\begin{cases} \Delta_1 = \dfrac{1}{2} \times \dfrac{l}{R} \times \rho'' \\ C = 2R\sin\Delta_1 \end{cases} \tag{12.11}$$

式中　Δ_1——偏角；

　　　C——弦长；

　　　l——相邻细部点间弧长。

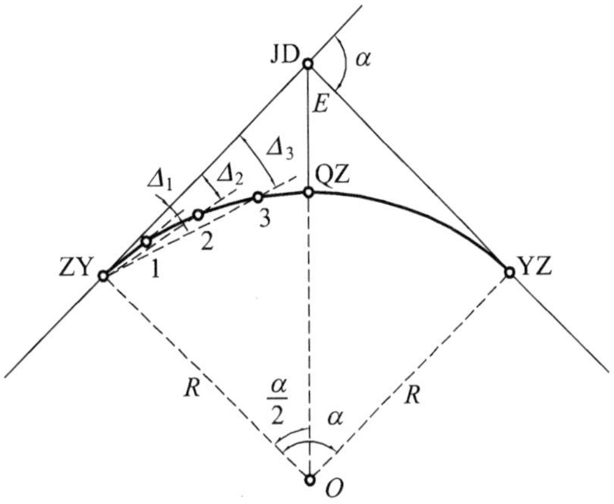

当曲线上各相邻点间弧长均等于 l 时，则有：

$$\Delta_2 = 2\Delta_1$$

图 12.15　偏角法测设圆曲线细部点

$$\Delta_3 = 3\Delta_1$$
$$\vdots$$
$$\Delta_n = n\Delta_1$$

（2）详细测设的步骤。

① 将经纬仪（或全站仪）安置在起点 ZY 上，后视 JD 点，置水平度盘读数为 0°00'00"。

② 转动照准部，正拨（顺时针方向）使度盘读数为 Δ_1，沿此方向从 ZY 点量弦长 C，定出曲线上第一个整桩点 1；再转动照准部，置水平度盘读数为 Δ_2，从点 1 量出弦长 C，定出点 2。依此类推，直到测设出各细部点。

③ 当测设至中点 QZ 和终点 YZ 时，应与主点测设时的位置重合；若不重合，其闭合差不得超过如下规定：

横向（半径方向）：±0.1 m；

纵向（切线方向）：±$L/1\,000$。

偏角法测设简便，能自行闭合检核，但量距误差容易累积，所以应由起点 ZY 和终点 YZ 分别向中点 QZ 测设。

2. 切线支距法

切线支距法又称直角坐标法。它是以曲线起点 ZY 或终点 YZ 为坐标原点，以切线方向为 X 轴，过原点的半径方向为 Y 轴，利用曲线上各点在该坐标系中的坐标 X、Y 测设各点，如图 12.16 所示。

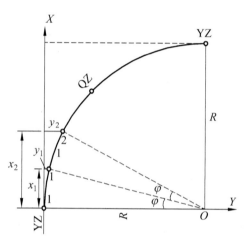

图 12.16　切线支距法测设圆曲线细部点

（1）细部点坐标计算。

设 l 为细部点间弧长，φ 为 l 所对的圆心角，则

$$\left.\begin{aligned}
x_1 &= R \cdot \sin\varphi & y_1 &= R(1-\cos\varphi) \\
x_2 &= R \cdot \sin 2\varphi & y_2 &= R(1-\cos 2\varphi) \\
&\ \ \vdots & &\ \ \vdots \\
x_i &= R \cdot \sin(i\varphi) & y_i &= R[1-\cos(i\varphi)] \\
\varphi &= \frac{l}{R} \cdot \rho^\circ &&
\end{aligned}\right\}$$
（12.12）

（2）详细测设的步骤。

① 用钢尺沿切线分别量取 X_1，X_2，X_3……定出各点垂足。

② 在垂足处用经纬仪（或全站仪）或方向架定出切线的垂线，沿各垂线方向上分别量取 Y_1，Y_2，Y_3……即得各细部点。

③ 同法，自终点 YZ 测设曲线另一半。

切线支距法适用于平坦开阔地区，具有误差不累积的优点。

12.1.6 竖曲线里程桩测设

线路纵断面是由不同坡度的坡段连接而成的，坡度变化点称为变坡点。在变坡点处相邻两坡度的代数差称为变坡点的坡度代数差，在高速公路、铁路等线路工程中，它对车辆的运行有很大的影响。为了缓和坡度在变坡点处的急剧变化，使车辆能平稳运行，坡段间应以曲线连接。这种连接不同坡段的曲线称为竖曲线。

竖曲线有凸形和凹形两种，顶点在曲线之上者称凸形竖曲线，反之称为凹形竖曲线。

下面简介竖曲线的测设。如图 12.17，竖曲线与平面曲线一样，首先要计算曲线要素。

设曲线的半径为 R，其竖向转向角 $\alpha = i_1 - i_2$，则曲线要素为：

（1）竖曲线切线长。

$$T = R \tan \frac{\alpha}{2}$$

因为 α 很小，故

$$\tan \frac{\alpha}{2} = \frac{\alpha}{2} = \frac{1}{2}(i_1 - i_2)$$

所以

$$T = \frac{1}{2} R(i_1 - i_2) \qquad\qquad (12.13)$$

（2）竖曲线的长度。

由于 α 很小，所以 $L \approx 2T$。

（3）竖曲线上各点高程及外矢距 E。由于 α 很小，可以认为曲线上各点的 Y 坐标方向与半径方向一致，也认为它是切线上点与曲线上点的高程之差。从而得：

$$(R + Y^2) = R^2 + X^2$$
$$2RY = X^2 - Y^2$$

又因 Y^2 与 X^2 相比较，其值甚微，可略去不计，故有：

$$2RY = X^2$$
$$Y = \frac{X^2}{2R} \qquad\qquad (12.14)$$

【例 12.2】 设坡度 $i_1 = -1.114\%$，$i_2 = +0.154\%$，变坡点桩号为 K1 + 670，高程为 48.60 m，曲线半径 $R = 5\,000$ m，求起点、终点桩号和高程，在竖曲线上每隔 10 m 设置曲线点，试求各点的设计高程。

按上述公式可求得：

$$T = \frac{1}{2}R(i_1 - i_2) = 31.7 \ (\text{m})$$
$$L = 2T = 63.4 \ (\text{m})$$

则　起点桩号 = K1 + (670 − 31.7) = K1 + 638.3

终点桩号 = K1 + (638.3 + 63.4) = K1 + 702.7

起点高程 = 48.60 + 31.7 × 1.114% = 48.95 （m）

终点高程 = 48.60 + 31.7 × 0.154% = 48.65 （m）

按式（12.14）求各点的 Y 坐标值，即各桩高程改正数，如表 12.1 所示。

表 12.1　各桩号的设计高程

桩号	x/m	y/m	坡度线高程/m	曲线设计高程/m	备注
K1 + 638.3		0.00	48.95	49.95	竖曲线起点
K1 + 650	11.6	0.01	48.82	48.80	$i_1 = -1.114\%$
K1 + 660	21.7	0.05	48.71	48.76	
K1 + 670	31.7	0.10	48.60	48.70	坡度变化处
K1 + 680	21.7	0.05	48.62	48.67	$i_2 = +0.154\%$
K1 + 690	11.7	0.01	48.63	48.64	
K1 + 701.7		0.00	48.65	48.65	竖曲线终点

由上述可知，竖曲线的测设就是在竖曲线范围内的各里程桩处，测设该点高程。

12.2　线路纵、横断面图测绘

12.2.1　纵断面图测绘

线路纵断面测量又称线路水准测量。它的任务是测定中线上各里程桩的地面高程，绘制中线纵断面图，作为设计线路坡度、计算中桩填挖尺寸的依据。线路水准测量分两步进行：首先在线路方向上设置水准点，建立高程控制，称为基平测量；其次是根据各水准点高程，分段进行中桩水准测量，称为中平测量。基平测量的精度要求比中平高，一般按四等水准测量的精度；中平测量只作单程观测，按普通水准测量精度。

12.2.1.1　高程控制测量

高程控制测量也称基平测量。布设的水准点分为永久水准点和临时水准点两种，是高程测量的控制点，在勘测设计和施工阶段甚至工程运营阶段都要使用。因此，水准点应选在地基稳固、易于联系以及施工时不易被破坏的地方。水准点要埋设标石，也可设在永久性建筑物上，或将金属标志嵌在基岩上。

永久性水准点，在较长线路上一般应每隔 25 ~ 30 km 布设 1 点；在线路起点和终点、大桥两岸、隧道两端以及需要长期观测高程的重点工程附近，均应布设。临时水准点的布设密度应根据地形复杂情况和工程需要而定。在重丘陵和山区，每隔 0.5 ~ 1 km 布设 1 个；在平原和微丘陵区，每隔 1 ~ 2 km 布设 1 个。此外，在中小桥梁、涵洞以及停车场等地段，均应布设。较短的线路上，一般每隔 300 ~ 500 m 布设 1 点。

基平测量时，首先应将起始水准点与国家高程基准进行联测，以获得绝对高程。在沿线途中，也应尽量与附近国家水准点进行联测，以便获得更多的检核条件。若线路附近没有国家水准点，也可以采用假定高程基准。

将水准点连成水准路线，采用四等水准测量的方法或光电测距三角高程测量的方法进行，外业成果合格后要进行平差计算，得到各水准点的高程。

12.2.1.2　线路纵断面测量

线路纵断面测量也称中平测量。从一个水准点出发，逐个测定中线桩的地面高程，附合到下一个水准点上。相邻水准点间构成一条附合水准路线。

测量时，在每一测站上首先读取后、前两转点（TP）的标尺读数，再读取两转点间所有中线桩地面点（中间点）的标尺读数，中间点的立尺由后视点立尺人员来完成。

由于转点起传递高程的作用，因此，转点标尺应立在尺垫、稳固的桩顶或坚石上，尺上读数至 mm，视距一般不应超过 150 m。中间点标尺读数至 cm，要求尺子立在紧靠桩边的地面上。

当线路跨越河流时，还需测出河床断面、洪水位高程和正常水位高程，并注明时间，以便为桥梁设计提供资料。

如图 12.18 所示，水准仪置于测站①，后视水准点 BM.1，前视转点 TP.1，将观测结果分别记入表 12.2 中"后视"和"前视"栏内；然后观测中间的各个中线桩，即后视点立尺人员将标尺依次立于 K0 + 000，K0 + 050，…，K0 + 120 各中线桩处的地面上，将读数分别记入表 12.2 中"间视"栏内。如果利用中线桩作转点，应将标尺立在桩顶上，并记录桩高。

仪器搬至测站②，后视转点 TP.1，前视转点 TP.2，然后观测各中线桩地面点。用同法继续向前观测，直至附合到水准点 BM.2，即完成附合路线的观测工作。

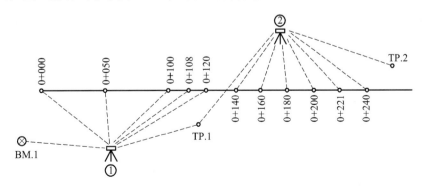

图 12.18　中平测量

表 12.2　线路纵断面中平测量记录

测站	测点	水准尺读数/m			仪器视线高程/m	高程/m
		后视	间视	前视		
①	BM.1	2.191			14.505	12.314
	K0＋000		1.62			12.89
	K0＋050		1.90			12.61
	K0＋100		0.62			13.89
	K0＋108		1.03			13.48
	K0＋120		0.91			13.60
	TP.1			1.006		13.499
②	TP.1	2.162			15.661	13.499
	K0＋100		0.50			15.16
	K0＋160		0.52			15.14
	K0＋180		0.82			14.84
	K0＋200		11.20			14.46
	K0＋221		1.01			14.65
	K0＋240		1.06			14.60
	TP.2			1.521		14.140
③	TP.2	1.421			15.561	14.140
	K0＋260		1.48			14.08
	K0＋280		1.55			14.01
	K0＋300		1.56			14.00
	K0＋320		1.57			13.99
	K0＋335		1.77			13.79
	K0＋350		1.97			13.59
	TP.3			1.388		14.173
④	TP.3	1.724			15.897	14.173
	K0＋384		1.58			14.32
	K0＋391		1.53			14.37
	K0＋400		1.57			14.33
	BM.1			1.281		14.616

每一测站的各项计算依次按下列公式进行：

视线高程 ＝ 后视点高程 ＋ 后视读数
转点高程 ＝ 视线高程 － 前视读数
中桩高程 ＝ 视线高程 － 间视读数

记录员应边记录边计算，直至下一个水准点为止，并立即计算高差闭合差 f_h。若 $f_h \leqslant f_{h允} = \pm 50\sqrt{L}$ mm，则符合要求，可以不进行闭合差的调整，以表中计算的各点高程作为绘制纵断面图的数据。

12.2.1.3　纵断面图的绘制及施工量计算

纵断面图既表示中线方向的地面起伏，又可在其上进行纵坡设计，是线路设计和施工的重要资料。

图 12.19 所示为线路工程的纵断面图，是在以中线桩的里程为横坐标、以其高程为纵坐标的直角坐标系中绘制。为了明显地表示地面起伏，一般取高程比例尺较里程比例尺大 10 倍或 20 倍。高程按比例尺注记，但要参考其他中线桩的地面高程确定原点高程（如图 12.18 中 K0 + 000 桩号的地面高程）在图上的位置，使绘出的地面线处在图上适当位置。纵断面图一般自左至右绘制在透明毫米方格纸的背面，这样可以防止用橡皮修改时把方格擦掉。

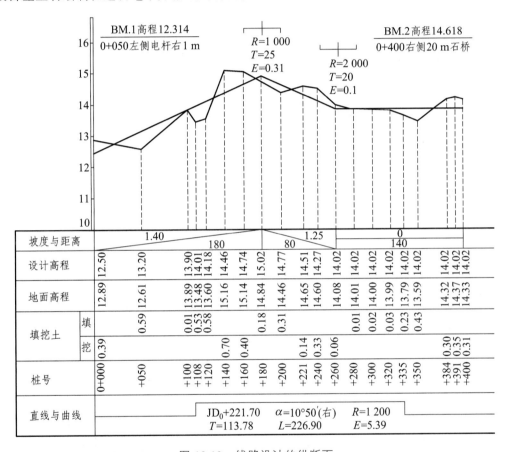

图 12.19　线路设计的纵断面

图 12.19 的上半部，从左至右绘有贯穿全图的两条线。细折线表示中线方向的地面线，是根据中平测量的中线桩地面高程绘制的；粗折线表示纵坡设计线。此外，纵断面图上部还注有以下资料：水准点编号、高程和位置，竖曲线示意图及其曲线参数，桥梁的类型、孔径跨数、长度、里程桩号和设计水位，涵洞的类型、孔径和里程桩号，与其他线路工程交叉点的位置、里程桩号和有关说明等。图的下部表格，注记以下有关测量和纵坡设计的资料：

（1）在图纸左面自下而上各栏填写线型（直线和曲线）、桩号、填挖土深度、地面高程、设计高程、坡度和距离等。

（2）在桩号一栏中，自左至右按规定的里程比例尺注上各中线桩的桩号。

233

（3）在地面高程一栏中，注上对应于各中线桩桩号的地面高程，并在纵断面图上按各中线桩的地面高程依次点出其相应的位置，用细直线连接各相邻点位，即得中线方向的地面线。

（4）在线型（直线和曲线）一栏中，按里程桩号标明线路的直线部分和曲线部分。曲线部分用直角折线表示，上凸表示线路右偏，下凹表示线路左偏，并注明交点编号及其桩号，注明α、R、T、L、E等曲线参数。

（5）在上部地面线部分根据实际工程的专业要求进行纵坡设计。设计时，一般要考虑施工时土石方工程量最小、填挖方尽量平衡及小于限制坡度等与线路工程有关的专业技术规定。

（6）在坡度和距离一栏内，分别用斜线或水平线表示设计坡度的方向，线的上方注记坡度数值（按百分点注记），下方注记坡长。水平线表示平坡。不同的坡段以竖线分开。某段的设计坡度值按下式计算：

$$i = \frac{(H_{终} - H_{起})}{D} \tag{12.15}$$

式中 $H_{终}$——终点的设计高程；

　　　$H_{起}$——起点的设计高程；

　　　D——平距。

（7）在设计高程一栏内，分别填写相应中线桩处的路基设计高程。某点的设计高程按下式计算：

$$H_{设计} = H_{起点} + i \times D \tag{12.16}$$

例如 K0 + 000 桩号的设计高程为 12.50 m，设计坡度为 + 1.4%（上坡），则桩号 K0 + 100 的设计高程应为 $H_{设计} = H_{起点} + i \times D = 12.50 + 0.014 \times 100 = 13.90$ m。

（8）在填挖土深度一栏内，按下式进行施工量的计算：

$$某点施工量 = 该点地面高程 - 该点设计高程 \tag{12.17}$$

式（12.17）中求得的施工量，正值为挖土深度，负值为填土高度。地面线与设计线相交的点为不填不挖处，称为"零点"。零点也给以桩号，可由图上直接量得，以供施工放样时使用。

12.2.2　线路横断面测绘

线路横断面测量的主要任务是在各中线桩处测定垂直于中线方向的地面起伏，然后绘成横断面图，是横断面设计、土石方等工程量计算和施工时确定断面填挖边界的依据。横断面测量的宽度，根据实际工程要求和地形情况确定。一般在中线两测各测 15 ~ 50 m，距离和高差分别准确到 0.1 m 和 0.05 m 即可满足要求。因此，横断面测量多采用简易的测量工具和方法，以提高工作效率。

12.2.2.1　测设横断面方向

直线段上的横断面方向是与线路中线相垂直的方向。曲线段上的横断面方向是与曲线的切线相垂直的方向，如图 12.20 中的 A、Z（ZY）、Y（YZ）点处的横断面方向分别为 $a\text{-}a'$、$z\text{-}z'$ 和 $y\text{-}y'$。曲线段上里程桩 P_1、P_2 等的横断面方向应与该点的切线方向垂直，即该点指向圆心方向的 $p_1\text{-}p_1'$、$p_2\text{-}p_2'$ 等。

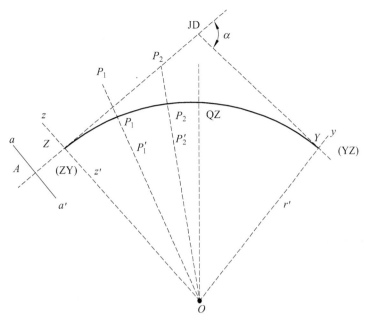

图 12.20　线路横断面方向测设

线路横断面方向的测设，在直线段上，如图 12.21 所示，将杆头有十字形木条的方向架立于欲测设横断面方向的 A 点上，用架上的 1-1′方向线照准交点 JD 或直线段上某一转点 ZD，则 2-2′即 A 点的横断面方向，用花杆标定。

为了测设曲线上里程桩处的横断面方向，在方向架上加一根可转动的定向杆 3-3′（图 12.22）。图 12.23 中要确定 ZY 和 P_1 点的横断面方向，应先将方向架立于 ZY 点上，用 1-1′方向照准 JD，则 2-2′方向即 ZY 的横断面方向。再转动定向杆 3-3′对准 P_1 点，制动定向杆，将方向架移至 P_1 点，用 2-2′对准 ZY 点，依照"同弧两端弦切角相等"的原理，3-3′方向即 P_1 点的横断面方向。为了继续测设曲线上 P_2 点的横断面方向，在 P_1 点定好横断面方向后，转动方向架，松开定向杆，用 3-3′对准 P_2 点，制动定向杆，然后将方向架移至 P_2 点，用 2-2′对准 P_1 点，则 3-3′方向即 P_2 点的横断面方向。

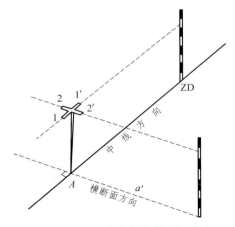

图 12.21　用方向架定横断面方向

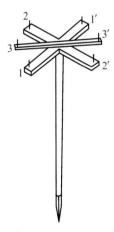

图 12.22　方向架

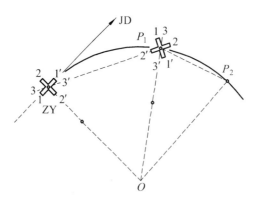

图 12.23　在圆曲线上测设横断面

12.2.2.2　测定横断面上点位和高差

横断面上中线桩的地面高程已在纵断面测量时测出，只要测量出各地形特征点相对于中线桩的平距和高差，就可以确定其点位和高程。平距和高差可用下述方法测定。

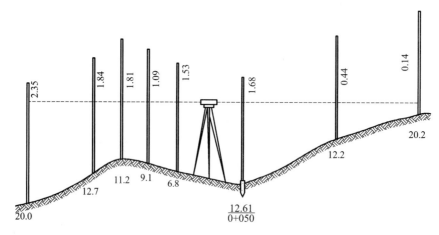

图 12.24　水准仪皮尺法测横断面

1. 水准仪皮尺法

此法适用于施测横断面较宽的平坦地区。如图 12.24 所示，安置水准仪后，以中线桩地面高程点为后视点，以中线桩两侧横断面方向的地形特征点为前视点，标尺读数读至 cm。用皮尺分别量出各特征点到中线桩的水平距离，精确至 dm。记录格式见表 12.3，表中按线路前进方向分左、右侧记录，以分式表示前视读数和水平距离。高差由后视读数与前视读数求差得到。

表 12.3　线路横断面测量记录

前视读数（左侧） 距离					后视读数 距离	前视读数（右侧） 记录	
$\dfrac{2.35}{20.0}$、	$\dfrac{1.84}{12.7}$、	$\dfrac{0.81}{11.2}$、	$\dfrac{1.09}{9.1}$、	$\dfrac{1.53}{6.8}$	$\dfrac{1.68}{0+050}$	$\dfrac{0.44}{12.2}$、	$\dfrac{0.14}{20.0}$

2. 经纬仪视距法

安置经纬仪于中线桩上，可直接用经纬仪测定出横断面方向，量出至中线桩地面的仪器高，用视距法测出各特征点与中线桩间的平距和高差。此法适用于任何地形，包括地形复杂、山坡陡峻的线路横断面测量。利用电子全站仪则速度快、效率高。

12.2.2.3　横断面图的绘制

依据横断面测量得到的各点间的平距和高差，在毫米方格纸上绘出各中线桩的横断面图，如图 12.25 所示。绘制时，先标定中线桩位置，由中线桩开始，逐一将特征点展绘在图纸上，用细线连接相邻点，即绘出横断面的地面线。

以道路工程为例，经路基断面设计，在透明图上按相同的比例尺分别绘出路堑、路堤和半填半挖的路基设计线，称为标准断面图。也可将路基断面设计的标准断面直接绘制在横断面图上，绘制成路基断面图，这一工作俗称"戴帽子"。如图 12.26 所示，为半填半挖的路基横断面图。根据横断面的填、挖面积及相邻中线桩的桩号，可以算出施工的土石方量。

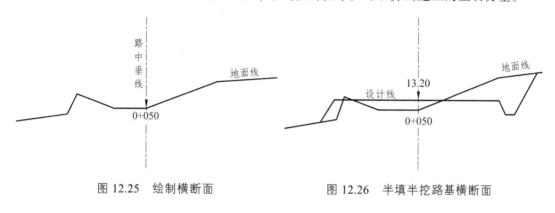

图 12.25　绘制横断面　　　　　　　　图 12.26　半填半挖路基横断面

12.3　道路施工测量

道路施工测量的主要工作包括：恢复中线测量，施工控制桩、边桩和竖曲线的测设。

12.3.1　恢复中线测量

从工程勘测开始，经过工程设计到开始施工这段时间里，往往会有一部分中线桩被碰动或丢失。为了保证线路中线位置的正确、可靠，施工前应进行一次复核测量，并将已经丢失或碰动过的交点桩、里程桩恢复和校正好，其方法与中线测量相同。

12.3.2　施工控制桩的测设

中线桩在施工过程中要被挖掉或填埋。为了在施工过程中及时、方便、可靠地控制中线位置，需要在不易受施工破坏、便于引测、易于保存桩位的地方测设施工控制桩。其具体有以下两种测设方法。

1. 平行线法

平行线法是在设计路基宽度以外，测设两排平行于中线的施工控制桩，如图 12.27 所示。控制桩的间距一般取 10～20 m。

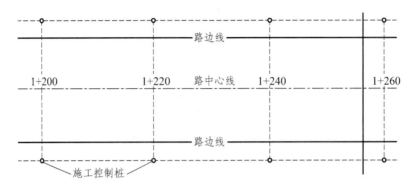

图 12.27 平行线法定施工控制桩

2. 延长线法

延长线法是在线路转折处的中线延长线上以及曲线中点至交点的延长线上测设施工控制桩，如图 12.28 所示。控制桩至交点的距离应量出并做记录。

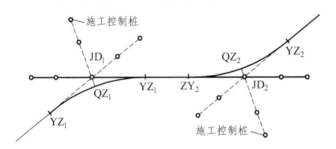

图 12.28 延长线法定施工控制桩

12.3.3 路基边桩的测设

施工前，要把设计路基的边坡与地面相交的点测设出来，该点称为边桩。边桩测设方法有：

1. 图解法

在线路工程设计时，地形横断面及设计标准断面都已绘制在横断面图上，边桩的位置可用图解法求得，即在横断面图上量取中线桩至边桩的距离，然后到实地在横断面方向上用卷尺量出其位置。

2. 解析法

解析法是通过计算求得中线桩至边桩的距离。在平地和山区计算与测设的方法不同。现分述如下。

（1）平坦地段路基边桩测设。

图 12.29（a）所示为填方路堤，边桩至中桩的距离为：

$$D = \frac{B}{2} + mH \qquad\qquad (12.18a)$$

图 12.29（b）所示为挖方路堑，路堑中心桩至边桩的距离为：

$$D = \frac{B}{2} + S + mH \qquad\qquad (12.18b)$$

式中，B 为路基宽度，m 为边坡率（$1:m$ 为坡度），H 为填挖高度，S 为路堑边沟顶宽。

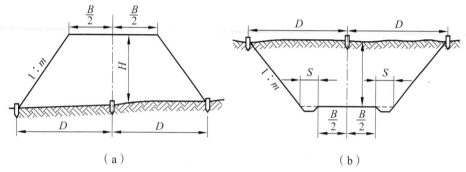

（a）   （b）

图 12.29　平坦地段路基边桩测设

根据算得的距离，从中桩沿横断面方向量距，测设路基边桩。

（2）倾斜地段路基边桩测设。

图 12.30 所示为在山坡上测设路基边桩，从图中可以看出，左、右边桩至中线桩的距离。

在倾斜地段边坡至中桩的平距随着地面坡度的变化而变化，图 12.30（a）所示是路堤坡脚至中桩的距离 $D_{上}$ 与 $D_{下}$，分别为：

$$\left.\begin{array}{l} D_{上} = \dfrac{B}{2} + m(H - h_{上}) \\[2mm] D_{下} = \dfrac{B}{2} + m(H + h_{下}) \end{array}\right\} \qquad (12.19)$$

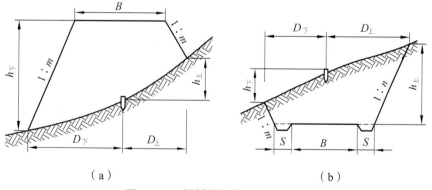

（a）   （b）

图 12.30　倾斜地段路基边桩测设

图 12.30（b）所示为路堑中桩至左右边桩的距离 $D_\pm$ 与 $D_\top$，分别为：

$$
\left.
\begin{array}{l}
D_{\pm} = \dfrac{B}{2} + S + mh_{\pm} \\[3mm]
D_{\top} = \dfrac{B}{2} + S + mh_{\top}
\end{array}
\right\}
\qquad (12.20)
$$

式（12.19）、（12.20）中，B、S、m 为设计给定，所以 $D_\pm$、$D_\top$ 随 $h_\pm$、$h_\top$ 而变化，由于 $h_\pm$、$h_\top$ 是边桩处地面与中桩的高差，故 $h_\pm$、$h_\top$ 为未知数。因此，在实际工作中，采用"逐渐趋近法"测设。

12.4 管道工程测量

管道工程是工业建设和城市建设的重要组成部分，属地下工程。管道种类繁多，主要有给水、排水、煤气、热力、输油和其他工业管道等。在城市建设中，特别是城镇工业区管道更是上下穿插、纵横交错连接成管道网，如果管道施工测量稍有差错，将会产生管道相互干扰现象，给施工造成困难。为了合理地敷设各种管道，首先应进行规划设计，确定管道设计的中线的位置并给出定位的数据，即管道的起点、转向点及终点的坐标、高程，然后将图纸上所设计的中线测设于实地，作为施工的依据。管道施工测量的主要任务，是根据设计图纸和工程进度的要求，为施工测设各种标志，向施工人员随时提供中线方向和高程位置，如图12.31 所示。

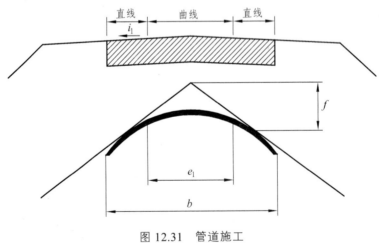

图 12.31 管道施工

12.4.1 管道施工过程中的测量工作

12.4.1.1 地下管道放线测设

1. 测设施工控制桩

在施工时，中线上的各桩将被挖掉，应在不受施工干扰、便于引测和保存点位处测设施工控制桩,用以恢复中线;测设地物位置控制桩,用以恢复管道附属构筑物的位置(图 12.32)。中线控制桩的位置,一般是测设在管道起止点及各转点处中心线的延长线上,附属构筑物控制桩则测设在管道中线的垂直线上。

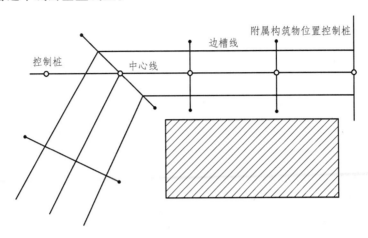

图 12.32　管道施工测设控制桩

2. 槽口放线

管道中线控制桩定出后,就可根据管径大小、埋设深度以及土质情况,决定开槽宽度,并在地面上钉上边桩,然后沿开挖边线撒出灰线,作为开挖的界限。如图 12.33 所示,若横断面上坡度比较平缓,开挖宽度可用下列公式计算:

$$B = b + 2mh \tag{12.21}$$

式中　b——槽底宽度;

　　　　h——中线上的挖土深度;

　　　　m——管槽放坡系数。

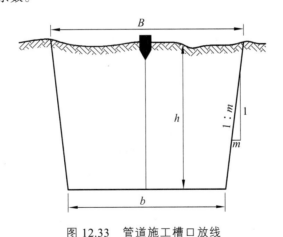

图 12.33　管道施工槽口放线

12.4.1.2　地下管道施工测量

管道的埋设要按照设计的管道中线和坡度进行,因此施工中应设计施工测量标志,以使管道埋设符合设计要求。

1. 龙门板法

龙门板由坡度板和高程板组成，沿中线每隔 10～20 m 以及检查井处应设置龙门板。中线测设时，根据中线控制桩，用经纬仪将管道中线投测到坡度板上；并钉小钉标定其位置，此钉叫中线钉。各龙门板中钉的连线标明了管道的中线方向。在连线上挂锤球，可将中线位置投测到管槽内，以控制管道中线。

为了控制管槽开挖深度，应根据附近的水准点，用水准仪测出各坡度板顶的高程。根据管道设计坡度，计算出该处管道的设计高程，则坡度板顶与管道设计高程之差就是从坡度板顶向下开挖的深度，通称下反数。下反数往往不是一个整数，并且各坡度板的下反数都不一致，施工、检查很不方便，因此，为使下反数成为一个整数 C，必须计算出每一坡度板顶向上或向下量的调整数 δ。其计算公式为：

$$\delta = C - (H_{板顶} - H_{管底}) \tag{12.22}$$

式中 δ——调整数，为正时，坡度钉的位置是从坡度板顶向上量取；为负时，则向下量取。

C——下反数，依现场情况选定。

$H_{板顶}$——坡度板顶高程，根据附近水准点用水准测量方法测定。

$H_{管底}$——各坡度板处的管道底设计高程，根据前一点管底高程、设计坡度和坡度板间距计算得出。

根据计算出的调整数，在高程板上用小钉标定其位置，该小钉称为坡度钉（图 12.34）。相邻坡度钉的连线即与设计管底坡度平行，且相差为选定的下反数 C。利用这条线来控制管道坡度和高程，便可随时检查槽底是否挖到设计高程。如挖深超过设计高程，绝不允许回填土，只能加厚垫层。

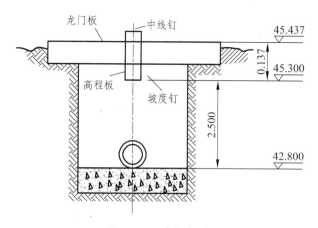

图 12.34 龙门板法

现举例说明坡度钉设置的方法。如表 12.4 所示，先将水准仪测出的各坡度板顶高程列入第 5 栏内。根据第 2 栏、第 3 栏计算出各坡度板处的管底设计高程，列入第 4 栏内。如 K0 + 010 高程为 42.800（图 12.34），坡度 $i = -3‰$，K0 + 000 至 K0 + 010 之间距离为 10 m，则 K0 + 010 的管底设计高程为：

$$42.800 + 10i = 42.800 - 0.030 = 42.770 \ (\text{m})$$

表 12.4　坡度钉测设手簿

板号	距离	坡度	管底高程 ($H_{管底}$)/m	板顶高程 ($H_{板顶}$)/m	$H_{板顶} - H_{管底}$	选定下反数 C	调整数	坡度钉高程/m
K0 + 000			42.800	45.437	2.637		− 0.137	45.300
K0 + 010			42.770	45.383	2.613		− 0.113	45.270
K0 + 020			42.740	45.364	2.624		− 0.124	45.240
K0 + 030	10	− 3‰	42.710	45.315	2.605	2.500	− 0.105	45.210
K0 + 040			42.680	45.310	2.630		− 0.130	45.180
K0 + 050			42.650	45.246	2.596		− 0.096	45.150
K0 + 060			42.620	45.268	2.648		− 0.148	45.120
…			…	…	…		…	…

同法，可以计算出其他各处管底设计高程。第 6 栏为坡度板顶高程减去管底设计高程，如 K0 + 000 为：

$$H_{板顶} - H_{管底} = 45.437 - 42.800 = 2.637 \ (\text{m})$$

其余类推。为了施工检查方便，选定下反数 C 为 2.500 m，列在第 7 栏内。第 8 栏是每个坡度板顶向下量（负数）或向上量（正数）的调整数 δ，如 K0 + 000 调整数为：

$$\delta = 2.500 - 2.637 = - 0.137 \ (\text{m})$$

图 12.34 所示就是 K0 + 000 处管道高程施工测量的示意图。

高程板上的坡度钉是控制高程的标志，所以在坡度钉钉好后，应重新进行水准测量，检查是否有误。施工中坡度板、坡度钉可能被碰动移位，尤其在雨后，龙门板可能有下沉现象，在施工开始和施工过程中，须进行定期检查，发现移动应及时进行调整。

2. 平行轴腰桩法

当现场条件不便采用龙门板时，对精度要求较低的管道，可用本法测设施工控制标志。

开工之前，在管道中线一侧或两侧设置一排平行于管道中线的轴线桩，桩位应落在开挖槽边线以外，如图 12.35（a）所示。平行轴线离管道中线为 a，各桩间距以 10 ~ 20 m 为宜，各检查井位也相应地在平行轴线上设桩。

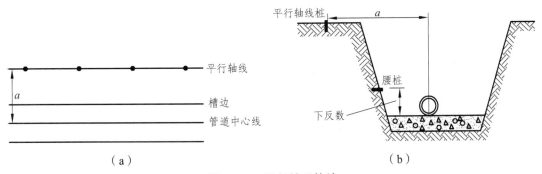

图 12.35　平行轴腰桩法

为了控制管底高程，在槽沟坡上（距槽底 1 m 左右）钉一排与平行轴线桩相应的桩，这排桩称为腰桩，如图 12.35（b）所示。在腰桩上钉一小钉，并用水准仪测出各腰桩上小钉的高程，小钉高程与该处管底设计高程之差 h，即下反数。施工时只需用水准尺量取小钉到槽底的距离，与下反数比较，便可检查是否挖到管底设计高程。

腰桩法施工和测量都较麻烦，且各腰桩的下反数不一，容易出错。为此，先选定到管底的下反数为某一整数，并计算出各腰桩的高程。然后，再测设出各腰桩，并用小钉标明其位置，此时各桩小钉的连线与设计坡度平行，并且小钉的高程与管底设计高程之差为一常数。

12.4.2　架空管道的施工测量

架空管道的主点的测设与地下管道相同。架空管道的支架基础开挖测量工作和基础模板的定位，与厂房柱子基础的测设相同；架空管道安装测量与厂房构件安装测量基本相同。每个支架的中心桩在开挖基础时均会被挖掉，为此必须将其位置引测到互为垂直方向的 4 个控制桩上。根据控制桩就可以确定开挖边线，进行基础施工。

12.4.3　竣工测量

管道竣工测量包括管道竣工平面图和管道竣工纵断面图的测绘。竣工平面图主要测绘管道的起点、转折点、终点、检查井及附属构筑物的平面位置和高程，测绘管道与附近重要地物（永久性房屋、道路、高压电线杆等）的位置关系。管道竣工纵断面图的测绘，要在回填土之前进行，用水准测量方法测定管顶的高程和检查井内管底的高程，距离用钢尺丈量。使用全站仪进行管道竣工测量将会提高效率。

12.5　桥梁施工测量

12.5.1　桥梁墩台中心放样

桥梁墩台中心的放样，是桥梁建筑中最关键的一项测量工作。它是根据桥梁设计图上所规定的墩台中心里程，以桥梁三角网控制点和桥轴线点为基准，按规定精度放样出墩台中心位置。放样的方法，可根据地形条件采用直接丈量法和角度交会法。

1. 直接丈量法

在干沟或浅水河道上，距离可以直接丈量时，如图 12.36 所示，根据墩台中心里程和桥位控制桩 AB 的里程，算出其间的距离，然后直接用钢尺放出各段长度，即得墩台中心的位置，最后闭合到另一点上。只要墩台中心不位于水中，无论何种情况，均可利用光电测距仪放样。

2. 角度交会法

大中桥的水中桥墩和基础桩的中心位置，因水深流急，不能直接丈量时，需根据桥梁三角网，采用角度交会法测设，如图 12.37 所示。

设 E 为桥墩中心位置，A、B、C、D 为桥梁三角网点，其中 AB 为桥轴线。根据 E 点的设计里程，可求出 A 点至 E 点的距离 l_E，图中 φ_1、φ_2、d_1、d_2 均为已知值，则交会角 α_E、β_E 可按下式计算。

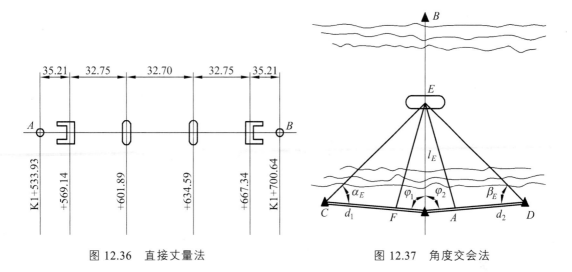

图 12.36　直接丈量法　　　　　图 12.37　角度交会法

由 E 点向基线 AC 作垂线 EF，在 $\triangle CEF$ 中有

$$\tan \alpha_E = \frac{EF}{CF} = \frac{l_E \sin \varphi_1}{d_1 - l_E \cos \varphi_1}$$

$$\alpha_E = \arctan \frac{l_E \sin \varphi_1}{d_1 - l_E \cos \varphi_1}$$

同理得

$$\beta_E = \arctan \frac{l_E \sin \varphi_2}{d_2 - l_E \cos \varphi_2}$$

在通常情况下，是以桥轴线为 X 轴，以 A 为坐标原点，所以墩中心点 E 的坐标为：

$$x_E = L_E, \quad y_E = 0$$

则 CE 的方位角：　　$\alpha_{CE} = \arctan \dfrac{-y_C}{x_E - x_C}$

DE 的方位角：　　$\alpha_{DE} = \arctan \dfrac{-y_D}{x_E - x_D}$

由于 CA 及 DA 的方位角 α_{CA} 及 α_{DA} 在控制测量时已经求出，故可算出交会角为：

$$\alpha_E = \alpha_{CA} - \alpha_{CE}, \quad \beta_E = \alpha_{CE} - \alpha_{DA}$$

施测时，可在 C、D、A 三站各设一台经纬仪。置于桥轴线上 A 站的仪器瞄准对岸 B 点，标定出桥轴线方向。置于 C、D 两站的仪器，均后视 A 点，分别以盘左盘右分中法放出 α_E 和 β_E 角。位于桥墩处的测量员则分别标定出由 A、C、D 三站放出的交会方向线，三条方向

245

线的交点，即桥墩中心位置。

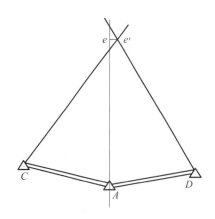

图 12.38　直接丈量法

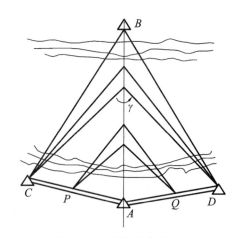

图 12.39　角度交会法

由于测量误差的影响，三条方向线往往不交于一点，而形成一个误差三角形，如图 12.38 所示。若误差三角形在桥轴线上的边长在限差范围内（放样墩底为 2.5 cm，放样墩顶为 1.5 cm），则取 C、D 两站方向线的交点 e' 在桥轴线上的投影点 e 作为墩位中心位置。

交会定点的精度，与交会角 γ 有关。如图 12.39 所示，当 γ 在 90°～110°时，交会精度最高。故在选择基线布置桥梁三角网时，就应考虑使 γ 角在 80°～130°，不宜小于 60°或大于 150°。若出现 γ 角小于 60°时，则需加测交会用的控制点；当 γ 角大于 150°时，可在基线适当位置上设置加密点 P、Q，作为交会近岸墩位的控制点，以控制 γ 角。

在桥墩的施工过程中，随着工程的进展，要经常交会墩中心的位置。为了准确而迅速地进行交会，可把交会方向延伸到对岸，设立觇牌标志加以固定。标志设好后，应测角

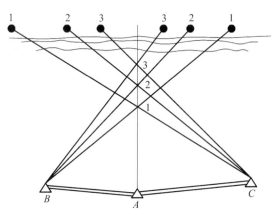

图 12.40　交会墩位

加以检核。这样，在以后交会墩位时，只要照准对岸觇牌即可。为了避免交会不同墩位的方向发生混淆，应在相应的觇牌上表示出桥墩的编号，如图 12.40 所示。若桥墩砌高后阻碍视线时，可将标志移设在墩身的完工部分。

12.5.2　墩台轴线放样

在钉设出墩台中心以后，还要测设出墩台的纵横轴线，作为放样细部的依据。过墩台中心平行于线路方向的轴线，称为墩台纵轴线。在直线桥上，各墩台的纵轴线在同一方向上，而且与桥轴线重合，故无须另行测设。过墩台中心垂直于线路方向的轴线，称为墩台横轴线，测设时可在墩台中心架设经纬仪，自桥轴线方向测设 90°角，即得横轴线方向。

因在施工过程中需要经常恢复轴线位置，所以需要将这些方向用木桩标在地面上，如图

12.41 所示，称为轴线方向桩。

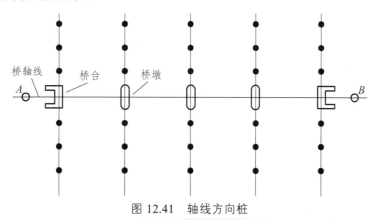

图 12.41 轴线方向桩

由于墩台的纵轴线是与桥轴线重合的，所以桥轴线的控制桩即为墩台纵轴线的方向桩。而墩台横轴线的方向桩在每侧应设立两个以上，以便于在墩台筑出地面一定高度以后，在一侧仍能用以恢复轴线。为了防止方向桩被破坏，在工地上往往在每侧设置 3 个方向桩。方向桩应设在基坑开挖线以外一定距离处，以便妥善保存。

12.5.3 桥墩高程的测设

在开挖基坑、砌筑桥墩以及竖井、高层建筑等工程的高程放样中，均需进行高程传递。当高程向下传递时，如图 12.42（a）所示，可在基坑上、下各安置一台水准仪，上面的水准仪后视已知点 A，下面的水准仪前视待求点 D；然后视基坑深度悬挂一根钢尺，使尺的零端向下，钢尺下面吊一 10 kg 的重物。当钢尺稳定后，上、下水准仪可同时读取钢尺上的刻划读数 b 和 c，则 AD 两点间的高差为：

$$h_{AD} = (a - b) + (c - d) = a - (b - c) - d \qquad (12.23)$$

当高程向上传递时，如图 12.42（b）所示，可在桥墩顶上倒挂一根钢尺，使零端朝下，则 AD 的高差仍然按式（12.23）计算。

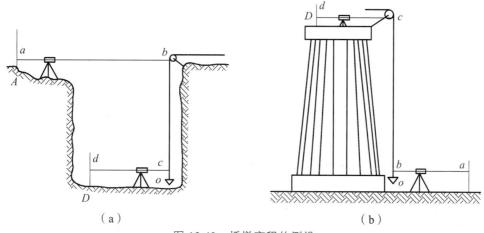

（a）   （b）

图 12.42 桥墩高程的测设

247

12.6　隧道工程施工测量

在隧道施工过程中，为了保证工期，常通过设置平行导坑或在隧道中部设置横洞、斜井或竖井等方法增加开挖面，将整个隧道分成若干段同时施工。两个开挖面相向开挖，在预定位置挖通称为贯通。贯通后，由两端分别引进的线路中线，应按设计规定的精度正确衔接，如图 12.43 所示。

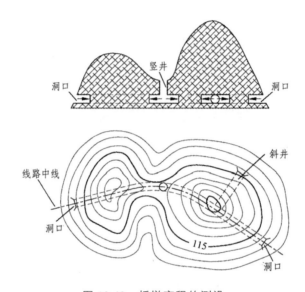

图 12.43　桥墩高程的测设

隧道施工测量的主要任务包括洞外平面控制测量、洞外高程控制测量、洞内平面控制测量、洞内高程控制测量和洞内中线测设、隧道贯通误差的测定及调整、辅助坑道的测量，以及洞内建筑定位、竣工测量等。

12.6.1　洞外平面控制测量

对于直线隧道，洞外平面控制测量的目的主要是获取两端洞口较为精确地点的平面位置和引测进洞的方向；对于曲线隧道，洞外平面控制测量除具有与直线隧道相同的目的外，还在于间接求算隧道所在曲线的转向角及两端洞口控制桩与交点的相对位置，进而按设计选配的圆曲线半径和缓和曲线长重新确定隧道中线的位置。

洞外平面控制测量，首先应根据控制网进行洞口的引测投点，以利施工时据以进行洞内控制测量。投点时应结合地形地物，力求图形简单，并在确保精度的前提下，充分考虑观测条件，测站稳定程度，以便于引测进洞，避免干扰施工。每个洞口应设两个测点，并应纳入控制网中。控制网的测设应符合《测规》要求。

洞外平面控制测量常用的方法有中线法、精密导线法、三角锁法和 GPS 网等。

1. 中线法
这是在隧道洞顶地面上用直接定线的方法，把隧道的中线每隔一定的距离用控制桩精确地标定在地面上，作为隧道施工引测进洞的依据，如图 12.44 所示。

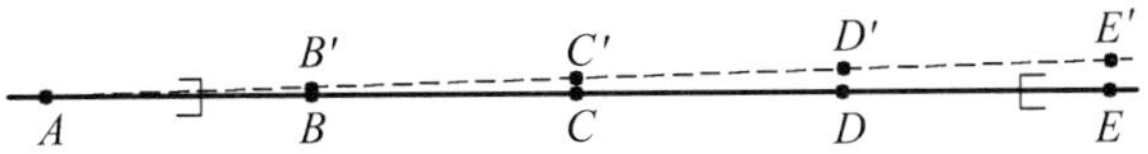

图 12.44　中线法

　　A、*E* 为定测时的路线中线（也是洞口控制桩），*B*、*C*、*D* 为洞顶的中线控制桩点。由于 *A*、*E* 是不通视的，通常采用正倒镜或拨 180°角分中去平均点位置的方法，从一端洞口的控制点向另一端洞口控制点延长直线。经检核确认该段中线与两端相邻线路中线能够正确衔接后，方可以此作为依据，进行引测进洞和洞内中线测设。

　　中线法一般只能用于短于 1 000 m 的直线隧道和短于 500 m 的曲线隧道的洞外平面控制。

2. 精密导线法

　　一般有下列 4 种形式：单导线、主副导线环、导线网、附合导线。

3. 三角网法

　　如果仅从横向贯通精度来考虑，布设三角网是最理想的方案，但也可以布设为测角网、测边网和边交网。三角网布设时应满足以下要求：

　　（1）三角网应沿两洞口连线方向设置，三角形以近似等边三角形为佳，见图 12.45（a）。

（a）　　　　　　　　　　　　　　　　　（b）

图 12.45　三角网

　　（2）组成三角网的三角形个数以少为好，起始边至最弱边的三角形个数不宜超过 6 个，否则应增设起始边。全隧道的三角形个数不宜超过 12 个。

　　（3）对于直线隧道，一排三角点应尽量沿线路中线布设。条件许可时，可将线路中线作为三角锁的一条基本边，布设为直伸三角锁，以减小边长误差对横向贯通的影响，如图 12.45（b）所示。

　　（4）对于曲线隧道，应尽量沿着两洞口的连线方向布设，以减弱边长误差对横向贯通的影响。

12.6.2　洞外高程控制测量

　　洞外高程控制测量的任务，是按照测量设计中规定的精度要求，以洞口附近一个线路定测点的高程为起算高程，将测量递传到隧道另一端洞口与另一个定测高程点闭合。

　　闭合的高程差应设断高，或推算到路基段调整。这样，既使整座隧道具有统一的高程系统，又使之与相邻线路正确衔接，从而保证隧道按规定精度在高程方面正确贯通，保证各种建筑物在高程方面按规定限界修建。

　　隧道高程控制测量一般采用水准测量，对于四、五等高程控制测量也可采用光电测距三角高程测量。

12.6.3　洞内平面控制测量

洞内控制测量起始于两端洞口处的洞外控制点，随着隧道的开挖而向前延伸。洞内观测的特殊性在于施工干扰大、环境条件差、明亮度较差、边长较短。当施工通风不好、烟尘严重时，不宜进行测角工作。

1. 进洞关系计算

根据洞外控制测量成果，计算由洞外控制点引测进洞测设数据，据此指导隧道的进洞及洞内开挖，称为进洞关系计算。

进洞关系计算和进洞测量的主要任务是：确定隧道中线与平面控制网之间的关系，在洞内控制建立之前，指导中线进洞和洞内开挖。

通常将隧道的中线控制桩纳入洞外平面控制网，控制测量完成后，即可求得它们的精确坐标。然后，根据这些点的坐标和洞口（或洞内）中线点的坐标，反算出极坐标法的放样数据，进而现场测设。

洞内导线应尽量选择长边。根据总的贯通精度要求及洞外导线对贯通精度的影响值，确定洞内控制测量所需的精度和方法。

2. 洞内平面控制的形式

由于在掘进过程中洞口两端不能通视，平面控制网只能敷设成支线形式，其形状取决于隧道的形状。同时，只能用重复观测的方法进行检核。

洞内平面控制通常有两种形式，即中线形式和导线形式。

12.6.4　洞内高程控制测量

洞内高程控制测量的目的，是由洞口高程控制点向洞内传递高程，即测定洞内各高程控制点的高程，作为洞内施工高程放样的依据。

洞内应每隔 200~500 m 设立一对高程控制点。高程控制点可选在导线点上，也可根据情况埋设在隧道的顶板、底板或边墙上。

三等及以上的高程控制测量应采用水准测量，四、五等可采用水准测量或光电测距三角高程测量。

当采用水准测量时，应进行往返观测；采用光电测距三角高程测量时，应进行对向观测。

12.6.5　掘进中隧道断面的测量

每次断面掘进前，应根据设计的断面类型和尺寸放样出断面。常用的方法有：断面支距法、放大样法、三角高程法等。

1. 断面支距法

根据中线及拱顶外线高程，从上而下每 0.5 m（拱部和曲线地段）和 1.0 m（直墙地段）向中线左右量出两侧的横向支距（量测支距时，应考虑隧道中心与路线中心的偏移值和施工的预留宽度），所有支距端点的连线即断面开挖的轮廓线，用以指导开挖及检查断面，并作为安装拱架的依据。遇有仰拱的隧道，仰拱断面应由中线起向左右每隔 0.5 m 量出路面高程向下的开挖深度。此种方法最常用，适用于全断面开挖或上下导坑开挖施工的隧道。

2. 放大样法

对于一种类型尺寸的开挖断面，提前在地面上放出大样（1:1），用木板或金属条作出大样，测量时放出拱顶中点及两侧起拱点的位置，往上套上大样，在周边画点即可。此种方法用于全断面开挖或上下导坑开挖及预留核心土的施工的隧道。

3. 三角高程法

将仪器置于里程处的中线上，依次放样出掌子面的各个轮廓线。此方法特点是：速度快、要求的条件高；计算量大，放样前须提前计算出所有需放样点的数据。且对掌子面的平整度有较高要求，对于有激光导向及免棱镜的仪器尤为方便，但受掌子面平整度精度影响较大。

现在免棱镜技术仪器较为普遍，这样就可以采用一些仪器自带或别的软件来直接测量断面，给施工分析提供科学准确的数据。

当采用盾构法施工或自动顶管施工时，可以采用激光指向仪或激光经纬仪配合光电跟踪靶指示掘进方向。将光电跟踪靶安装在掘进机器上，激光指向仪或激光经纬仪安置在工作点上，调整好视准轴的方向和坡度，让激光束照射在跟踪靶上。当掘进的方向发生偏差时，光电跟踪靶立即将偏差信号输出给掘进机自动控制系统纠偏，使掘进机始终能够沿着激光束指引的方向和坡度正确掘进，如图 12.46 所示。

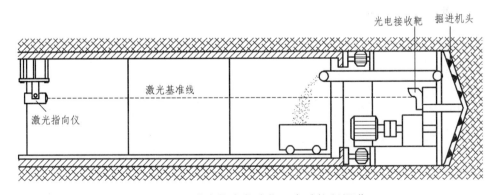

图 12.46　激光指向仪或指示自动控制掘进

采用盾构机掘进时，因盾构机的钻头架是根据隧道断面专门设计的，能够保证隧道断面在掘进时一次成形，混凝土预制衬砌块的组装也在盾构机控制下进行，因而不需要对隧道断面和衬砌进行放样测量，如图 12.47 所示。

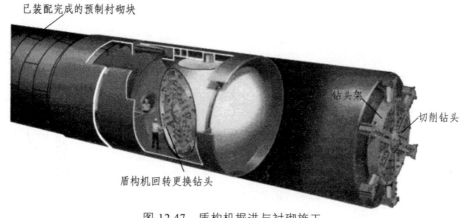

已装配完成的预制衬砌块

钻头架

切削钻头

盾构机回转更换钻头

图 12.47　盾构机掘进与衬砌施工

12.6.6　隧道衬砌位置控制

隧道衬砌中，不论何种类型均不得侵入隧道建筑界限，因此各个部位的衬砌放样都必须在线路中线、水平测量正确的基础上认真做好，使其位置正确、尺寸和高程符合设计要求。

中线两侧衬砌结构物的放样，是以中线点和水准点为依据，控制其平面位置和高程。放样建筑物的部位分别有边墙角、边墙基础、边墙身线、起拱线等位置。拱顶内沿、拱脚、边墙脚等设计高程均应用水准仪放出，并加以标注。拱部衬砌的放样是将拱架安装在正确的空间位置上，拱架定位并固定好后，即可铺设模板、灌注混凝土等。在灌注混凝土衬砌施工过程中，应经常检查拱架和模板的位置和稳定性。若位移变形值超限，应及时加以纠正。

边墙衬砌的施工放样，若为直墙式衬砌，则从校准的中线按规定尺寸放出支距，即可安装模板；若为曲墙式衬砌，则从中线按计算好的支距安设带有曲面的模板，并加以支撑固定，即可开始衬砌施工。

12.6.7　辅助坑道施工测量

（1）经辅助坑道引入的中线及水准测量，应根据辅助坑道的类型、长度、方向和坡度等，并按要求精度在坑道口附近设置洞外控制点。

（2）平行导坑与横洞的引线方法和高程测量，均与正洞相同。

（3）斜井中线的方向，应由斜井井口外直线引伸，可采用正倒镜分中法进洞；斜井量距应丈量斜距，测出桩顶高程，求出高差，按照斜距换算出水平距离。

（4）竖井测量时，应根据竖井的大小、深度、必要的测量精度决定测量方法，经竖井引入的中线的测量，可使用钢丝吊锤、激光、经纬仪等；再经竖井的高程，可将钢卷尺直接调下测定。

12.6.8　隧道竣工测量

隧道竣工后，为了检查主要结构物及线路位置是否符合设计要求，为了提供竣工资料，为了给设备安装工程和将来运营中的检修提供测量控制点，应进行竣工测量。

竣工测量包括以下内容：

（1）检测中线点。依据洞外施工测量控制网，从一端洞口至另一端洞口进行检测。检测闭合后，应在直线上每200～250 m、曲线上各主点埋设永久中线桩。

（2）洞内高程点。在复测的基础上，每千米埋设一个永久水准点。永久中线点、永久水准点经检测后应在边墙上加以标示。还要列出实测成果表，注明里程，绘出示意图，以作为竣工资料之一。

（3）测绘隧道的实际净空断面图。隧道的实际净空断面图是竣工资料的主要内容。在直线地段一般每隔50 m、曲线地段每隔 20 m 应测绘一个断面，必要时还应在需要的地方加测断面。

净空断面图如图 12.48 所示。应以线路中线为准，测量拱顶高程、起拱线高程和轨顶面高程处的宽度，必要时加测轨顶面以上 h_1、h_2、h_3、…、h_n 处的宽度。

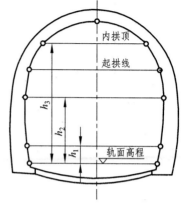

图 12.48　隧道净空断面

竣工测量一般要求提供隧道长度表、净空表、隧道回填断面图、水准点表、中桩表、断链表、坡度表等。

习　题

12.1 线路工程的测量工作主要内容有哪些？线路中线测量的主要工作有哪些？

12.2 名词解释：交点、转点、转角、整桩、加桩、圆曲线主点、基平测量、中平测量。

12.3 圆曲线的主点和测设元素是什么？

12.4 在测定线路右角后，保持原水平度盘位置，若后视方向的读数为 32°40′0″，前视方向的读数为 172°18′12″，试计算分角线方向的水平度盘读数。

12.5 已知交点 JD 的桩号为 K2 +513.00，转角 $\alpha_t = 40°20′$，半径 $R=200$ m。

（1）计算圆曲线测设元素。

（2）计算主点桩号。

12.6 路线纵断面测量的任务是什么？横断面的测量常用的方法有哪些？

12.7 道路施工测量的主要工作包括哪些？管道工程施工测量的工作内容有哪些？

12.8 桥梁工程施工测量的工作内容有哪些？隧道工程施工测量的工作内容有哪些？

第 13 章　水工建筑物测量

📖 **内容提要**

本章主要讲述：常见水工建筑物的施工测量，包括土坝的控制测量，土坝清基开挖线与坝体填筑的施工测量；混凝土坝的施工控制测量，混凝土坝的清基开挖线的放样，坝体的立模放样；水闸的施工测量；大坝变形观测的基本原理与方法。

◎ **课程思政目标**

（1）通过水利工程中常见水工建筑物的知识，培养学生的职业理想，树立从业意识，端正从业态度。

（2）使学生认识到测量工作在水利工程建设中的基础性和重要性地位，培养学生精益求精的工匠精神，进一步强化规范意识和严谨的工作作风。

为了满足防洪要求，并获得发电、灌溉等方面的经济效益，需要在河流的适宜河段修建不同类型的建筑物，用来控制和支配水流。这些建筑物统称为水工建筑物，属于水利工程的范畴。水工建筑物种类繁多，按其作用可以分为挡水建筑物、泄水建筑物、输水建筑物、取（进）水建筑物、整治建筑物和专门为灌溉、发电、过坝需要而兴建的建筑物。由不同类型的水工建筑物组成的综合体称为水利枢纽。

拦河大坝是重要的水工建筑物，按坝型可分为土石坝、重力坝和拱坝，重力坝和拱坝两类坝的大中型多为混凝土坝，中小型多为浆砌石坝。修筑大坝按照施工顺序需要进行以下测量工作：布设平面和高程基本控制网，控制整个大坝的施工测量；确定坝轴线和布设控制坝体细部放样的定线控制网；清基开挖线的施工测量；坝体填筑施工测量等。对于不同类型的大坝，施工测量的精度要求有所不同，测量内容也有差异，但施工测量的基本方法大同小异。而水闸既是挡水建筑物也是泄水建筑物，其施工测量特点与大坝亦有相似之处。

13.1　土坝施工测量

土坝是一种常见坝型，因其具有筑坝材料易于获取，适用于各种地形地质条件，施工机械化程度高等诸多优势，已成为不同地区水资源开发利用的首选坝型。我国修建的数以万计的各类坝中，土坝约占 90% 以上。根据土料在坝体的分布及其结构形式不同，其类型又有多种。图 13.1 是一种黏土心墙坝的示意图。

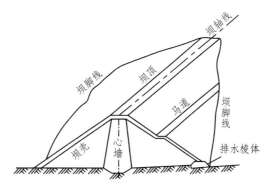

图 13.1 黏土心墙坝示意图

13.1.1 土坝的控制测量

土坝的控制测量是首先根据基本网确定坝轴线，然后以坝轴线为依据布设坝身控制网以控制坝体细部放样。

13.1.1.1 确定坝轴线

土坝轴线即土坝坝顶中心线。对于中小型土坝的坝轴线，一般由勘测人员和设计人员现场实地踏勘，并根据当地的地形、地质和建筑材料等条件，经过方案比选，直接在现场选定，可用木桩或混凝土桩标定坝轴线的端点。图 13.1 所示的黏土心墙坝的坝轴线为直线。

对于大中型土坝及与混凝土坝衔接的土质副坝，其坝轴线的确定一般要经过现场踏勘、图上规划等多次调查研究和方案比较，确定建坝位置，并在坝址地形图上结合枢纽的整体布置，将坝轴线标于地形图上，如图 13.2 中的 M、N 所示。然后根据预先建立的施工控制网，用角度交会法或极坐标法将 M 和 N 放样到地面上。坝轴线的两端点在现场标定后，应用永久性标志标明。为了防止施工时端点被破坏，应将坝轴线的端点延长到两面山坡上，如图 13.2 中的 M'、N' 所示。并用混凝土浇筑固定，以达到长期保存使用的目的。

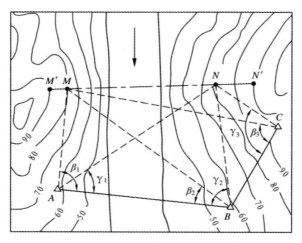

图 13.2 角度交会法测设坝轴线示意图

13.1.1.2 坝身控制线的测设

坝身一般要布设与坝轴线平行和垂直的一些控制线，这项工作需要在坝体清基前进行。坝轴线为直线的土坝通常采用矩形网或正方形网作平面控制网。

1. 平行于坝轴线的控制线的测设

平行于坝轴线的控制线可布设在坝顶上下游线、上下游坡面变化处、下游马道中线，也可按一定间隔布设（如 10 m、20 m、30 m 等），以便控制坝体的填筑和进行土石方计算。

测设平行于坝轴线的控制线时，分别在坝轴线的端点 M 和 N 安置全站仪，瞄准后视点，旋转 90° 各作一条垂直于坝轴线的横向基准线（图 13.3），然后沿此基准线量取各平行控制线距坝轴线的距离，得各平行线的位置，用方向桩在实地标定，并按轴距（距坝轴线的平距)进行编号，如上 10、上 20、下 10、下 20 等。也可以用全站仪按确定坝轴线的方法放样。

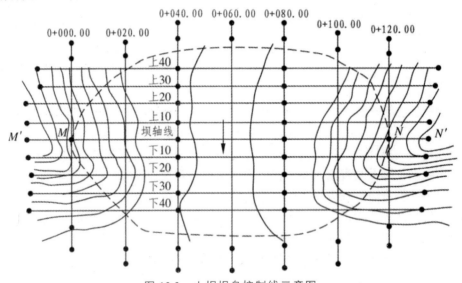

图 13.3　土坝坝身控制线示意图

2. 垂直于坝轴线的控制线的测设

垂直于坝轴线的控制线一般按 50 m、30 m 或 20 m 的间距以里程桩来测设，其步骤如下：

（1）坝轴线测设里程桩。由坝轴线的一端，如图 13.3 中的 M 点，在轴线上定出坝顶与地面的交点，作为零号桩，其桩号为 0+000.00（单位：m）。方法是：在 M 安置全站仪，瞄准另一端点 N 的坝轴线方向。用高程放样的方法，根据附近水准点（高程为已知）上水准尺的后视读数及坝顶高程，求得水准尺上的前视读数 b 时，立尺点即为零号桩（0+000.00 里程桩）。

然后从零号桩起，由全站仪定线，沿坝轴线方向按选定的间距（图 13.3 中为 20m）丈量距离，顺序钉下 0+000.00，0+020.00，0+040.00，…里程桩，直至另一端坝顶与地面的交点为止。

（2）测设垂直于坝轴线的控制线。将全站仪安置在里程桩上，瞄准 M 或 N，转 90° 即定出垂直于坝轴线的一系列平行线，并在上、下游施工范围以外将方向桩标定在实地上，作为测量横断面和放样的依据，这些桩也称为横断面方向桩。

13.1.1.3 高程控制网的建立

用于土坝施工放样的高程控制，可由若干永久性水准点组成基本网和临时作业水准点两级布设。基本网布设在施工范围以外，并应与国家水准点联测，组成闭合或附合水准路线（图 13.4），用三等或四等水准测量的方法施测。如图 13.4 中由 BM_{IIIA} 经 $BM_1 \sim BM_5$ 再回到 BM_{IIIA} 形成闭合水准路线，测定它们的高程。

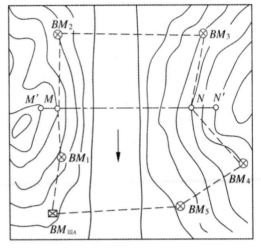

图 13.4　土坝高程控制网

临时水准点直接用于坝体的高程放样，布置在施工范围以内不同高度的地方，并尽可能做到安置 1~2 次仪器就能放样高程。临时水准点应根据施工进程及时设置，附合到永久水准点上。一般按四等或五等水准测量的方法施测，并要根据永久水准点定期进行检测，以防由于施工影响发生变动。

13.1.2　土坝清基开挖与坝体填筑的施工测量

13.1.2.1　清基开挖线的放样

为使坝体与岩基很好地结合，坝体填筑前，必须对基础进行清理。为此，应放出清基开挖线，即坝体与原地面的交线（通常按实际开挖坡度外扩一定距离）。

清基开挖线的放样精度要求不高，可用图解法求得放样数据在现场放样。为此，先沿坝轴线测量纵断面，即测定轴线上各里程桩的高程，绘出纵断面图，求出各里程桩的中心填土高度，再在每一里程桩进行横断面测量，绘出横断面图，最后根据里程桩的高程、中心填土高度与坝面坡度，在横断面图上套绘大坝的设计断面（图 13.5）。

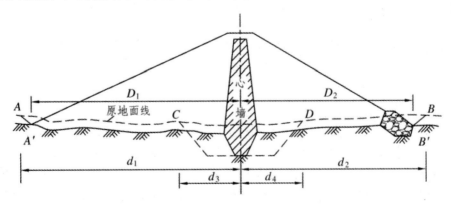

图 13.5　土坝清基放样示意图

从图中可以看出 A、B 为坝壳上下游清基开挖点，C、D 为心墙上下游清基开挖点，它们与坝轴线的距离分别为 d_1、d_2、d_3、d_4，可从图上量得，用这些数据即可在实地放样。用石灰连接各断面的清基开挖点，即为大坝的清基开挖线。

13.1.2.2 坡脚线的放样

清基完成后开始坝体的填筑工作，为此需要先确定坡脚线。坡脚线是清基完成后坝体与地面的交线，又称起坡线，是坝体填筑的边界线。其放样方法有套绘断面法和平行线法。

1. 套绘断面法

同样可以用图解法获得放样数据。由于清基时里程桩受到了破坏，所以应先恢复轴线上的所有里程桩，然后进行纵横断面测量，绘出清基后的横断面图，套绘土坝设计断面，获得图 13.5 中的坝体与清基后地面的交点 A' 及 B'（上、下游坡脚点），D_1 及 D_2 即分别为该断面上、下游坡脚点的放样数据。在实地将这些点标定出来，分别连接上、下游坡脚点即得上、下游坡脚线，如图 13.6 虚线所示。

2. 平行线法

平行线法以不同高程坝坡面与地面的交点获得坡脚线，如图 13.6 所示。在地形图上确定土坝的坡脚线，是用已知高程的坝坡面（为一平行于坝轴线的直线），求得它与坝轴线间的平距，获得坡脚点。平行线法测设坡脚线的原理与此相同，不同的是由距离（平行控制线与坝轴线的距离为已知）求高程（坝坡面的高程），而后在平行控制线方向上用高程放样的方法，定出坡脚点。

如图 13.6 所示，EE' 为坝身平行控制线，距坝顶边线 25 m，若坝顶高程为 80 m，边坡为 1:2.5，则 EE' 控制线与坝坡面相交的高程为 $80-25×1/2.5=70$（m）。放样时在 E 点安置全站仪，瞄准 E' 定出控制线方向，用水准仪或直接用全站仪在方向线上探测高程为 70 m 的地面点，就是所求的坡脚点。连接各坡脚点即得坡脚线。

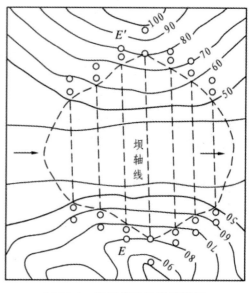

图 13.6 平行线法放样坡脚线

13.1.2.3 边坡放样

坝体坡脚放出后，就可填土筑坝，为了标明上料填土的界线，每当坝体升高 1 m 左右，就要用桩（称为上料桩）将边坡的位置标定出来。标定上料桩的工作称为边坡放样。

放样前先要确定上料桩至坝轴线的水平距离（坝轴距）。由于坝面有一定坡度，随着坝体的升高坝轴距将逐渐减小，故预先要根据坝体的设计数据算出坡面上不同高程的坝轴距，为了使经过压实和修理后的坝坡面恰好是设计的坡面，一般应加宽 1~2 m 填筑。上料桩就应标定在加宽的边坡线上（图 13.7 中的虚线处）。因此，各上料桩的坝轴距比按设计所算数值要大 1~2 m，并将其编成放样数据表，供放样时使用。

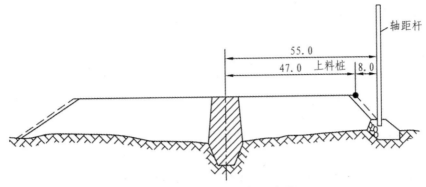

图 13.7 土坝边坡放样示意图

放样时，一般在填土处以外预先埋设轴距杆，如图 13.7 所示。轴距杆距坝轴线的距离主要考虑便于量距和放样，如图中为 55.0 m。为了放出上料桩，则先用水准仪测出坡面边沿处的高程，根据此高程从放样数据表中查得坝轴距，设为 47.0 m，此时，从轴距杆向坝轴线方向量取 55.0 – 47.0=8.0（m），即为上料桩的位置。当坝体逐渐升高，轴距杆的位置不便应用时，可将其向里移动，以方便放样。

13.1.2.4 修坡桩测设

大坝填筑至一定高度且坡面压实后，还要进行坡面的修整，使其符合设计要求。修坡是根据修坡桩上标明的削坡厚度进行的，常用方法有全站仪法和水准仪法，下面仅介绍全站仪法。

全站仪法修坡桩测设步骤如下：

（1）设边坡为 $1:m$，计算边坡倾角。

$$\alpha = \arctan \frac{1}{m} \qquad (13.1)$$

（2）为便于观测，在填筑的坝顶边缘上安置全站仪，量取仪器高 i，将望远镜视线向下倾斜角设置为 α，此时视线平行于设计坡面，如图 13.8 所示。

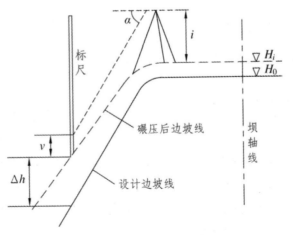

图 13.8 修坡桩测设示意图

（3）沿视线方向，每隔一定距离树立一根标尺，设中丝读数为 v，则该立尺点的修坡厚度为 $\Delta h = i - v$。

（4）若安置全站仪地点的高程与坝顶设计高程不符，设坝顶的实际高程为 H_i，设计高程为 H_0，则实际修坡厚度 $\triangle h$ 按照下式进行计算。

$$\Delta h = i - v + (H_i - H_0) \tag{13.2}$$

为便于对坡面进行修整，一般沿斜坡观测 3 ~ 4 个点，求出修坡量，以此作为修坡的依据。

13.2　混凝土坝施工测量

混凝土坝主要有重力坝和拱坝两种形式，其结构和建筑材料相对土坝较为复杂，其放样精度比土坝要求高。

13.2.1　混凝土重力坝的控制测量

1. 基本平面控制网

施工平面控制网一般按两级布设，不多于三级，首级基本控制网多布设成三角网，并应尽可能将坝轴线的两个端点纳入网中作为网的一条边，且按三等以上三角测量的要求施测。大型混凝土坝的基本网兼作变形观测监测网，要求更高，需按一、二等三角测量的要求施测。为了减少安置仪器的对中误差，一般在三角点上建造混凝土观测墩，并在墩顶埋设强制对中设备，以便安置仪器和觇标。施工平面控制网的精度要求是最末一级控制网的点位中误差不超过 ± 10 mm。

2. 坝体控制网

混凝土坝采取分层浇筑，每一层中还分跨分仓（或分段分块）进行浇筑。坝体细部常用方向线交会法和前方交会法放样，为此，坝体放样的控制网（定线网）有矩形网和三角网两种，前者以坝轴线为基准，按施工分段分块尺寸建立矩形网，后者则由基本网加密建立三角网作为定线网。下面仅介绍矩形网。

图 13.9 为直线型混凝土重力坝分层分块浇筑示意图，图 13.10 为以坝轴线 AB 为基准布设的矩形网，它是由若干条平行和垂直于坝轴线的控制线所组成，网格尺寸按施工分段分块的大小而定。实际测设时具体步骤如下：

（1）将全站仪安置在 A 点（或 B 点），照准另一个控制点 B 点（或 A 点），在坝轴线上选取两点，如甲、乙两点。

（2）通过这两点测设与坝轴线相垂直的方向线，由甲、乙两点开始，分别沿垂直方向按分块的宽度钉出 e、f 和 g、h、m 以及 e'、f' 和 g'、h'、m' 等点。

（3）将 ee'、ff'、gg'、hh' 及 mm' 等连线延伸到开挖区外，在两侧山坡上设置 Ⅰ，Ⅱ，…，Ⅴ 和 Ⅰ′，Ⅱ′，…，Ⅴ′ 等放样控制点。

（4）然后在坝轴线方向上，按坝顶的高程，找出坝顶与地面相交的两点 Q 与 Q'。

（5）沿坝轴线按分块的长度钉出坝基点 2，3，…，10。

（6）通过这些点各测设与坝轴线相垂直的方向线，并将方向线延长到上、下游围堰上或两侧山坡上，设置 1′，2′，…，11′和 1″，2″，…，11″等放样控制点。

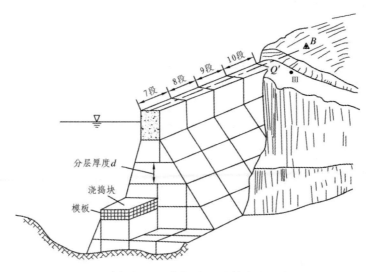

图 13.9　混凝土重力坝分层分块浇筑示意图

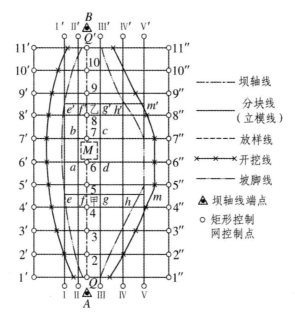

图 13.10　混凝土重力坝坝身控制矩形网

在实施过程中，需要注意每次照准方向测设点位时，都需要用盘左和盘右测设取平均值的方法，这样既可以相互校核又可提高精度，距离也应往返测量，避免发生放线错误。

3. 高程控制网

高程控制分永久性水准点和临时作业水准点两级布设。一级为基本网，负责对水利枢纽整体的高程控制，根据工程的不同要求，按二等或三等水准测量施测，并考虑以后可用作监

261

测垂直位移的高程控制。二级为施工水准点,随施工进度布设,尽可能布设成闭合或附合水准路线,以保证测设的精度。作业水准点多布设在施工区内,应经常由基本水准点检测其高程,如有变化及时改正。

13.2.2 混凝土重力坝的立模放样

13.2.2.1 清基开挖线的放样

清基开挖线是确定坝基自然表面的松散土壤、树根等杂物的清除范围,它的位置根据坝两侧坡脚线、开挖深度和坡度决定。标定开挖线一般采用图解法。和土坝一样先沿坝轴线进行纵横断面测量,绘出纵横断面图,由各横断面图上定坡脚点,获得坡脚线及开挖线如图 13.10 所示。

实地放样时,可用与土坝开挖线放样相同的方法,在各横断面上由坝轴线向两侧量距得开挖点。在清基开挖过程中,还应控制开挖深度,每次爆破后及时在基坑内选择较低的岩面测定高程,并用红漆标明,以便施工人员和地质人员掌握开挖情况。

13.2.2.2 坡脚线的放样

基础清理完毕就可以开始坝体的立模浇筑,立模前首先找出上、下游坝坡面与岩基的接触点,即分跨线上、下游坡脚点。放样的方法很多,下面主要介绍逐步趋近法。

如图 13.11 中,欲放样上游坡脚点 A,可先从设计图上查得坝坡顶 B 的高程 H_B,坡顶距坝轴线的距离为 d,设计的上游坡度为 $1:m$,为了在基础面上标出 A 点,可依据坡面上某一点 C 的设计高程为 H_C,计算距离 S_1:

$$S_1 = d + (H_B - H_C)m \tag{13.3}$$

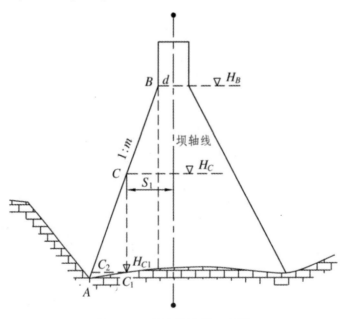

图 13.11　坡脚线放样示意图

求得距离 S_1 后，可由坝轴线沿该断面量一段距离 S_1，得 C_1 点，用水准仪实测 C_1 点的高程 H_{C1}，若 H_{C1} 与设计高程 H_C 相等，则 C_1 点即为坡脚点 A。否则应根据实测的 C_1 点的高程，再求距离得：

$$S_2 = d + (H_B - H_C)m \tag{13.4}$$

再从坝轴线起沿该断面量出 S_2 得 C_2 点，并实测 C_2 点的高程，按上述方法继续进行，逐次接近，直至由量得的坡脚点到坝轴线间的距离，与计算所得距离之差在 1 cm 以内时为止（一般做 3 次趋近即可达到精度要求）。同法可放出其他各坡脚点，连接上游（或下游）各相邻坡脚点，即得上游（或下游）坡面的坡脚线，据此即可按 1 : m 的坡度竖立坡面模板。

13.2.2.3　直线型重力坝的立模放样

在坝体分块立模时，应将分块线投影到基础面上或已浇好的坝块面上，模板架立在分块线上，因此分块线也叫立模，但立模后立模线被覆盖，还要在立模线内侧弹出平行线，称为放样线（图 13.10 中虚线所示），用来立模放样和检查校正模板位置。放样线与立模线之间的距离一般为 0.2 ~ 0.5 m。

1. 方向线交会法

如图 13.10 所示的混凝土重力坝，已按分块要求布设了矩形坝体控制网，可用方向线交会法，先测设立模。如要测设分块 M 的顶点 b 的位置，可在 7′置全站仪，瞄准 7″点，同时在 II 点安置全站仪，瞄准 II′点，两架全站仪视线的交点即为 b 的位置。在相应的控制点上，用同样的方法可交会出该分块的其他 3 个顶点的位置，得出分块 M 的立模线。利用分块的边长及对角线校核标定的点位，无误后在立模线内侧标定放样线的 4 个角点，如图 13.10 中分块 $abcd$ 内的虚线所示。

2. 前方交会（角度交会）法

如图 13.12 所示，由 A、B、C 三控制点用前方交会法先测设某坝块的 4 个角点 d、e、f、g，它们的坐标在设计图纸上查得，从而与三控制点的坐标可计算放样数据交会角。如欲测设 g 点，可算出 β_1、β_2、β_3，便可在实地定出 g 点的位置。依次放出 d、e、f 各角点，同样用分块边长和对角线校核点位，无误后在立模线内侧标定放样线的 4 个角点。

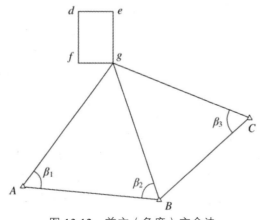

图 13.12　前方（角度）交会法

方向线交会法简易方便，放样速度也较快，但往往受到地形限制，或因坝体浇筑逐步升高，挡住方向线的视线不便放样，因此实际工作中可根据条件把方向线交会法和角度交会法结合使用。

13.2.2.4　混凝土浇筑高度的放样

为了控制新浇混凝土坝块的高程，可先将高程引测到已浇坝块面上，从坝体分块图上查取新浇坝块的设计高程，立模后，再用水准仪根据坝块上设置的临时水准点在模板内侧每隔一定距离放出新浇坝块的高程，并以规定的符号标明，以控制浇筑高度。

13.2.3　拱坝的立模放样

拱坝坝体的立模放样，传统的方法一般多采用前方交会法。而目前工程上基本利用全站仪进行放样，即只需将控制点坐标和放样点坐标上传至全站仪，基于全站仪放样方法就可准确地放样出设计曲线。但对拱坝而言，很多工程上设计时使用了很复杂的曲线，因此在施工过程中需要现场准确、快速地确定复杂曲线上点的实际坐标，下面以某拦河拱坝为例，介绍基于全站仪对拱坝放样前所需的数据准备工作，即首先计算放样点坐标，然后计算放样数据的方法。

图 13.13 为某水利枢纽工程的拦河拱坝，坝迎水面的半径为 243 m，以 115° 夹角组成一圆弧，弧长为 487.732 m，分为 26 跨，按弧长编成桩号，从 0+13.268～5+01.000（加号前为百米）。施工坐标平面 XOY，以圆心 O 与 12、13 坝段分跨线（桩号 2+40.000）为 X 轴，为避免坝体细部点的坐标出现负值，令圆心 O 的坐标为（500.000，500.000）。

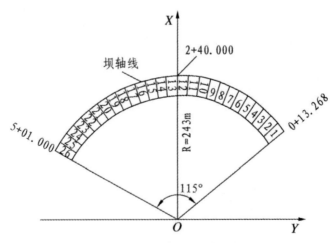

图 13.13　某水利枢纽的拦河拱坝

现以第 11 跨的立模放样为例介绍放样数据的计算，图 13.14 是第 11、12 坝段分块图，图中尺寸从设计图上获得，每坝段分 3 块浇筑，中间第二块在浇筑一、三块后浇筑，因此只要放出一、三块的放样线（图中虚线所示 $a_1a_2b_2c_2d_2d_1c_1b_1$ 及 $a_3a_4b_4c_4d_4d_3c_3b_3$）。放样数据计算时，应先算出各放样点的施工坐标，然后计算交会所需的放样数据。

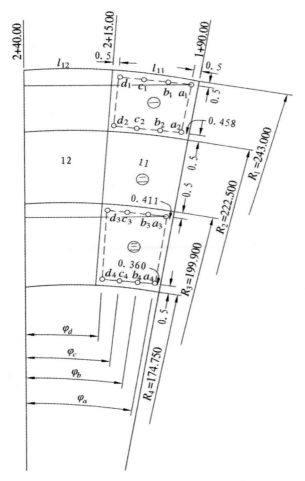

图 13.14　拱坝立模放样数据计算（长度单位：m）

13.2.3.1　放样点施工坐标计算

由图 13.14 可知，放样点的坐标可按下列各式求得：

$$\left.\begin{aligned} x_{ai} &= x_O + \left[R_i + (\mp0.5)\right]\cos\varphi_a \\ y_{ai} &= y_O + \left[R_i + (\mp0.5)\right]\sin\varphi_a \end{aligned}\right\} \quad (i=1,\ 2,\ 3,\ 4) \qquad (13.5)$$

$$\left.\begin{aligned} x_{bi} &= x_O + \left[R_i + (\mp0.5)\right]\cos\varphi_b \\ y_{bi} &= y_O + \left[R_i + (\mp0.5)\right]\sin\varphi_b \end{aligned}\right\} \quad (i=1,\ 2,\ 3,\ 4) \qquad (13.6)$$

$$\left.\begin{aligned} x_{ci} &= x_O + \left[R_i + (\mp0.5)\right]\cos\varphi_c \\ y_{ci} &= y_O + \left[R_i + (\mp0.5)\right]\sin\varphi_c \end{aligned}\right\} \quad (i=1,\ 2,\ 3,\ 4) \qquad (13.7)$$

$$\left.\begin{aligned} x_{di} &= x_O + \left[R_i + (\mp0.5)\right]\cos\varphi_d \\ y_{di} &= y_O + \left[R_i + (\mp0.5)\right]\sin\varphi_d \end{aligned}\right\} \quad (i=1,\ 2,\ 3,\ 4) \qquad (13.8)$$

式中：$(x_O,\ y_O)$ 为圆心 O 点的坐标；0.5 m 为放样线与圆弧立模线的间距；$i=1$, 3 时取 "－"，$i=2$, 4 时取 "＋"。

$$\varphi_a = \left[l_{12} + l_{11} - 0.5 \right] \times \frac{1}{R_1} \times \frac{180°}{\pi}$$

$$\varphi_b = \left[l_{12} + l_{11} - 0.5 - \frac{1}{3}(l_{11} - 1) \right] \times \frac{1}{R_1} \times \frac{180°}{\pi}$$

$$\varphi_c = \left[l_{12} + l_{11} - 0.5 - \frac{2}{3}(l_{11} - 1) \right] \times \frac{1}{R_1} \times \frac{180°}{\pi}$$

$$\varphi_d = \left[l_{12} + l_{11} - 0.5 - \frac{3}{3}(l_{11} - 1) \right] \times \frac{1}{R_1} \times \frac{180°}{\pi}$$

根据上述各式算得第三块放样点的坐标见表 13.1。

表 13.1　第 11 跨第三浇筑块放样点坐标

坐标	a_3	b_3	c_3	d_3	a_4	b_4	c_4	d_4	相应圆心角
x	695.277	696.499	697.508	698.303	671.626	672.700	673.587	674.286	φ_a=11°40′17″ φ_b=9°47′07″
y	540.338	533.889	527.402	520.886	535.453	529.784	524.084	518.357	φ_c=7°53′56″ φ_d=6°00′45″

由于 a_i、d_i 位于径向放样线上，只有 a_1 与 d_1 至径向立模线的距离为 0.5 m，其余各点(a_2、a_3、a_4 及 d_2、d_3、d_4)到径向分块线的距离，可由 $\frac{0.5}{R_1} R_i$ 求得，分别为 0.458 m、0.411 m 及 0.360 m。

13.2.3.2　交会放样点的数据计算

如果采用角度交会法，则要计算放样数据。图 13.14 中，a_i、b_i、c_i、d_i 等放样点是用角度交会法放样到实地的。例如，图 13.15 中放样点 a_4 是由标 2、标 3、标 4 三个控制点，用 β_1、β_2、β_3 三个交会角交会而得，标 1 也是控制点，它的坐标也是已知的，如果是测量坐标，应转算为施工坐标，便于计算放样数据。在这里控制点标 1 作为定向点，即仪器安置在标 2、标 3、标 4，以瞄准标 1 为交会角的起始方向。交会角 β_1、β_2、β_3 是根据放样点的坐标与控制点的坐标反算求得，如图 13.15 所示，标 2、标 3、标 4 的坐标与标 1 的坐标计算定向方位角 α_{21}、α_{31}、α_{41}，与放样点 a_4 的坐标计算放样点的方位角 α_{2a4}、α_{3a4}、α_{4a4}，相应方位角相减，得 β_1、β_2、β_3 的角值。有时可不必算出交会角，利用算得的方位角直接交会。例如全站仪安置在标 2，瞄准定向点标 1，使度盘读数为 α_{21}，而后转动度盘使读数为 α_{2a4}，此时视线所指为标 2-a_4 方向，同样全站仪分别安置在标 3 及标 4，得标 3-a_4 及标 4-a_4 两条视线，这三条视线相交，用角度交会法定出放样点 a_4。

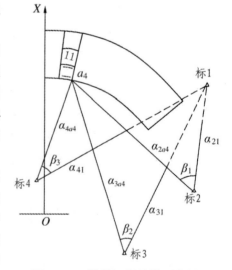

图 13.15　拱坝细部放样示意图

放样点测设完毕，应丈量放样点间的距离，是否与计算距离相等，以资校核。

13.3　水闸施工测量

　　水闸是具有挡水和泄水双重作用的水工建筑物，一般由上游连接段、闸室段和下游连接段三大部分组成，如图 13.16 所示。闸室段是水闸的主体，由闸门、闸底板、闸墩和岸墙等组成，闸室上还有工作桥和交通桥。闸室的进、出口和上、下游河岸及河床连接处均有连接构筑物，以防止水流的冲刷和振动，确保闸室的安全。上游、下游连接段包括翼墙、护坦、消能池、护坡等。

　　施工放样时，应先放出整体基础的开挖线。在基础浇筑时，为了在底板上预留闸墩和翼墙的连接钢筋，应放出闸墩和翼墙的位置。水闸的施工测量主要包括水闸控制测量、水闸底板测设以及闸墩和下游溢流面的测设等。

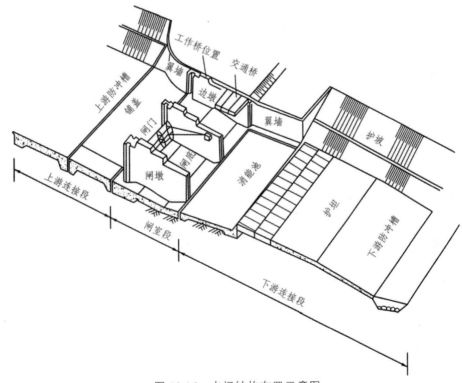

图 13.16　水闸结构布置示意图

13.3.1　水闸主轴线的测设

　　如图 13.17 所示，水闸主轴线由闸室中心线 AB（横轴）和河道中心线 CD（纵轴）两条相互垂直的直线组成。主轴线定出后，应在交点检测它们是否垂直，若误差超过 10″，应以闸室中心线为基准，重新测设一条与它垂直的直线作为纵向主轴线，其测设误差应小于 10″。

主轴线测定后，应向两端延长至施工范围之外，每端各埋设两个固定标志以表示方向。水闸主轴线的测设步骤如下：

（1）从水闸设计图计算出 AB 轴线的端点 A、B 的坐标，并将施工坐标换算为测图坐标，再根据控制点进行放样。

（2）采用距离精密测量的方法测定 AB 的长度，并标定中点 O 的位置。

（3）在 O 点安置全站仪，采用正倒镜的方法测设 AB 的垂线 CD。

（4）将 AB 的两端延长至施工范围外（A'、B'），并埋设两固定标志，作为检查端点位置及恢复端点的依据。在可能的情况下，轴线 CD 也延长至施工范围以外（C'、D'），并埋设固定标志。

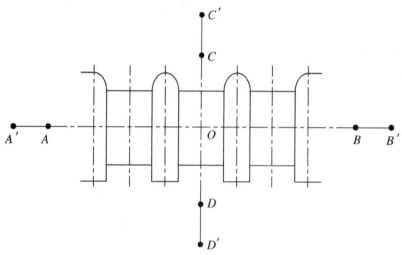

图 13.17　水闸主轴线测设

13.3.2　高程控制网的建立

高程控制一般采用三等或四等水准测量方法测定。水准基点布设在河流两岸不受施工影响的地方，如图 13.18 中的 BM_1 和 BM_2 点，它们与国家水准点联测，作为闸的高程控制点。BM_3 与 BM_4 为布设在水闸基坑内的临时水准点，用来控制闸的底部高程。

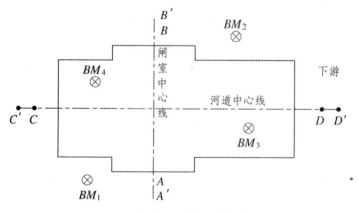

图 13.18　高程控制网的建立

13.3.3 基础开挖线的放样

水闸基坑开挖线是由水闸底板、翼墙护坡等与地面的交线决定的。一般先绘制基坑开挖图，计算放样数据，再到实地放样。开挖图可绘在毫米方格纸上，选用一定的比例尺，绘出基坑底的周界，再按闸底高程、地面高程以及采用的边坡画出开挖线。如图 13.19 所示为某基坑开挖图，$1''$，$2''$，…，$6''$为基坑底的周界，1，2，…，6 为开挖线。

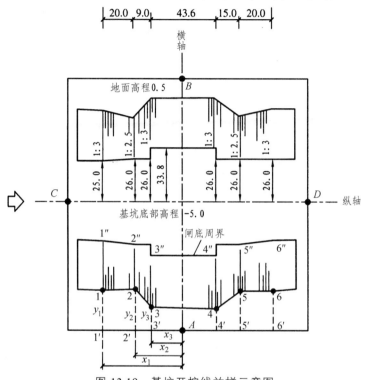

图 13.19　基坑开挖线放样示意图

基坑开挖线的放样，就是在实地定出开挖线的转折点，如图 13.19 所示的 1，2，…，6 等点，一般可用直角坐标法。在开挖图上以闸室中心线 A 点和 B 点的连线为 y 轴，以河道中心线 C 点和 D 点的连线为 x 轴，则 1，2，…，6 等转折点的坐标分别为 $(x_1，y_1)$，$(x_2，y_2)$，…，$(x_6，y_6)$，其值可从图上量算。而后在实地打桩标定并测出各桩的地面高程，如果测得高程与开挖图上的高程相差过大，则桩的位置需要调整。例如：实测高程比开挖图上的地面高程高出 0.5 m，则在边坡为 1∶3 的情况下，桩应向外移动 1.5 m；若低 0.5 m，则应向里移动 1.5 m。

当基坑挖到接近底板高程时，一般应预留 0.3 m 左右的保护层，待底板浇筑时再挖去，以免间隙时间过长，清理后的地基受雨水冲刷而变化。在挖去保护层时，要用水准仪测定地面高程，测定误差不能大于 10 mm。

13.3.4 水闸底板的放样

13.3.4.1 底板放样的任务

底板是闸室和上、下游翼墙的基础，闸孔较多的大中型水闸底板是分块浇筑的。

（1）底板立模线的标定和装模高度的控制，放出每块底板立模线的位置，以便立模浇筑。底板浇筑完后，要在地板上定出主轴线、各闸孔中心线和门槽控制线，并弹墨标明。

（2）翼墙和闸墩位置及其立模线的标定，以闸室轴线为基准标出闸墩和翼墙的立模线，以便安装模板。

13.3.4.2 底板放样的方法

如图 13.20 所示，在主要轴线的交点 O 安置全站仪，照准 A 点（或 B 点）后向左右旋转 90° 后确定方向（CD 方向），在此方向上根据底板的设计尺寸分别向上、下游各测设底板长度的一半，得 G、H 两点。

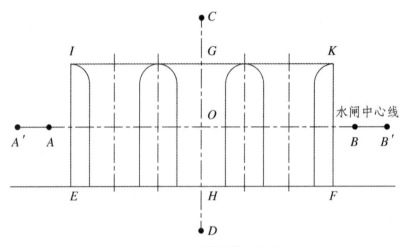

图 13.20 闸底板放样示意图

在 G、H 点上分别安置全站仪，测设与 CD 轴线相垂直的两条方向线，两方向线分别与边墩中线的交于点 E、F、I、K，此四点为闸墩底板的四个角点。

如果量距有困难，可用 A、B 点作为控制点，根据闸底板四个角点与 A、B 两点的相对位置，可推算四个角点的坐标，再反算出放样角度，用前方交会法放样出四个角点。

如果要放样 K 点，先按式（13.9）计算 AK、BK、AB、BA 的方位角：

$$\left.\begin{array}{l} \alpha_{AK} = \arctan \dfrac{y_K - y_A}{x_K - x_A} \\[2mm] \alpha_{BK} = \arctan \dfrac{y_K - y_B}{x_K - x_B} \\[2mm] \alpha_{AB} = \arctan \dfrac{y_B - y_A}{x_B - x_A} \\[2mm] \alpha_{BA} = \arctan \dfrac{y_A - y_B}{x_A - x_B} \end{array}\right\} \qquad (13.9)$$

然后在 A 点（或 B 点）安置全站仪，瞄准 B 点并使水平度盘的读数等于 α_{AB}（或 α_{BA}），旋转望远镜使水平度盘的读数等于 α_{AK}（或 α_{BK}），得到方向线 AK（或 BK），则这两条方向线的交点即为 K 点位置。同理，可计算并测设出其他交点 E、F、I 点。

13.3.4.3　高程放样

测设浇筑混凝土底板的高程时，一般在模板的内侧，定出若干点，使它们的高程等于底板的设计高程，在模板内侧四周钉上小钉（间距 3 ~ 5 m），并涂以红漆作为标志。

13.3.5　水闸闸墩的放样

闸墩的放样，是先放出闸墩中线，再以中线为依据放样闸墩的轮廓线。根据计算出的放样数据，以轴线 AB 和 CD 为依据，在现场定出闸孔中心线、闸墩线、闸底板的边线等。水闸基础的混凝土垫层打好后，在垫层上再精确地放出主要轴线和闸墩中线，根据闸墩中线测设出闸墩平面位置的轮廓线。

为使水流通畅，一般闸墩上游设计成椭圆曲线。所以，闸墩平面位置轮廓线的放样分为直线和曲线两部分。

直线部分的放样：根据平面图上设计的尺寸，以闸室中心线与闸墩中线的交点为坐标原点用直角坐标法放样，这里不再赘述。

曲线部分的放样：如图 13.21 所示，只要测设出半个曲线，则另一半可根据对称性测设出对应的点。一般采用极坐标法进行测设，具体步骤如下：

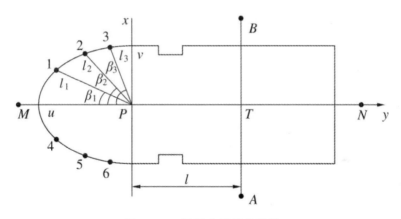

图 13.21　闸墩曲线部分放样

13.3.5.1　放样数据的计算

将曲线分为几段（分段数的多少根据闸墩的大小、工程等级及施工方法确定），计算出曲线上相隔一定距离点（如 1、2、3 点）的直角坐标，再计算出椭圆的对称中心点 P 至各点的放样数据 β_i 和 l_i。

具体计算如下：

（1）设 P 为闸墩椭圆曲线的几何中心，以 P 点为原点作直角坐标系，则 Pu 和 Pv 的距离可从设计图上量取，设 a=Pu 的距离，b=Pv 的距离，则椭圆的方程为 $\dfrac{x^2}{b^2}+\dfrac{y^2}{a^2}=1$。

（2）假设 1、2、3 点的纵坐标 x_1、x_2、x_3 确定，代入椭圆方程计算对应的横坐标 y_1、y_2、y_3。

（3）参照式（13.9）计算 Pu、$P1$、$P2$、$P3$ 的方位角 α_{Pu}、α_{P1}、α_{P2}、α_{P3}，则有 $\beta_i = \alpha_{Pi} - \alpha_{Pu}$（$i=1$，2，3）。

（4）根据1、2、3点的坐标计算长度 l，计算公式为 $l_i = \sqrt{x_i^2 + y_i^2}$（$i=1$，2，3）。

（5）在图上量取 T、P 两点的距离。

13.3.5.2 放样方法

根据 T，测设距离 l 定出 P，在 P 点安置全站仪，以 PM 方向为后视，用极坐标法放样1、2、3等点。同样方法可放样出与1、2、3点对称的4、5、6点。

闸墩各部位的高程，根据施工场地布设的临时水准点，按高程放样方法在模板内侧标出高程点。随着墩体的增高，可在墩体上测定一条高程为整米数的水平线，并用红漆标出来，作为继续往上浇筑时量算高程的依据，也可用钢卷尺从已浇筑的混凝土高程点上直接丈量放出设计高程。

13.3.6 水闸下游溢流面的测设

为了减小水流通过闸室下游时的能量，常把闸室下游溢流面设计成抛物面。由于溢流面的横剖面是一条抛物线，因此，横剖面上各点的设计高程是不同的。抛物线的方程式注写在设计图上，根据放样的要求和精度，可选择不同的水平距离。

通过计算横剖面上相应点的高程，才能放出抛物面，如图 13.22 所示，其放样步骤如下：

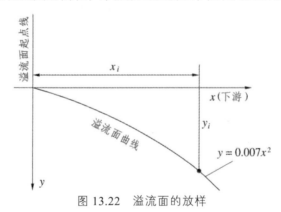

图 13.22　溢流面的放样

（1）局部坐标系的建立。以闸室下游水平方向线为 x 轴，闸室底板下游变坡点为溢流面的原点，通过原点的铅垂方向为 y 轴，即溢流面的起始线。

（2）沿 x 轴方向每隔 1~2 m 选择一点，则抛物线上各相应点的高程为 $H_i=H_0 - y_i$（$i=1$，2，3）。式中：H_i 为放样点的设计高程；H_0 为溢流面的起始高程，可从设计的横剖面图上查得；y_i 为与 O 点相距水平距离为 x_i 的 y 值，即高差，$y=0.007x^2$（假定为溢流面的设计曲线）。

（3）在闸室下游两侧设置垂直的样板架，根据选定的水平距离，在两侧样板架上作一垂线。用水准仪放样已知高程点的方法，在各垂线上标出相应点的位置。

（4）连接各高程标志点，得设计的抛物面与样板架的交线，即得设计溢流面的抛物线。施工员根据抛物线安装模板，浇筑混凝土后即为下游溢流面。

13.4　大坝变形观测

大坝变形是指由于外力作用或外界（如水的压力变化、渗透、侵蚀和冲刷，温度变化与地震等）的影响以及内部应力的作用等，使大坝产生沉陷、位移、挠曲、倾斜及裂缝等变化。

当变形值在一定限度内时，可认为是正常现象。如果超过了规定的限度，就会影响大坝的正常使用，严重时还会危及大坝和人民生命财产的安全。因此，在大坝的施工、使用和运营期间，必须对其进行必要的变形监测。

大坝变形监测是指利用专门的仪器和设备测定大坝及其地基在荷载和外力作用随时间而变形的测量工作，包括内部监测和外部监测两部分。内部变形监测是指对大坝的内部应力、温度变化的测量，动力特性及其加速度的测定等。外部变形监测又称变形观测，是指对大坝沉降观测、位移观测、倾斜观测、裂缝观测、挠度观测等。

本节主要介绍大坝变形观测，包括垂直位移观测、水平位移观测和挠度观测。

13.4.1　变形观测的精度和频率

13.4.1.1　变形观测精度

变形观测精度指变形观测误差的大小。因为变形观测的结果直接关系到大坝的安全，影响对变形原因和变形规律的正确分析，和其他测量工作相比，变形观测必须具有更高的精度。《混凝土坝安全监测技术规范》（DL/T5178—2016）规定见表 13.2。

表 13.2　大坝变形监测项目与精度要求

项　　目			位移量中误差限值
水平位移/mm	坝体	重力坝、支墩坝	±1.0
		拱坝　径向	±2.0
		拱坝　切向	±1.0
	坝基	重力坝、支墩坝	±0.3
		拱坝　径向	±0.3
		拱坝　切向	±0.3
坝体、坝基垂直位移/mm		坝体	±1.0
		坝基	±0.3
倾斜/（″）		坝体	±5.0
		坝基	±1.0
坝体表面接缝和裂缝/mm			±0.2
近坝区岩体和边坡/mm		水平位移	±2.0
		垂直位移	±2.0
滑坡体/mm		水平位移	±3.0（岩质边坡）
			±5.0（土质边坡）
		垂直位移	±3.0（岩质边坡）
			±5.0（土质边坡）
		裂缝	±1.0

13.4.1.2 变形观测频率

变形观测频率取决于变形值的大小和变形速度，同时与观测目的也有关系。变形观测频率通常具有周期性观测和动态观测的特点。

（1）周期性观测：多次重复观测，第一次称初始周期或零周期。每一周期的观测方案、使用仪器、作业方法及观测人员都要一致。周期性观测是大坝变形观测最大的特点。

大坝在施工过程中，一般频率较大，有3天、7天、15天三种周期，到了竣工投产以后，一般频率较小，有1个月、2个月、3个月、6个月及1年等周期。

在施工过程中也可以按荷载增加的过程进行观测，即从观测点埋设稳定后进行第一次观测，当荷载增加到25%时观测1次，以后每增加15%观测1次。竣工后，一般第一年观测4次，第二年观测2次，以后每年观测1次，直至变形稳定。混凝土坝安全监测项目测次按表13.3确定。

（2）动态观测：连续性观测。如急剧变化期的大坝洪水期、地震期等应做持续性的动态监测；对扭转、震动等变形须做动态观测。

混凝土坝安全监测项目测次表见表13.3。

表13.3　混凝土坝安全监测项目测次表（节选）

监测项目	施工期	首次蓄水期	初蓄期	运行期
位移	1次/旬～1次/月	1次/天～1次/旬	1次/旬～1次/月	1次/月
倾斜	1次/旬～1次/月	1次/天～1次/旬	1次/旬～1次/月	1次/月
大坝外部接缝、裂缝	1次/旬～1次/月	1次/天～1次/旬	1次/旬～1次/月	1次/月
近坝区岸坡稳定	2次/月～1次/月	2次/月	1次/月	1次/季
大坝内部接缝、裂缝	1次/旬～1次/月	1次/天～1次/旬	1次/旬～1次/月	1次/月～1次/季
坝区水平位移监测网	取得初始值	1次/季	1次/年	1次/年
坝区垂直位移监测网	取得初始值	1次/季	1次/年	1次/年

注：表中测次，均系正常情况下人工测读的最低要求，特殊时期（如大洪水期、地震期等）应增加测次。监测自动化可根据需要，适当增加测次。

13.4.2 垂直位移观测

垂直位移观测是指测定大坝在铅垂方向上的位移变化情况，一般多采用精密水准测量方法。现介绍如下。

13.4.2.1 测点布设

用于垂直位移观测的测点一般分为三级：水准基点、工作基点和垂直位移标点。

水准基点：垂直位移观测的基准点，一般应埋设在坝外地基坚实稳固（基岩）、不受大坝变形影响、便于引测的地方。为了互相校核是否有变动，一般应埋设3个以上。

工作基点：由于水准点一般离坝较远，为方便施测，通常在每排位移标点的延长线上，即在大坝两端的山坡上，选择地基坚实的地方埋设工作基点作为施测位移标点的依据。故工作基点的高程与该排位移标点的高程相差不宜过大。工作基点的结构可按一般水准点的要求进行埋设。

垂直位移标点：为了便于将大坝的水平位移及垂直位移结合起来分析，在水平位移标点上，埋设一个半圆形的铜质标志作为垂直位移标点，但有特殊需要的部位，应加设垂直位移标点。

13.4.2.2　观测方法及精度要求

垂直位移通常采用精密水准测量定期观测。具体步骤为：首先校测工作基点的高程，然后再根据工作基点测定各位移标点的高程，将首次测得的位移标点高程与本次测得的高程相比较，其差值即为两次观测时间间隔内位移标点的垂直位移量。按规定垂直位移向下为正，向上为负。

工作基点的校测：由水准基点出发，测定各工作基点的高程，以校核工作基点是否变动。水准基点与工作基点一般构成水准环线。施测时，对于土石坝按二等水准测量的要求进行施测，其环线闭合差不得超过 $\pm 2 \text{ mm} \sqrt{L}$（$L$ 为环线长，以 km 计）。对于混凝土应按一等水准测量的要求进行施测，其环线闭合差不得超过 $\pm 1 \text{ mm} \sqrt{L}$。

垂直位移标点的观测：由工作基点出发，测定各位移点的高程，再附合到另一基点上（也可往返施测或构成闭合环形）。对于土石坝可按三等水准测量的要求施测，对于混凝土坝应按一等或二等水准测量的要求施测。

13.4.2.3　观测成果处理

一个观测点垂直位移变形值的过程线是以时间为横轴，以垂直位移累计变形值为纵轴绘制的曲线。观测点变形值过程线可以明显地反映出变形的趋势、变形的规律和变形的幅度。

1. 编制、填写垂直位移变形值报表

根据观测记录或计算结果，将观测点的变形值编制成表格。表 13.4 为某大坝 1 号观测点在 2020 年 5 月至 2021 年 10 月间垂直位移综合表。

2. 绘制观测点垂直位移变形值过程线

图 13.23 是根据表 13.4 绘制的某大坝 1 号观测点的垂直位移变形值过程线。

表 13.4　某观测点垂直位移综合表

观测点号	累计垂直位移/mm								
	2020 年								2021 年
	5 月 15 日	6 月 16 日	7 月 15 日	8 月 15 日	9 月 16 日	10 月 16 日	11 月 15 日	12 月 15 日	1 月 15 日
1	0	−0.62	−1.42	−1.85	−1.30	−0.90	−0.60	+0.40	+1.10

观测点号	累计垂直位移/mm								
	2021 年								
	2 月 15 日	3 月 15 日	4 月 15 日	5 月 15 日	6 月 16 日	7 月 16 日	8 月 15 日	9 月 15 日	10 月 15 日
1	+2.32	+2.89	+2.30	+0.37	−0.90	−2.01	−2.75	+0.17	+0.66

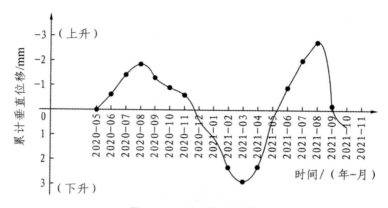

图 13.23　垂直位移曲线

3. 实测变形值过程线的修匀

由于观测是定期进行的，所得成果在变形值过程线上是孤立的几个点。若直接连接，则得到的是一条折线，如图 13.24（a）中的实线所示。为了更确切地反映大坝的变形规律，须将折线修匀成圆滑的曲线。常用的修匀方法是"三点法"。

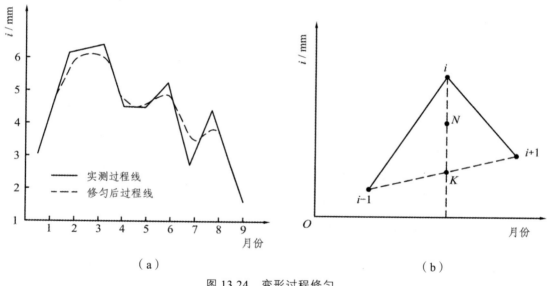

（a）

（b）

图 13.24　变形过程修匀

如图 13.24（b）中（i-1）、i、（i+1）为实测变形过程中相邻的三个点。"三点法"修匀的具体步骤为：首先，用直尺将（i-1）和（i+1）相连，求取此线与过 i 点的纵轴平行线的交点 K；然后，在直线 iK 上求取 N 点，使 $l_{NK} = \dfrac{P_i}{[P]} l_{iK}$（其中[$P$]=$P_{i-1}$+$P_i$+$P_{i+1}$，$P_{i-1}$、$P_i$、$P_{i+1}$ 分别为三点根据实测情况决定的权值），则点 N 即为 i 的修正位置。图 13.24（b）中 N 点是根据 P_{i-1}=P_{i+1}=1，P_i=4 求取的，图 13.24（a）中的虚线是根据"三点法"修匀后的过程线。

4. 数据分析

根据图 13.24（a）曲线，分析建筑物的变形规律，判断建筑物的安全程度和预报未来变形的范围，对工程管理提出改进意见。

13.4.3 水平位移观测

水平位移观测的方法有视准线法，引张线法，激光准直法，正、倒垂线法和前方交会法等多种方法，下面仅介绍常用的视准线法。

13.4.3.1 观测原理

如图 13.25 所示，在坝端两岸山坡上设置固定工作基地 A 和 B，在坝面沿 AB 方向上设置若干位移标点 a、b、c、d 等。将全站仪安置在基点 A，照准另一基点 B，构成视准线，作为观测坝体水平位移的基准线。以第一次测定各位移观测点垂直于视准线的距离（偏离值）l_{a0}、l_{b0}、l_{c0}、l_{d0} 作为起始数据。相隔若干时间后，同样的方法重新测得各位移点相对视准线的偏离值 l_{a1}、l_{b1}、l_{c1}、l_{d1}，前后两次测得的偏离值不等，其差值如 a 点的差值 $\delta_{a1} = l_{a1} - l_{a0}$，即为第一次到第二次时间内，$a$ 点垂直于视准线方向的位移值。同理，可算出其他各点的水平位移值，从而了解坝体各部位的水平位移情况。一般规定，水平位移值向下游为正，向上游为负，向左岸为正，向右岸为负。

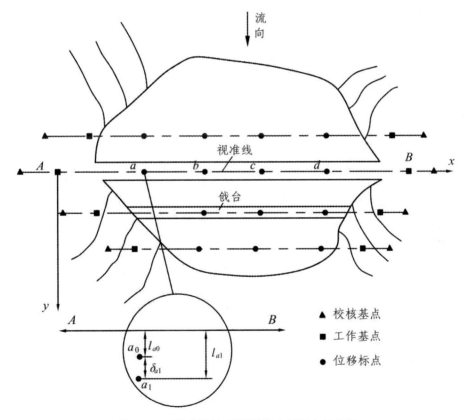

图 13.25　视准线法观测原理及观测点的布设

13.4.3.2 观测点的布设

土石坝观测点的布设情况见图 13.25。平行于坝轴线的测线不宜少于 4 条，宜在坝顶的上、下游两侧设 1～2 条；在迎水面最高水位以上的坝坡上布设 1 条；在下游坝坡 1/2 坝高以上设 1~3 条，在 1/2 坝高以下设 1~2 条（含坡脚 1 条）。对于测点间距，一般坝轴线长度小于 300 m 时，宜取 20~50 m；坝轴线长度大于 300 m 时，宜取 50~100 m。在薄弱部位，如最大坝高处、地质条件较差等坝段应当增设位移标点。为了掌握大坝横断面的变化情况，力求使各排测点都在相应的横断面上。

视准线的工作基点应在两岸每纵排视准线测点的延长线上各布设 1 个，其高程与测点高程相近，工作基点宜建立在岩石或坚实土基上。校核基点应设在两岸同排工作基点连线的延长线的稳定基础上，两岸各设 1~2 个。

对于混凝土坝，若坝体较短、条件有利，坝体水平位移也可采用视准线法。测点布置一般在坝顶上每一坝块布设 1~2 个位移标点。

13.4.3.3 观测的仪器和设备

1. 观测仪器

用视准线法观测水平位移，关键在于提供一条方向线。一般采用 0.5″~1″级全站仪或大坝视准仪进行观测。

2. 观测设备

（1）工作基点及校核基点。需要建造专用的观测墩，用以安置仪器和专用的觇标和棱镜，观测墩一般用钢筋混凝土浇筑而成（图 13.26），其顶部埋设强制对中设备，以减少仪器、觇标和棱镜的对中误差（可使对中误差不大于 0.1 mm）。

（2）位移标点。位移标点的标墩应与坝体连接，从坝面以下 0.3~0.4 m 处开始浇筑。其顶部也应埋设强制对中设备，常常还在位移标点的基脚或顶部设铜质标志，兼作垂直位移的标点。

（3）觇标。觇标分固定觇标和活动觇标。前者是安置在工作基点上，供全站仪瞄准构成视准线用；后者是安置在位移标点上，供全站仪瞄准以测定位移标点的偏离值用。图 13.27 为觇牌式活动觇标，其上附有微动螺旋和游标，可使觇牌分划尺左右移动，利用游标读数，一般可读至 0.1mm。

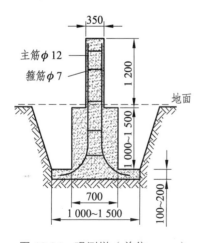

图 13.26 观测墩（单位：mm）

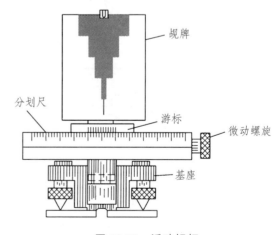

图 13.27 活动觇标

13.4.3.4 观测方法

如图13.25所示，在工作基点A安置全站仪，B安置棱镜，在位移标点a安置活动觇标，用全站仪瞄准B点上的棱镜作为固定视线，然后俯下望远镜照准a点，并指挥另一人员移动觇牌，直至觇牌中丝恰好落在望远镜的竖丝上时发出停止信号，随即由该人员在觇牌上读取读数。转动觇牌微动螺旋重新瞄准，再次读数，如此共进行2~4次，取其读数的平均值作为上半测回的成果。倒转望远镜，按上述方法测下半测回，取上下两半测回读数的平均值为1测回的成果。一般来说，当用1″级全站仪观测，测距在300 m以内时，可测2~3测回，其测回差不得大于3 mm，否则应重测。

13.4.3.5 观测成果处理

1. 编制、填写水平位移变形值报表

根据观测记录或计算结果，将观测点的变形值编制成表格。表13.5为某大坝2号观测点在2020年10月至2022年3月间的水平位移综合表。

2. 绘制观测点水平位移变形值过程线

图13.28是根据表13.5绘制的某大坝2号观测点的水平位移变形值过程线，图中横轴表示时间，纵轴表示观测点的累计水平位移值。

表13.5 某观测点水平位移综合表

观测点号	累计水平位移/mm								
	2020年			2021年					
	10月5日	11月5日	12月6日	1月5日	2月6日	3月5日	4月6日	5月5日	6月6日
2	0	+0.80	+2.05	+2.80	+1.83	+0.61	−0.62	−1.43	−2.00

观测点号	累计水平位移/mm								
	2021年						2022年		
	7月6日	8月5日	9月4日	10月6日	11月5日	12月6日	1月5日	2月5日	3月4日
2	−2.65	−2.43	−1.51	−0.20	+2.03	+2.50	+2.84	+1.10	-1.10

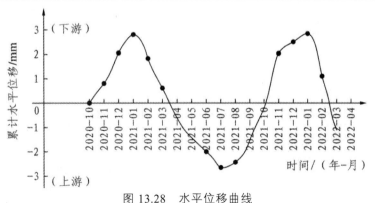

图13.28 水平位移曲线

3. 实测变形值过程线的修匀

水平位移实测变形值过程线的修匀同垂直位移。

4. 数据分析

根据上述曲线,分析建筑物的变形规律,判断建筑物的安全程度和预报未来变形的范围,对工程管理提出改进意见。

13.4.4 挠度观测

坝体的挠度观测,一般用于混凝土坝,它是在坝体内设置铅垂线作为标准线,然后测量坝体不同高度相对于铅垂线的位移情况(如图13.29所示),以测得各点的水平位移,从而得知坝体的挠度。设置铅垂线的方法有正垂线和倒垂线两种,因此挠度观测也有相应的正垂线挠度观测和倒垂线挠度观测两类。

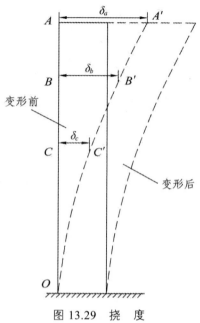

图 13.29 挠 度

13.4.4.1 正垂线观测坝体挠度

如图13.30所示,正垂线是在坝内的观测井或宽缝等上部悬挂的带有重锤的不锈钢丝,提供一条铅垂线作为标准线。它是由悬挂装置、夹线装置、钢丝、重锤及观测台等组成的。悬挂装置及夹线装置一般是在竖井墙壁上埋设角钢进行安置。

由于垂线挂在坝体上,它随坝体位移而位移,若悬挂在坝顶,在坝基上设置观测点,即可测得相对于坝基的水平位移[图13.30(a)]。如果在坝体不同高度埋设夹线装置,在某一点把垂线夹紧,即可在坝基下测得该点相对坝基的水平位移。依次测得不同高度相对坝基的水平位移,从而求得坝体的挠度[图13.30(b)]。

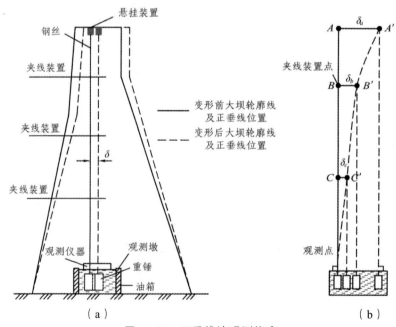

图 13.30 正垂线法观测挠度

坝体挠度曲线的绘制：首先，以各测点相对基准点的水平位移值为横轴，各测点所在位置的高程为纵轴，建立坐标系。然后，将同一垂直横断面上不同高程各点的水平位移标绘上，就得到该断面的挠度曲线（图13.31）。

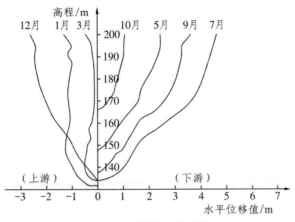

图 13.31　坝体挠度曲线

13.4.4.2　倒垂线观测坝体挠度

倒垂线的结构与正垂线相反，它是将钢丝一端固定在坝基深处，上端牵以浮托装置，使钢丝成一固定的倒垂线，一般由锚固点、钢丝、浮托装置和观测台组成（图13.32）。锚固点是倒垂线的支点，要埋在不受坝体荷载影响的基岩深处，其深度一般约为坝高的 1/3 以上，钻孔应铅直，钢丝连接在锚块上。

由于倒垂线可以认为是一条位置固定不变的铅垂线。因此，在坝体不同高度上设置观测点，测定各观测点与倒垂线偏离值的变化，即可求得各点的位移值。如图 13.32 所示，变形前 C 点与铅垂线的偏离值为 l_c，变形后的偏离值为 l_c'，则其位移值为 $\delta_c = l_c' - l_c$，测出坝体不同高度上各点的位移值，即可求得坝体的挠度。

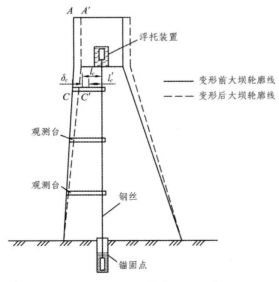

图 13.32　倒垂线法观测挠度

挠度观测可以测定坝体不同高度两个水平方向的位移情况。在实际工作中，对于混凝土重力坝，挠度观测除了可以测定垂直于坝轴线方向位移外，还可以测定平行于坝轴线方向的位移。对于拱坝，除了可测定径向位移外，还可测定切向位移。挠度观测是采用光学坐标仪或遥测坐标仪测定两个水平方向的测值以求得其位移。

习　题

13.1 如何确定土坝的坝轴线？坝身控制线如何测设？

13.2 什么是坡脚线？土坝坡脚线放样有哪两种方法？

13.3 混凝土重力坝施工控制测量的内容有哪些？直线型重力坝立模放样通常采用什么方法？

13.4 水闸的施工测量主要包括哪些？水闸闸墩放样的步骤是什么？

13.5 大坝水平位移观测的方法有哪些？简述视准线法观测水平位移的方法。

参 考 文 献

[1] 廖春洪，王世奇. 建筑施工测量[M]. 北京：中国地质大学出版社，2011.

[2] 刘星，吴斌主. 工程测量学[M]. 3 版. 重庆：重庆大学出版社，2015.

[3] 顾孝烈，鲍峰，程效军. 测量学[M]. 5 版. 上海：同济大学出版社，2016.

[4] 陈秀忠，常玉奎，金荣耀. 测量学[M]. 北京：清华大学出版社，2013.

[5] 覃辉，伍鑫. 土木工程测量[M]. 4 版. 上海：同济大学出版社，2013.

[6] 岑敏仪. 土木工程测量[M]. 2 版. 北京：高等教育出版社，2015.

[7] 张凤兰，郭丰伦，范效来. 土木工程测量[M]. 2 版. 北京：机械工业出版社，2017.

[8] 岳建平，邓念武. 水利工程测量[M]. 5 版. 北京：中国水利水电出版社，2017.

[9] 陈彩苹，刘普海. 水利水电工程测量[M]. 2 版. 北京：中国水利水电出版社，2016.

[10] 李成明. 水利工程测量[M]. 北京：中国水利水电出版社，2021.

[11] 张雪峰，刘勇进. 水利工程测量[M]. 北京：中国水利水电出版社，2020.

[12] 李少元，梁建昌. 工程测量[M]. 北京：机械工业出版社，2021.

[13] 工程测量规范：GB 50026—2020[S]. 北京：中国计划出版社，2020.

[14] 国家基本比例尺地形图分幅和编号：GB/T 13989—2012[S]. 北京：中国标准出版社，2012.

[15] 国家基本比例尺地图图式 第 1 部分：1∶500 1∶1 000 1∶2 000 地形图图式：GB/T 20257.1—2017[S]. 北京：中国标准出版社，2017.

[16] 基础地理信息要素分类与代码标准：GB/T 13923—2022[S]. 北京：中国标准出版社，2022.

[17] 混凝土坝安全监测技术规范：DL/T 5178—2016[S]. 北京：中国电力出版社，2016.

[18] 土石坝安全监测技术规范：SL 551—2012[S]. 北京：中国水利水电出版社，2012.